Das Buch

Wer das Inhaltsverzeichnis dieses Buches aufmerksam studiert, entdeckt bald, daß ihm hier eine umfassende, klar und didaktisch gegliederte Einführung in das gesamte Gebiet der Kybernetik geboten wird. Der Autor informiert in allgemein verständlicher und lebendiger Sprache über die wissenschaftlichen, philosophischen und technischen Grundlagen, über die historische Entwicklung und die gesellschaftliche und wissenschaftliche Relevanz dieser sich immer stärker ausbreitenden neuen Disziplin und Methode. Die Abschnitte über die Anwendung kybernetischer Maschinen, Verfahren und Modelle in den verschiedenen praktischen und theoretischen Bereichen wurden von bekannten Fachleuten beigesteuert. Zahlreiche Bilder, Schemata und Beispiele unterstützen die Darstellung.
Das Buch ist ein Beitrag zur Entideologisierung und Entmystifizierung moderner Techniken und Denkmodelle und damit ein Beitrag zur Aufklärung.

Der Autor

Prof. Dr. rer. nat. Felix von Cube, geb. 1927 in Stuttgart, lehrt an der Pädagogischen Hochschule Rheinland, Abteilung Bonn, Allgemeine Didaktik und Schulpädagogik. Veröffentlichungen u. a.: ›Kybernetische Grundlagen des Lernens und Lehrens‹ (2. Aufl. 1968); ›Über die Entropie von Gruppen‹ (mit R. Gunzenhäuser, 2. Aufl. 1967); ›Technik des Lebendigen. Sinn und Zukunft der Kybernetik‹ (1970).

# Felix von Cube: Was ist Kybernetik?

## Grundbegriffe
## Methoden
## Anwendungen

Deutscher
Taschenbuch
Verlag

dtv

Ungekürzte Ausgabe nach der 3. Auflage 1970
Juni 1971
Deutscher Taschenbuch Verlag GmbH & Co. KG,
München
Lizenzausgabe des Carl Schünemann Verlages, Bremen

Umschlaggestaltung: Celestino Piatti
Gesamtherstellung: C. H. Beck'sche Buchdruckerei,
Nördlingen
Printed in Germany · ISBN 3-423-04079-3

# INHALTSVERZEICHNIS

# VORWORT

Das Wort Kybernetik ist zu einem Schlagwort geworden, das äußerst vielseitig verwendet wird. Es taucht ebenso in Verbindung mit ›Elektronengehirnen‹ auf wie mit Automation, Schule, Kunst, Anthropologie oder Philosophie. John R. Pierce (1965, S. 258) spottet nicht ganz zu Unrecht: »Kybernetik ist in mancher Beziehung ein recht nützliches Wort, denn mit ihm läßt sich einer Person, einem wissenschaftlichen Gegenstand oder einem Buch ein gewisser Glanz verleihen.«
Tatsächlich hat sich in kürzester Zeit unter dem Namen Kybernetik ein wissenschaftlicher und technischer Sachverhalt entwickelt, der in seiner Differenzierung nur von Spezialisten bearbeitet werden kann. Es gibt somit gar keine ›Kybernetiker‹ so wenig es ›Techniker‹ oder ›Naturwissenschaftler‹ gibt – es gibt lediglich Spezialisten für kybernetische Maschinen, für technische Regelung, für kybernetische Biologie usw.
Der bekannte ›Kybernetiker‹ H. Zemanek sagt also mit Recht (1964, S. 9): »Mehr als Mißtrauen muß aber jenen gegenüber walten, die Kybernetiker sind und sonst nichts.« Sollte man unter diesen Umständen noch ein Buch über Kybernetik schreiben? Ich meine – ja!
Gerade die Tatsache, daß das Schlagwort ›Kybernetik‹ viel Glanz, Verwirrung und Unheil stiftet, scheint mir eine allgemeinverständliche Darstellung dieses Begriffes notwendig zu machen. Wir leben nun einmal in einer wissenschaftlich-technischen Zivilisation, deren Bestand und Fortschreiten vom wissenschaftlich-technischen Verständnis einer ›informierten Gesellschaft‹ abhängig ist (Steinbuch, 1966).
In diesem Sinne verstehe ich das Buch als Beitrag zur Entideologisierung und Entmystifizierung moderner Techniken und Denkmodelle, oder – was auf dasselbe hinausläuft – als Beitrag zur Aufklärung. Dementsprechend habe ich mich bemüht, Überblicke zu schaffen und Zusammenhänge aufzuzeigen. Es handelt sich also um eine Einführung und nicht um eine Darstellung der neuesten Forschungsergebnisse.

Für ihre Mitarbeit bei der Durchführung und der Durchsicht des Buches danke ich meiner Frau Sigrid v. Cube und meinem Freund und Kollegen Rul Gunzenhäuser.

Bonn, März 1971

# EINLEITUNG

2

Eine Einführung in das sehr ausgedehnte, unübersichtliche und vielschichtige Gebiet der Kybernetik muß zunächst folgende drei Fragen beantworten:

1. Welcher Sachverhalt soll unter dem Namen ›Kybernetik‹ überhaupt dargestellt werden?
2. Welche Auswahlgesichtspunkte sollen bei dieser Darstellung, die ja keinesfalls vollständig sein kann, zur Geltung kommen?
3. Welcher Schwierigkeitsgrad (zum Beispiel in bezug auf die Verwendung mathematischer Formeln) soll gewählt werden?

Die Antworten lauten folgendermaßen:

1. Im Zuge der ständig zunehmenden Ausbreitung und Verallgemeinerung ursprünglich technischer Ansatzpunkte entstanden Differenzen darüber, welchen wissenschaftlichen oder technischen Sachverhalt man mit dem Wort ›Kybernetik‹ bezeichnen soll. So gibt es Auffassungen, nach denen der Begriff Kybernetik auf den Bereich der technischen Regelung und Informationsverarbeitung zu beschränken wäre; es gibt Auffassungen, die den gemeinsamen Begriff der Regelung (oder auch der Regelung und Information) in technischen und organischen Systemen in den Vordergrund stellen etc.

   Der vorliegenden Einführung in die Kybernetik lege ich die allgemeinste Auffassung dieses Begriffs zugrunde, d. h., ich verstehe unter Kybernetik (in einer vorläufigen Fassung) die mathematische und konstruktive Behandlung allgemeiner Strukturen, Funktionen und Theorien, die verschiedenen Wirklichkeitsbereichen gemeinsam sind.

   Zweifellos werden nicht alle Wissenschaftler mit dieser (in 2.4 ausführlich dargestellten) Auffassung übereinstimmen. Ich betone daher, daß in diesem Buch ein allgemeiner und umfassender *Sachverhalt* dargestellt werden soll – ob man dabei den gesamten Sachverhalt ›Kybernetik‹ nennen will oder nur den einen oder anderen Teilbereich daraus, ist hier nicht von Interesse.

Es ist klar, daß bei der Darstellung eines so umfassenden Gebietes bestimmte Auswahlgesichtspunkte notwendig werden. Nun hat meines Erachtens die Kybernetik (im oben angedeuteten Sinne) ihren Schwerpunkt in allgemeinen Strukturbegriffen wie Rückkopplung, Regelung, Information, Entropie usw.; die Anwendung dieser Begriffe führt dann zu den einzelnen inhaltlichen Teilbereichen der Kybernetik.

In der vorliegenden Einführung wird demgemäß folgender Weg beschritten:

Aus technischen und biologischen Sachverhalten werden zunächst die gemeinsamen Strukturbegriffe wie Regelung und Information abstrahiert; sodann wird gezeigt, wie diese Begriffe sowohl in Technik und Biologie selbst als auch in vielen anderen Wirklichkeitsbereichen zu neuen Theorien und Erkenntnissen führen.

3. Daß trotz der sachlich bedingten Zweiteilung des Buches (Darstellung der kybernetischen Grundbegriffe und deren Anwendungsbereiche) eine Dreiteilung zustande gekommen ist, hat seinen Grund im Problem des Schwierigkeitsgrades. Um nämlich dem oberflächlich und dem stärker interessierten Leser gleichermaßen gerecht werden zu können, habe ich die einführende Darstellung der Grundbegriffe in zwei Ebenen abgehandelt: Der erste Teil enthält keine speziellen Fachausdrücke, keine komplizierten Beispiele und (fast) keine mathematischen Formeln, d. h., er hat mehr den Charakter eines einführenden Essays.

Im zweiten Teil werden die Grundbegriffe der Kybernetik ausführlicher und präziser dargestellt. Dabei wird das exemplarische Verfahren angewandt, d. h., es werden (in der Regel) aus mindestens zwei verschiedenen Bereichen die gemeinsamen Strukturen und Prozesse herausgearbeitet und beschrieben. Ferner wird gezeigt, wie sich die so erhaltenen Grundbegriffe in weiteren Wirklichkeitsbereichen anwenden lassen. (Vgl. 2.0)

Der dritte Teil – Die Kybernetik in verschiedenen Wirklichkeitsbereichen – enthält vorwiegend Originalliteratur; er schließt sich insofern dem zweiten Teil unmittelbar an, als die nunmehr bekannten Grundbegriffe und Methoden ein leichteres Verstehen dieser Literatur ermöglichen.

(Die Auswahlkriterien für die Abhandlungen des dritten Teils werden in 3.0 angegeben.)

# 1. DER PROBLEMKREIS DER KYBERNETIK

## 1.1 Vorläufige Erklärungen zum Begriff Kybernetik

### 1.11 *Verschiedene Vorstellungen zum Wort Kybernetik*

Das Wort ›Kybernetik‹ löst sowohl bei Fachleuten als auch bei Laien die verschiedensten Vorstellungen aus. Während jedoch die Fachleute lediglich verschiedener Meinung darüber sind, welche Bereiche eines immer umfassender werdenden wissenschaftlichen und technischen Sachverhalts als Kybernetik bezeichnet werden sollen, verbindet der Laie mit dem Wort ›Kybernetik‹ oft recht vage oder gar mystische Vorstellungen.
Auf dem Gebiet der kybernetischen Maschinen reichen solche Vorstellungen von perfekten ›Denkmaschinen‹, ›Elektronengehirnen‹ oder Robotern, die die Menschheit geistig ›versklaven‹, bis zur Bagatellisierung dieser Maschinen als bloße Ausführungsorgane, die – wie etwa eine Verkehrsampel – genau festgelegte, abgeschlossene Programme durchführen.
Tatsache ist, daß das menschliche Gehirn sehr viel komplizierter und universeller ist als alle derartigen Maschinen und zudem in ganz anderer Weise funktioniert; Tatsache ist aber auch, daß die kybernetischen Maschinen hinsichtlich der Geschwindigkeit und Sicherheit der logischen Informationsverarbeitung dem Menschen weit überlegen sind. Außerdem gibt es auch kybernetische Maschinen, die nicht nur abgeschlossene Programme absolvieren, sondern in kombinierender und lernender Weise neue und überraschende Resultate hervorbringen. Zweifellos ist es damit der Technik gelungen, in den Bereich geistiger Prozesse einzudringen, d. h. in einen Bereich, den der Mensch bisher als sein Monopol betrachtet hat.
Auf diesem Sachverhalt beruht auch das vielfältige Interesse, das den kybernetischen Maschinen entgegengebracht wird. Max Bense schreibt hierzu (im Vorwort von Couffignal, ›Denkmaschinen‹, 1955):

»Die allgemeine geistige Unruhe, die jene Erfindung verbreitet, hängt mit dem Umstand zusammen, daß man die geistige Arbeit gewöhnlich als ein Vorrecht des Menschen ansieht, darin, wie Pascal ... es ausgedrückt hat, unsere Würde bestehe. Dieses Vorrecht sieht man geschmälert, diese Würde sieht man angetastet durch die Existenz von Maschinen, die mit einigem Recht den Namen Denkmaschinen verdienen.«

Karl Steinbuch (1965, S. 387) drückt diesen Sachverhalt mit folgenden Worten aus:

»Die Kybernetik wird die Menschen lehren, daß das menschliche Gehirn nicht der einzig mögliche Ort ›geistigen‹ Geschehens ist.«

Es gibt indessen noch weitere Sachverhalte, die mit dem Wort ›Kybernetik‹ in Verbindung gebracht werden, so z. B. die vielfachen Anwendungen und Auswirkungen der kybernetischen Maschinen in Technik und Gesellschaft.

Auch der Laie weiß heute, daß programmgesteuerte Großrechenanlagen in Wissenschaft und Technik, in Wirtschaft, Industrie, Verwaltung und Organisation in zunehmendem Umfang und mit zunehmendem Erfolg verwendet werden. Damit ist aber die Kybernetik zu einem zentralen Bestandteil der Automation geworden, insbesondere der Automation von Informations- und Kommunikationsprozessen.

H. G. Schachtschabel schreibt hierzu in seinem Aufsatz ›Sozioökonomische Konsequenzen der Automation‹ (in Frank, 1964, S. 415):

»Bei der Automation mit ihrem zentralen Kriterium der Kybernetik handelt es sich um eine Technik, konkret um neue technische Verfahren, die mit dem Ziel weitgehender oder perfekter Rationalisierung eingesetzt werden, indem administrative und produktionelle Aufgaben von selbständig arbeitenden Maschinen und Anlagen durchgeführt und erledigt werden, so daß idealerweise keine menschliche Tätigkeit, kein menschlicher Eingriff mehr erforderlich ist.«

Die Automation dient also zunächst einmal der Entlastung des Menschen von Steuerungs- und Kontrollfunktionen vielfältigster Art. Damit führt aber die technische Automation auch in soziale und menschliche Bereiche hinein. Die Vorstellungen pendeln hierbei von dem Alpdruck einer vollautomatisierten Industriegesellschaft, die den Menschen völlig aus der Arbeit verdrängt hat, bis zur Vision einer ungeheuren Zunahme an Wohlstand und Freizeit.

Gelegentlich ruft das Wort ›Kybernetik‹ auch speziellere Vorstellungen hervor: beispielsweise den Komplex der Regelungstechnik. Die Funktionsweise der technischen Regelung wurde vor allem durch den thermostatisch gesteuerten Regelkreis bekannt. Dieser besteht im allgemeinen aus zwei Geräten, einer Heizanlage, die für die Wärmezufuhr eines Raumes sorgt, und einem Temperaturregler oder Thermostaten. Der Thermostat schaltet die Wärmequelle dann ab, wenn die Raumtemperatur einen bestimmten, vorher eingestellten Sollwert überschreitet. Sinkt dann die Temperatur unter diesen Sollwert, so schaltet der Thermostat die Heizanlage wieder ein. Auf diese Weise kann die Raumtemperatur trotz verschiedener äußerer Einflüsse nahezu konstant gehalten werden.

Neben dem Thermostaten sind heute auch andere technische Regler mehr oder weniger bekannt, z. B. Druckregler, Lautstärkeregler oder Drehzahlregler.

Zweifellos stellt die technische Regelung einen sehr wichtigen Bestandteil der Kybernetik dar – wer indessen nur ein klein wenig mehr mit dem Thema Kybernetik in Berührung gekommen ist, wird sich bei diesem Wort nicht nur den Komplex der *technischen* Regelung vorstellen, sondern auch an die Regelvorgänge in der Biologie denken oder an die allgemeine Regeltheorie überhaupt. Tatsächlich gibt es ja auch im biologischen Bereich eine ganze Reihe von Regelkreisen: die Aufrechterhaltung des Blutzuckerspiegels, der Körpertemperatur, des Wassergehalts im Körper usw.

Die Entdeckung biologischer Regelkreise verhalf im Zusammenhang mit den schon bekannten technischen Regelkreisen der kybernetischen Denkweise zum entscheidenden Durchbruch. Nicht selten wird daher der Begriff Kybernetik mit der Theorie und Anwendung der Regelkreise in technischen, biologischen und gelegentlich auch anderen nichttechnischen Bereichen gleichgesetzt.

Diese Auffassung von Kybernetik würde übrigens der wörtlichen Übersetzung ›allgemeine Steuerkunde‹ oder besser ›allgemeine Regelungskunde‹ am besten entsprechen; wir werden jedoch sehen, daß sich die Kybernetik (als Sachverhalt) erheblich ausgedehnt und verallgemeinert hat.

Eine der häufigsten Vorstellungen zum Wort Kybernetik ist zweifellos der Begriff der Information. Ähnlich wie die Regelung taucht dieser Begriff heute in den verschiedensten Bereichen auf: in Nachrichtentechnik, Biologie, Psychologie, Pädagogik, Ästhetik usw. Eine Rakete erhält von der Bodenstation ›Information‹ und sendet ›Information‹ (z. B. über die Mondoberfläche) auf die Erde zurück; unsere Sinnesorgane nehmen ›Information‹ auf, die Nerven leiten diese ›Information‹ zum Gehirn weiter; in der ›Informationspsychologie‹ wird die ›Informationskapazität‹ des Bewußtseins untersucht sowie die Art der ›Informationsaufnahme‹ und ›-verarbeitung‹ bei Menschen und Tieren; in der ›Informationsdidaktik‹ werden Eingriffsmöglichkeiten in Lernprozesse untersucht; in der Texttheorie wird der ›Informationsgehalt‹ von Texten bestimmt, in der ›Informationsästhetik‹ die ›Ästhetische Information‹ von Kunstwerken usw.

Tatsächlich stellt die Informationstheorie einen wichtigen Bestandteil der Kybernetik dar, und tatsächlich hat sich auch der Begriff der Information – ähnlich wie der Begriff der Regelung – in vielen technischen und nichttechnischen Bereichen als äußerst fruchtbar erwiesen.

Neben den Begriffen Regelung und Information werden mit dem Wort Kybernetik gelegentlich noch andere Begriffe verbunden, so z. B. ›Ordnung‹, ›Struktur‹, ›System‹ etc. Auf diese Begriffe werden wir später noch zurückkommen.

Die aufgezählten Vorstellungen, die zum Wort ›Kybernetik‹ auftauchen, können den Eindruck erwecken, als ob die Kybernetik eine Ansammlung sehr verschiedener, mehr oder weniger zusammenhangloser wissenschaftlicher und technischer Disziplinen sei. Tatsächlich ist es jedoch so, daß sich der ursprünglich technische Ansatz der Kybernetik durch die Mathematisierung grundlegender Begriffe und Prozesse in die verschiedensten Wirklichkeitsbereiche hinein fortgesetzt hat; die Kybernetik ist damit zu einer ›Brücke zwischen den Wissenschaften‹ geworden.

Bevor wir indessen auf den allgemeinen Begriff der Kybernetik näher eingehen können und vor allem auf die weitreichenden Folgen der Kybernetik in Technik und Gesellschaft, müssen wir die wichtigsten Sachverhalte und Begriffe der Kybernetik in groben Zügen darstellen; dazu gehören die informationsverarbeitenden Maschinen sowie die Begriffe ›Regelung‹ und ›Information‹.

## 1.12 *Vorläufige Betrachtung kybernetischer Maschinen*

Bei den kybernetischen Maschinen, programmgesteuerten Rechenanlagen, Computern, oder wie man diese neuen Maschinen noch bezeichnen mag, handelt es sich nicht – wie in der traditionellen Technik – um Energieerzeugung und Arbeitsleistung (im physikalischen Sinne), sondern um die Aufnahme, Speicherung und Verarbeitung von Information.

Im folgenden möchte ich versuchen, über Bau- und Funktionsweise solcher Maschinen zu berichten, wobei ich mich auf die digital arbeitenden Elektronenrechner beschränke. (Tatsächlich werden informationsverarbeitende Maschinen nach sehr verschiedenen Prinzipien konstruiert: So gibt es z. B. elektronisch arbeitende Analogrechner, die stetig veränderliche Größen verarbeiten, oder multistabile Elemente, die eine nichtbinäre Informationsdarstellung bedingen. Andererseits sind auch – vor allem in der Regelungstechnik – nichtelektronische, z. B. mechanische oder pneumatische, Informationsverarbeitungsglieder in Gebrauch. Die Elektronik hat eben den Vorteil, daß sie in Großanlagen billig und schnell ist. Es ist aber durchaus möglich, daß sie z. B. von der Optik [Laser!] eines Tages abgelöst wird. Auch das Binärsystem stellt keine unbedingte Notwendigkeit dar, es hat indessen den Vorteil, außerordentlich funktionssicher und zweckmäßig zu sein.)

Im Prinzip läßt sich die maschinelle Aufnahme von Information dadurch erreichen, daß man die umgangssprachliche Information, also beispielsweise Buchstaben, Wörter, Zahlen, Bilder usw., zuvor in eine Sprache übersetzt, die der Elektronenrechner ›versteht‹. Diese Sprache besteht aber nur aus zwei Elementen, z. B. ›Stromimpuls‹ und ›Pause‹, ›Schalter ein‹ und ›Schalter aus‹ etc. Man muß also zunächst die Umgangssprache in eine ›Zweizeichensprache‹ übersetzen oder – wie man in der Fachsprache sagt – binär codieren. Symbolisch werden die beiden Elemente dieses Codes dann mit ›0‹ und ›1‹ bezeichnet und – als Abkürzung des englischen Ausdruckes ›binary digit‹ (Zahl im Zweiersystem) – ›bit‹ genannt.

(Der bekannte Morse-Code, an den man in diesem Zusammenhang denken könnte, ist dagegen kein Binär-Code, sondern ein Dreier-Code; er verwendet nämlich neben den Zeichen ›Punkt‹ und ›Strich‹ noch das Zeichen ›Pause‹.)

Einen echten, heute weithin bekannten Zweier-Code finden wir beim Fernschreiber vor. Hier wird jeder Buchstabe mit fünf bit codiert; so gilt beispielsweise:

a = 11000   b = 10011   c = 01110   etc.

Dabei bedeutet 1: Lochung; 0: keine Lochung (s. Bild 1). Ein vollständiger Fernschreib-Code ist in 2.11 (Bild 13) angeführt.

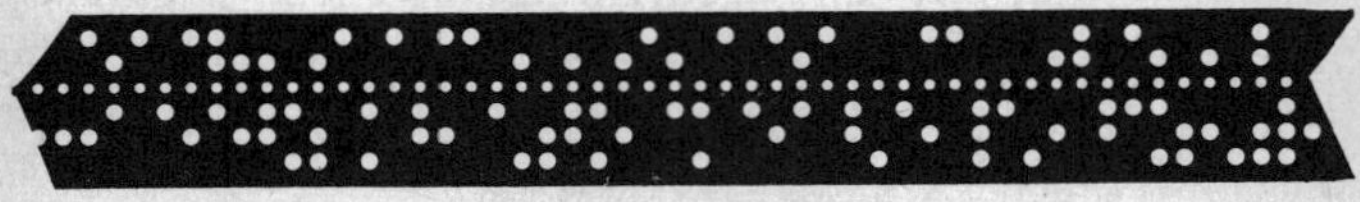

Bild 1: Ausschnitt aus einem Lochstreifen, wie er beim Fernschreiber verwendet wird. Die Folge der Code-Elemente lautet entschlüsselt ›Die durchgehende Lochreihe dient dem Transport‹.

Um unsere gewohnten Zahlen in binärer Form darstellen zu können, kann man beispielsweise das Dezimalsystem durch das Dualsystem, das nur auf den beiden Ziffern 0 und 1 aufgebaut ist, ersetzen. In der Praxis verwendet man allerdings auch für die Ziffern den 5-bit-Code des Fernschreibers (vgl. 2.11).
Neben Zahlen, Buchstaben und Wörtern können auch Schwarz-Weiß-Bilder auf diese Art codiert werden: man braucht dazu nur einen (möglichst feinen) Raster über das Bild zu legen, wobei dann die einzelnen Rasterelemente entweder die Eigenschaft ›schwarz‹ oder ›weiß‹ (1 oder 0) besitzen (s. Bild 2).
Es ist klar, daß eine Maschine, die Information verarbeiten soll, ein Gedächtnis oder – wie man bei Maschinen sagt – einen Speicher besitzen muß. Solche Speicher müssen mindestens die Instruktionen und Daten enthalten, die für den augenblicklichen Rechenvorgang benötigt werden. Größere Anlagen besitzen darüber hinaus noch umfangreiche Großraumspeicher und Zusatzspeicher, in denen über lange Zeit hinweg immer wieder gebrauchte Informationen wie Wörter, Listen, Tabellen, Kontenstände usw. aufbewahrt werden.
Als Beispiel eines magnetischen Speichers kann der sog. Ringkern-Speicher dienen. Er besteht aus einzelnen Ferritkernen, die zwei Zustände annehmen können: ›linksmagnetisiert‹ und ›rechtsmagnetisiert‹. Die Dezimalzahl 6 z. B., die im Fernschreib-Code

Bild 2: ›Bildvorlage bei verschieden feiner Quantisierung‹ (aus Steinbuch, 1965, S. 111)
Anzahl der Bildpunkte: a) durch Druckverfahren gegeben, sehr groß; b) 2400; c) 600; d) 150; e) 37,5; f) 9,4

10101 geschrieben wird, kann somit durch fünf Ferritkerne mit den Zuständen ›links-‹, ›rechts-‹, ›links-‹, ›rechts-‹, ›linksmagnetisiert‹ gespeichert werden.
Neben den Ferritkern-Speichern verwendet man auch Magnetbänder, Magnetplatten und Magnettrommeln. Die Kapazität sogenannter Großraumspeicher erreicht dabei etwa 1000 Millionen bit und kann zweifellos noch gesteigert werden.
Um die Leistungsfähigkeit solcher Speicher zu veranschaulichen, wollen wir folgende einfache Rechnung durchführen: Legt man den Fernschreib-Çode, bei dem die Buchstaben mit 5 bit codiert werden, zugrunde und setzt als durchschnittliche Wortlänge 7 Buchstaben an, d. h., geht man von einem Informationsgehalt von ca. 35 bit pro Wort aus, so enthält ein mittleres Buch etwa 3 bis 4 Millionen bit Information. Das bedeutet, daß in einem solchen Speicher der Informationsgehalt einer Bibliothek aus mehreren hundert Büchern untergebracht werden kann. (Das Beispiel deutet zugleich an, daß sich die Speicherkapazität moderner Automaten mit der Gedächtniskapazität des Menschen vergleichen läßt – ein Sachverhalt, auf den wir in 2.12 näher eingehen werden.)
Der wichtigste Vorgang, den die elektronischen Maschinen zu

leisten haben, ist die logische, kombinierende oder auch lernende Verarbeitung von Information. Dabei zeigt sich, wie außerordentlich genau diese Prozesse, die man umgangssprachlich so einfach als ›Denken‹ oder ›Lernen‹ bezeichnet, analysiert und formuliert werden müssen, um sie maschinell realisieren zu können. Mit vagen Vorstellungen von dem, was ›Denken‹ oder ›Lernen‹ ist, läßt sich keine Maschine programmieren (vgl. 2.13).
Neben der logischen Informationsverarbeitung können elektronische Datenverarbeitungsgeräte auch für kombinatorische Prozesse, wie sie z. B. bei der Konstruktion von Texten, Bildern, Musikstücken etc. auftreten, benützt werden. Der kombinatorischen Leistungsfähigkeit sind jedoch ziemlich enge Grenzen gesetzt. So würde z. B. eine große Rechenanlage für alle möglichen Kombinationen von 100 verschiedenen Wörtern zu einem Text von 30 Wörtern Länge – bei einer Leistung von 10 Sätzen in der Sekunde – einen Zeitraum von ca. $10^{40}$ Erdzeitalter benötigen.
Erweist sich somit das Verfahren der systematischen Variation von Textelementen für die Erzeugung neuer Texte als aussichtslos, so kann man doch durch eine geeignete Vorauswahl der Kombinationselemente zu brauchbaren Ergebnissen gelangen. Eine amerikanische Firma beispielsweise hat sich von einer programmgesteuerten Rechenanlage Bezeichnungen für pharmazeutische Artikel ›erfinden‹ lassen. Man gab zu diesem Zweck neben einer Anzahl geläufiger Buchstabenkombinationen 10 verschiedene, für die Bezeichnung pharmazeutischer Artikel typische Wortendungen ein. Nach zwei Stunden Arbeitszeit hatte die Maschine ein 19seitiges Wörterbuch der gewünschten Bezeichnungen erstellt.
Andere interessante Kombinationsexperimente konnten im Bereich der informationellen Ästhetik gewonnen werden. Als Beispiel eines maschinellen ›Gedichtes‹ seien die letzten ›Strophen‹ eines ›Weihnachtsgedichtes‹ angeführt, das R. Gunzenhäuser und Th. Lutz unter Verwendung von zehn ›weihnachtlichen‹ Substantiven und Adjektiven kombinieren ließen (vgl. 2.13):

. . .
Der Schnee ist kalt
und jeder Friede ist tief
und kein Christbaum ist leise
oder jede Kerze ist weiß
oder ein Friede ist kalt

und ein Engel ist rein
und jeder Friede ist still
oder jeder Friede ist weiß
oder das Kind ist still

ein Engel ist überall
...

Interessanter als diese maschinellen Wortkombinationen selbst sind die Zuschriften einiger Leser, denen die Entstehungsart des Gedichtes unbekannt war. Die Kommentare reichen dabei von ernsthafter oder auch spaßig gemeinter Entrüstung (»Ihre Setzmaschine hat wohl den Schluckauf gehabt«) bis zu höchstem Lob (»Wie sieht ein Mensch aus, der sein Gefühlsleben so rein und echt erhalten konnte?«).

Andere Beispiele von Kompositionsexperimenten gab Georg Nees mit seinen Computer-Grafiken (Rot 19).

Die in Bild 3 gezeigte Computer-Grafik variiert eine Grundfigur mit Hilfe des folgenden umgangssprachlich gefaßten Programms:

> »streue acht punkte in das figurquadrat und verbinde sie durch einen geschlossenen streckenzug.«

In 3.6 werden die zugrunde liegenden ästhetischen Überlegungen ausgeführt und die anderen von Nees konstruierten Grafiken abgebildet.

Ähnliche Kompositionen lassen sich auch auf musikalischem Gebiet durchführen. Die bekannteste Komposition ist wohl die ILLIAC-Suite für Streichquartett; es gibt indessen noch eine ganze Reihe weiterer Versuche, über die u. a. John R. Pierce (1965) berichtet.

Seit einigen Jahren werden auch lernende Automaten konstruiert, d. h. also Automaten, die ihr Verhalten zu ändern vermögen. Eindrucksvolle Beispiele hierfür sind die ›Maus‹ von C. E. Shannon, die kybernetischen Schildkröten, automatische Zeichenerkenner, Neuronenmodelle, Lernmatrizen etc. Wir werden auf derartige Automaten noch näher eingehen (2.15); hier sei lediglich eine Bemerkung Steinbuchs zum Problem der lernenden Automaten zitiert (1965, S. 192):

> »Elektronische Rechenautomaten sind vom Standpunkt der Schnelligkeit und Zuverlässigkeit bei der Durchführung logisch klar beschriebener Aufgaben dem Menschen weit überlegen. Vom Standpunkt der Lernfähigkeit besteht vorläufig

Bild 3: Computer-Grafik

keine solche Überlegenheit. Hierfür gibt es mehrere Gründe. Einer der wichtigsten Gründe ist rein quantitativer Art: Automat und Mensch unterscheiden sich in der strukturellen Komplexität ganz beträchtlich ... Die Anzahl der Neuronen beim Menschen ist mindestens 100 000mal größer als die Anzahl der Schaltelemente in typischen Automaten. Beim Vergleich der Neuronenzahl mit der Schaltelementezahl ist zweierlei zu beachten: Einerseits leistet ein Neuron funktionell viel mehr als typische elektronische Schaltelemente, andererseits arbeiten sie aber mindestens tausendmal langsamer als jene ... Diese – rein quantitativen – Unterschiede zwischen Automat und Mensch müssen berücksichtigt werden, wenn deren Leistungen auf dem Gebiet des Lernens verglichen werden. Sie sollen jedoch die bisher so geringen Erfolge keinesfalls verschleiern, im Gegenteil sei klar ausgesprochen, daß – trotz Jahrhunderten ›geisteswissenschaftlicher‹ Betätigung – über wesentliche Prinzipien geistiger Arbeit, darunter das des Lernens, nur geringe Klarheit herrscht. Wahrscheinlich wird erst die Beschäftigung mit Automaten zu wirkungsvolleren Arbeitsmethoden führen.«

Tatsächlich steht also die Technik der lernenden Automaten erst am Anfang; es handelt sich, wie Steinbuch sagt, momentan noch um kaum mehr als eine ›kuriose Spielerei einiger Spezialisten‹. Gleichzeitig warnt aber Steinbuch davor, diesen Zustand als endgültig zu betrachten; er sagt den lernenden Automaten vielmehr einen Einfluß auf unser geistiges und gesellschaftliches Leben voraus, ›wie wir ihn uns heute noch nicht vorstellen können‹.

## 1.13 *Vorläufige Darstellung des Regelungsprinzips*

Neben dem Bau und der Funktionsweise informationsverarbeitender Maschinen spielen die Begriffe ›Regelung‹ und ›Information‹ eine zentrale Rolle in der Kybernetik. Betrachten wir zunächst den Begriff der Regelung.

Als erstes Beispiel eines Regelprozesses haben wir schon den thermostatisch gesteuerten Regelkreis angeführt. Vergegenwärtigen wir uns noch einmal die wichtigsten Zusammenhänge:

Damit durch den Thermostaten eine bestimmte Raumtemperatur aufrechterhalten werden kann, müssen wir zunächst den gewünschten Temperaturwert – sagen wir 22 Grad – einstellen. Man nennt diesen Wert auch den ›SOLL‹-Wert; er wird dem Regelprozeß vorgegeben und steht somit außerhalb des eigentlichen Regelkreises. Der Thermostat funktioniert nun so, daß er

den jeweiligen ›IST‹-Wert feststellt, mit dem ›SOLL‹-Wert vergleicht und die sich daraus ergebende Information (z. B. ›Schalter zu‹) dem Steuerorgan der Heizanlage mitteilt. Dieses Steuerorgan setzt dann die Befehle des Thermostaten in bestimmte Einstellungen um, die den Wärmezufluß ›regeln‹.
Wir vergleichen nunmehr die Wirkungsweise des Thermostaten mit einem Schiff, das auf einen bestimmten Hafen zusteuert. Der Vergleich scheint zunächst ziemlich abwegig zu sein; wir werden indessen sehen, daß der Kern der Kybernetik gerade darin besteht, sehr verschieden aussehende Vorgänge nach denselben Prinzipien zu erklären. Der Vergleich kann sich selbstverständlich nur auf die Funktionsweise beziehen; wir betrachten daher die wichtigsten Funktionsträger: Kapitän, Lotse (griechisch: ›kybernetes‹), Steuermann und Antriebssystem. Die Aufgaben, die diesen ›Instanzen‹ zufallen, stellt Helmar Frank (1964, S. 10) folgendermaßen zusammen:

»Auf einem Schiff ... können vier Instanzen unterschieden werden:

1. der Kapitän, der das Ziel setzt und dazu die Fähigkeit benötigt, zwischen verschiedenen möglichen Zielen auswählen zu können, also ›Urentscheidungen‹ zu treffen;
2. der Lotse, der den jetzigen Zustand (IST) ermittelt und ein Programm entwirft, ihn in den vom Kapitän gewünschten Zielzustand (SOLL) überzuführen. Er muß dazu den SOLL-Wert ›speichern‹ (im Gedächtnis bewahren), den IST-Wert messen, die beiden vergleichen und das daraus resultierende Programm den Steuerleuten in Form von Einzelbefehlen, sogenannten ›abgeleiteten‹ oder ›determinierten‹ Entscheidungen, übertragen können;
3. der Steuermann, der den Befehlen Steuerstellungen zuordnet, also mit verhältnismäßig geringem eigenem Arbeitsaufwand einen verfügbaren Energieumsatz den Lotsenentscheidungen unterwirft;
4. das Antriebssystem (also im primitivsten Falle die Ruderer), das die physikalische Arbeit leistet und dessen Steuerung die gewünschte Veränderung der Situation innerhalb der Umwelt bewirken soll« (vgl. Bild 4).

Die vier genannten Funktionen (Kapitän, Lotse, Steuermann, Ruderer) stellen den abstrakten Begriff der Regelung dar; jeder konkrete Regelvorgang kann jetzt als eine inhaltliche Verwirklichung dieser Struktur angesehen werden.

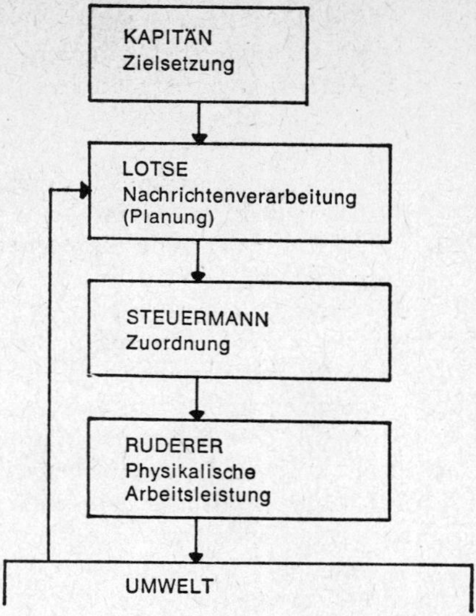


Bild 4: Schema der kybernetischen Instanzen mit den vier Typen menschlicher Aktivität

(In diesem Zusammenhang sei auf die Verschiedenheit der Begriffe ›Steuerung‹ und ›Regelung‹ hingewiesen: Im Gegensatz zur Regelung, bei der das Ergebnis ständig kontrolliert wird und eine Rückwirkung des Ausganges auf den Eingang stattfindet [geschlossene Wirkungskette], wird bei der Steuerung allein auf diese Rückwirkung verzichtet [offene Wirkungskette]. Der Regelkreis stellt also ein ganz bestimmtes sich selbst steuerndes System dar.)

Ziehen wir nun den Vergleich mit dem schon genannten thermostatisch gesteuerten Regelkreis:

Der ›Kapitän‹ sind wir selbst, indem wir den SOLL-Wert angeben, in diesem Falle also die gewünschte Temperatur einstellen. Der ›Lotse‹ ist der Thermostat; er vergleicht den IST-Wert mit dem SOLL-Wert und gibt dem ›Steuermann‹, in diesem Falle einem Schalter, die entsprechenden Anweisungen: Wärmezufuhr steigern oder Wärmezufuhr drosseln. Daß das Heizgerät selbst nichts anderes darstellt als eine andere Art von ›Ruderern‹, ist selbstverständlich.

Für die Kybernetik sind (im Zusammenhang mit der Regelung) zwei Tatsachen besonders wichtig: die Automatisierung der Lotsenfunktion und das Auftreten von Regelkreisen in der Biologie und anderen Wirklichkeitsbereichen.
Die Automatisierung der Lotsenfunktion, d. h. der Übergang von der ›Fremdregelung‹ zur ›automatischen Regelung‹, wird schon beim Thermostaten deutlich: bedient man nämlich das Heizgerät selbst, indem man es an- und ausschaltet, je nachdem ob einem die Raumtemperatur zu niedrig oder zu hoch ist, so spricht man von Fremdregelung; funktioniert hingegen der gesamte Regelkreis ohne Eingriff von außen, spricht man von selbsttätiger oder automatischer Regelung.
Die automatische Regelung ist eines der wichtigsten Ergebnisse der technischen Kybernetik. Die bisherigen Maschinen entlasteten nämlich (sehr zum Nutzen der Menschheit) vor allem die Ruderer von ihrer schweren und stumpfsinnigen Arbeit; nun ermöglicht die technische Kybernetik auch die maschinelle Durchführung der Steuermann- und Lotsenfunktion. Dieser Sachverhalt ist im Rahmen der sogenannten zweiten technischen Revolution besonders wichtig.
Wenn aber die Funktionen von Steuermann und Lotsen nach und nach immer mehr von Maschinen übernommen werden, kann sich der Mensch entsprechend immer mehr als ›Kapitän‹ betrachten. Zweifellos spielen solche Betrachtungen schon heute in unserer Gesellschaft eine ›entscheidende‹ Rolle.
Die andere für die Kybernetik bezeichnende Tatsache besteht darin, daß es nicht nur technische Regelkreise gibt, sondern auch biologische, psychologische, soziologische und andere.
Hat man sich den Begriff der Regelung in seiner Abstraktion von jedem speziellen Inhalt erst einmal klargemacht, so kann man ständig neue Regelprozesse entdecken. Dabei können die vier kybernetischen Instanzen teilweise oder auch völlig zusammenfallen.
Beim Autofahren z. B. sind wir zugleich Kapitän (sofern wir selbst entscheiden, wohin die Fahrt gehen soll), Lotse (wir vergleichen ja stets den jeweiligen IST-Wert mit dem SOLL-Wert) und Steuermann (wir setzen die beobachteten Vergleichswerte in Steuerbewegungen um); nur die Ruderfunktion wird vom Motor geleistet. Machen wir statt einer Autofahrt eine Wanderung zu einem selbstgewählten Ziel, so vereinigen wir sogar alle vier kybernetischen Instanzen in unserer Person.

Der begrifflichen Klarheit wegen sei noch der Ausdruck ›Rückkopplung‹ erklärt. Manchmal werden nämlich die Begriffe Regelung und Rückkopplung in gleicher Weise benützt; tatsächlich ist jedoch der Begriff der Rückkopplung allgemeiner. Er besagt, daß bei einer Kette von Wirkungen irgendwann einmal eine Rückwirkung stattfindet. So finden z. B. in der Volkswirtschaft und in der Politik Rückkopplungsprozesse statt: In der Volkswirtschaft beeinflußt die Produktion den Preis eines Konsumgutes, der Preis den Verbrauch und der Verbrauch wieder die Produktion. In der Demokratie bestimmt das Parlament die Regierung, diese regiert das Volk, das Volk wählt wiederum das Parlament. Ein Gegenbeispiel zum demokratischen Rückkopplungsprozeß ist die Diktatur: die Regierung übt die Staatsgewalt aus, ohne daß das Volk auf die Regierung zurückwirken könnte.

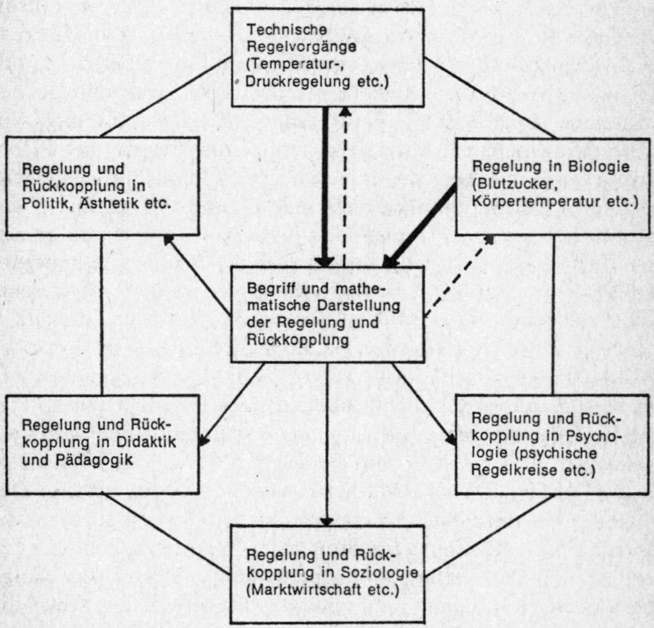


Bild 5: Regelung und Rückkopplung als Brücke zwischen den Wissenschaften

Wie man leicht einsieht, ist also die Regelung ein spezieller Fall der Rückkopplung; sie ist dadurch gekennzeichnet, daß durch den Rückkopplungsprozeß ein bestimmter SOLL-Wert (oder eine Konstante) aufrechterhalten wird (vgl. dazu 2.2).
Zusammenfassend kann man sagen:
Die Begriffe Regelung und Rückkopplung wurden aus der Technik und der Biologie entnommen, mathematisiert und verallgemeinert. Die so gewonnenen Strukturbegriffe wurden dann auch in anderen Wirklichkeitsbereichen wie Psychologie, Pädagogik, Soziologie usw. entdeckt und ausgewertet (vgl. Bild 5).

## 1.14 *Vorläufige Darstellung des Informationsbegriffes*

Eine zweite Brücke zwischen den Wissenschaften, die ebenfalls in der Technik und Mathematik entwickelt wurde, ist der Begriff der Information. Um dies zu verstehen, muß man beachten, daß die in der technischen Kybernetik auftretenden Probleme der Aufnahme, Speicherung, Verarbeitung und Übertragung von Information zu einem speziell kybernetischen Begriff der Information geführt haben, der mit der umgangssprachlichen Bedeutung von Information nicht mehr viel zu tun hat. Der Begriff der Information ist im Rahmen der Kybernetik zu einem reinen Strukturbegriff geworden, ein Sachverhalt, der für alle kybernetischen Begriffe gilt und – wie sich zeigen wird – ein wesentliches Definitionsmerkmal der Kybernetik überhaupt darstellt.
Information (im kybernetischen Sinne) ist eine räumliche oder zeitliche Folge von endlich vielen physikalischen Signalen, die mit bestimmten Wahrscheinlichkeiten oder Häufigkeiten auftreten. Daß diese Signale oder Elemente in irgendeiner Weise als Zeichen, d. h. als Träger von Bedeutung, fungieren können, ist für die Kybernetik und Nachrichtentechnik nicht wichtig. Der Kybernetiker oder Nachrichtentechniker interessiert sich ja nicht für Inhalt, Bedeutung oder Sinn einer Nachricht, sondern für Probleme der Codierung und Übertragung einer solchen Folge von Signalen. Auf diese fundamentale Tatsache haben schon die Begründer der Kybernetik, Shannon und Wiener, mehrfach hingewiesen. So bezeichnet Wiener in seinem Buch ›Mensch und Menschmaschine‹ eine ›Nachricht‹ als eine ›Anordnung von Ele-

menten‹ oder ein ›Schema‹, wobei dieses Schema ›durch die Ordnung der Elemente charakterisiert‹ ist und ›nicht durch die innere Natur dieser Elemente‹.

Für eine mathematische Behandlung der Information sind also nicht Inhalt oder Bedeutung einer Nachricht ›maß‹-gebend – wobei dieser Ausdruck hier ganz wörtlich zu nehmen ist –, sondern die statistischen Eigenschaften der Nachrichtenquelle oder der Nachricht selbst.

Max Bense beschreibt in seiner ›Theorie der Texte‹ (1962, S. 12) den Übergang vom umgangssprachlichen Begriff der Information zu einem mathematisch darstellbaren Begriff in besonders klarer Weise:

»Bei der Darstellung der Hauptprobleme der Informationstheorie scheint es zunächst einmal wichtig, zwischen dem umgangssprachlichen Begriff von Information und seiner präzisen wissenschaftlichen bzw. mathematischen Fassung zu unterscheiden. In der Umgangssprache bezeichnet der Ausdruck Information im allgemeinen eine übermittelte Nachricht, die eine mehr oder weniger eindeutige sachhaltige Bedeutung besitzt und die das ausschlaggebende an ihr ist. Information bedeutet hier also eine Zufuhr an Wissen. Information beseitigt eine gewisse Unkenntnis. Der Grad der Kenntnis ist nach dem Zugang der Information größer als vorher.

Da der Begriff ›sachhaltige Bedeutung‹ der Nachricht jedoch höchst vage und relativ ist, denn ›Bedeutungen‹ sind ja höchst schwankende Gebilde, kann man den Begriff der Information, will man ihn wissenschaftlich, gar mathematisch präzisieren, nicht auf den der ›inhaltlichen Bedeutung‹ gründen. Man muß einen anderen Weg suchen. Man muß den Begriff der Information gewissermaßen bedeutungsfrei und abstrakt einführen, ähnlich wie man ja seit Galilei in der Physik und in der Mathemathik vorgeht. Das erreicht man eben dadurch, daß man nur das an einer Sache, hier an der Information, durch den Begriff bezeichnet, was man zahlenmäßig, meßbar fassen kann. Das ist aber ohne Zweifel etwas ganz anderes als die sachhaltige Bedeutung der Nachricht. Denn wie sollte man denn Bedeutungen, Inhalte zahlenmäßig bestimmen, unterscheiden oder messen? –

Während also der umgangssprachliche Informationsbegriff unter Information die Bedeutung oder den Bedeutungsgehalt der Nachricht versteht, bezeichnet der wissenschaftliche Infor-

mationsbegriff als Information nur das Meßbare oder Abzählbare an der Nachricht.
Diese Unterscheidung ist gar nicht so absonderlich, wenn man bedenkt, daß ja auch ein Telegramm, das ja stets eine übermittelte Information darstellt, diese doppelte Rolle spielt: für den Empfänger ist das Telegramm nämlich ganz und gar Bedeutung, Inhalt, aber für das Fräulein an der Telegramm-Annahme ist der Inhalt völlig gleichgültig, es zählt lediglich die Worte bzw. die Buchstaben, um ihnen eine Zahl, nämlich die Telegrammgebühren, zuzuordnen. Für den Empfänger ist das Telegramm also eine inhaltliche Information, aber für den Techniker eine meßbare Größe. Zuweilen dringt natürlich auch in den umgangssprachlichen Informationsbegriff eine blasse Vorstellung von der ausmeßbaren Größe einer Nachricht ein, wenn nämlich der Empfänger der Meinung ist, daß eine Mitteilung um so mehr enthält, je länger sie ist. So einfach, wie die umgangssprachliche Orientierung es hier vortäuscht, ist natürlich die Ausmessung einer Information nicht. Das war bereits Hartley klar, als er in der berühmt und klassisch gewordenen Abhandlung ›Transmission of Information = Übertragung von Information‹ 1928 den Begriff geprägt hat, der sich nun zu einer ganzen Theorie entwickelte. Hartley sah sich sehr bald gezwungen, unter dem Maß für Information etwas ganz anderes zu verstehen als etwa ihre Länge, zumal er ja als Nachrichtentechniker auch ökonomisch zu denken hatte und stets darauf bedacht sein mußte, mit Hilfe einer geringsten Zahl von Signalen einen größten Betrag von Nachrichten zu übermitteln.«

Der Nachrichtentechniker hat somit zwei Bedingungen für die Aufstellung des Informationsbegriffes zu berücksichtigen: einmal muß er die umgangssprachliche Information binär codieren, da ja die elektronischen Bauelemente kybernetischer Maschinen nach dem Zweizeichensystem funktionieren, und zum andern muß er auf Grund der Ökonomie die kürzeste Codierung ermitteln.

Beide Bedingungen zusammen ergeben die mathematische Definition von Information: Unter der Information eines Zeichens innerhalb einer gegebenen Zeichenmenge versteht man die kürzeste Binärcodierung dieses Zeichens.

Sind alle Zeichen voneinander verschieden, so ist die Information eines Elementes nicht schwer zu ermitteln. Bense zeigt dies am Beispiel des Erratens einer bestimmten Karte in einer Menge von 32 Karten (1962, S. 15):

»Man teilt die Menge von 32 Karten in zwei Hälften von je 16 Karten und fragt, in welchem Haufen sich die zu erratende Karte befinde. Hat man die Antwort erhalten, teilt man den gewonnenen Sechzehnerhaufen erneut in zwei Hälften zu je acht Karten und fragt erneut, in welchem Teil sich die unbekannte Karte befinde. Man bemerkt schnell, daß man auf diesem Wege die 32 Karten fünfmal in solche geteilte Häufchen zerlegen kann. Das zuletzt geteilte Häufchen enthält auf jeder Seite nur eine Karte, und die auch jetzt wieder gestellte Frage nach der unbekannten Karte kann natürlich nur zur endgültigen Antwort führen.

Der schrittweisen Teilung des Kartenspiels entspricht das schrittweise Beseitigen der Unkenntnis durch schrittweise Konstruktion der Information. Die konstruktiven Schritte erweisen sich dabei deutlich als Entscheidungen. Der Befragte muß ja oder nein sagen. Er muß im ganzen fünfmal ja oder nein sagen. Er muß also fünf Entscheidungen fällen. Fünf Entscheidungen wiegen schließlich die gewonnene Information auf, die notwendig ist, um die Unkenntnis einer Karte unter 32 zu beseitigen. Die Schulmathematik erinnert sofort daran, daß $2^5 = 32$ ist oder daß der Logarithmus von 32, bezogen auf die Basis 2, gleich 5 ist. Der mathematische Zusammenhang zwischen der schrittweisen Beseitigung einer genau bestimmten Unkenntnis durch schrittweise konstruierte Information, und zwar durch gefällte Entscheidungen konstruierte Information, wird also durch den Logarithmus, genauer durch eine logarithmische Abhängigkeit beschrieben. Die interessante Beziehung, die dabei zwischen einer Entscheidung bzw. einer Wahl und der Information besteht, drückt sich in der Basis 2 des Logarithmus aus. Man sieht leicht ein, daß die Einheit der Entscheidung stets eine Entscheidung zwischen zwei Möglichkeiten ist. Man spricht von ›binary digit‹, zusammengezogen zu ›bit‹. So kann man also Information durch Entscheidung messen, genauer den Informationsbetrag durch den Gehalt an Entscheidungen. Die Zweierentscheidung ist die Einheit. Man sagt, eine Information enthält soundso viel ›bit‹, d. h. also Zweierentscheidungen.«

Es ist also kein Zufall, daß beim Fernschreib-Code die Buchstaben mit jeweils 5 bit codiert werden (vgl. 2.11).

Sind die Elemente nicht alle voneinander verschieden, d. h. treten sie mit verschiedenen Häufigkeiten auf, so wird das Maß für Information etwas komplizierter. In diesem Falle muß man nämlich die Häufigkeiten oder Wahrscheinlichkeiten der Zeichen berücksichtigen, wobei dann ein häufiges Zeichen weniger Information besitzt als ein seltenes. Auch dieser Sachverhalt läßt sich durch eine mathematische Formel, dem Shannonschen Maß für Information, ausdrücken (vgl. 2.31).

Der abstrakte, mathematisch formulierbare Begriff von Information, der sich aus den Problemen der Nachrichtentechnik und der technischen Kybernetik heraus entwickelt hat, führte zu einem ähnlichen Prozeß, wie wir ihn bezüglich der Regelung schon angedeutet haben: Die hohe Abstraktion und Allgemeinheit des kybernetischen Informationsbegriffes hatte dessen Anwendung in den verschiedensten Wirklichkeitsbereichen zur Folge. So kann man beispielsweise in der Nerven- und Sinnesphysiologie die Übertragung und Verarbeitung von Information im kybernetischen Sinne beschreiben; in der Psychologie kann man den Menschen als ›Sender‹ oder ›Empfänger‹ auffassen, der Zeichen aussendet (z. B. die Buchstaben des Alphabets oder die Wörter eines bestimmten Wortschatzes) bzw. empfängt, und die entsprechende Information bestimmen. Dabei ist zu beachten, daß bei dem Kommunikationsschema (Bild 6) die Information

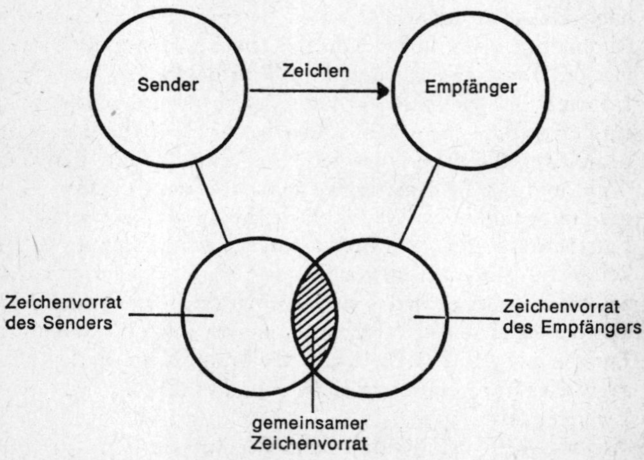


Bild 6: Kommunikationsschema

des Empfängers nur dann mit der Information des Senders übereinstimmt, wenn die Zeichen des gemeinsamen Vorrats auch jeweils dieselben Häufigkeiten bzw. Wahrscheinlichkeiten aufweisen (vgl. 3.33).
Unter Beachtung dieser Sachverhalte und auf Grund sorgfältiger Versuche konnte man die Informationsaufnahmekapazität des Menschen ermitteln: sie beträgt ca. 10 bis 16 bit pro Sekunde. Diesem Informationsbetrag entsprechen etwa 5 Ziffern, 3 zufällig aufeinanderfolgende Buchstaben, 2 aus dem Zusammenhang herausgegriffene Wörter oder 4 bis 5 Wörter in einem Satzzusammenhang.
Der Begriff der Information (im kybernetischen Sinne) läßt sich auch in den Geisteswissenschaften und (wie wir noch zeigen werden) in den Sozialwissenschaften mit Erfolg anwenden. Freilich ist stets zu bedenken, daß der kybernetische Begriff der Information nichts mit Inhalt oder Bedeutung zu tun hat. Will man im Rahmen irgendeines Wirklichkeitsbereiches inhaltliche Aussagen machen, muß man erst eine Zuordnung des betreffenden Inhalts zu den Strukturbegriffen und Strukturgesetzen herstellen.

## 1.15 *Einige Definitionen der Kybernetik*

Wie schon erwähnt, gibt es bis heute noch keine allgemein anerkannte Definition der Kybernetik. Dies liegt hauptsächlich daran, daß die einzelnen Wissenschaftler aus dem immer größer werdenden Forschungsbereich der automatischen Informationsverarbeitung, der allgemeinen Regelungstheorie, der Informationstheorie und anderer Theorien und Sachverhalte teilweise verschiedene Bereiche herausgreifen und unter der Bezeichnung ›Kybernetik‹ zusammenfassen. Da wir nunmehr über die wichtigsten Begriffe, die in den Bereich der Kybernetik hineingehören, in erster Näherung verfügen, können wir im folgenden einige solcher Definitionen zusammenstellen.
Der erste, der das Wort ›Kybernetik‹ im Sinne einer allgemeinen Steuerkunde verwandt hat, war Platon. Eine speziellere Bedeutung erhielt dieses Wort dann bei Plutarch, der damit den Lotsen eines Schiffes bezeichnete. Auch in der katholischen Kirchen-

terminologie taucht das Wort Kybernetik auf, wobei unter ›kybernesis‹ die Leitung des Kirchenamtes verstanden wird.
André Ampère benützte das Wort Kybernetik erstmals in einem modernen wissenschaftlichen Sinne: Er bezeichnete in seinem 1834 erschienenen ›Essay sur la philosophie des sciences‹ mit ›cybernétique‹ die Wissenschaft von der Regierung und der Regelung. Aber erst mehr als hundert Jahre später griff Norbert Wiener den Begriff Kybernetik wieder auf und machte ihn zum Terminus technicus für den Problemkreis der Regelung und Informationsverarbeitung in technischen und organischen Systemen. In seinem grundlegenden, 1948 veröffentlichten Werk ›Cybernetics‹ schreibt Wiener (S. 39):

> »Wir haben beschlossen, das gesamte Gebiet der Regelungstechnik und der Informationstheorie, ob bei Maschine oder Lebewesen, mit dem Namen Kybernetik zu belegen.«

Gewiß war der Sachverhalt, daß es auch in biologischen Bereichen Regelkreise gibt, mindestens seit 1925 durch die Untersuchungen des Biologen R. Wagner bekannt; auch die Tatsache, daß es sich bei der Regelung um ein allgemeines strukturelles Prinzip handelt, das gleichermaßen für technische und biologische Vorgänge gilt, wurde schon 1940 von Hermann Schmidt bemerkt. Die Erweiterung dieses Sachverhaltes um den Begriff der Information und die Bezeichnung dieses gesamten Gebietes als Kybernetik wurde jedoch erstmals von Norbert Wiener vorgenomenen.
Seit den Untersuchungen und Begriffsbestimmungen Wieners sind die Bestrebungen, den Problemkreis der Kybernetik zu umgrenzen und zu definieren, nicht abgerissen.
So spricht beispielsweise Colin Cherry in seinem 1957 erschienenen Buch ›On Human Communication‹ öfter von dem Sachverhalt, daß es gemeinsame Strukturen, Systeme, Beziehungen und Muster in den verschiedenen Wirklichkeitsbereichen gibt; als ›Kybernetik‹ bezeichnet er indessen lediglich die Theorie der Rückkopplung.
Ähnlich definiert auch Wolfgang Wieser die Kybernetik als eine Wissenschaft, in der die Rückkopplung ›das Mittelstück‹ ist (1959, S. 17):

> »Was ich bisher ›Kreisschaltung‹ genannt habe, heißt heutzutage meistens ›Rückkopplung‹ (feedback) oder ›Regelkreis‹ und ist das Mittelstück einer jungen Wissenschaft, die in den letzten Jahren unter dem Namen Kybernetik (von kybernetes,

der Steuermann) die Gemüter zahlreicher Techniker, Biologen, Philosophen und Laien zu bewegen begann. Kurz gesagt, ist die Kybernetik die Wissenschaft von den Steuermechanismen.«

Poletajew definiert in seinem einführenden Buch ›Kybernetik‹ (1962, S. 25) diese neue Disziplin als ›Wissenschaft von den Steuerungsprozessen und den Prozessen der Signalübertragung in Maschinen und Lebewesen‹, wobei er noch auf die Verwendung mathematischer Methoden hinweist; außerdem betont er auch den strukturellen Aspekt der Kybernetik mit folgenden Worten:

»Der Wert der kybernetischen Begriffe besteht jedoch größtenteils gerade darin, daß sie es ermöglichen, das Allgemeine in den verschiedenartigsten Erscheinungen zu erkennen und sehr weit voneinander entfernte Wissensgebiete gegenseitig zu bereichern.«

Unter den kybernetischen Begriffen nennt Poletajew dabei: Signal, Information, Regelung, Steuerung u. a.

Helmar Frank schreibt in dem 1964 herausgegebenen Sammelband ›Kybernetik – Brücke zwischen den Wissenschaften‹ (S. 14):

»Kybernetik ist die Theorie der Funktionsmöglichkeiten informationeller Systeme unter Abstraktion von deren physikalischen, physiologischen oder psychologischen Besonderheiten, ferner die Konkretisierung dieser abstrakten Theorie auf vorgegebene, physikalisch, physiologisch oder psychologisch zu kennzeichnende Systeme und schließlich die planmäßige Verwirklichung solcher Systeme zur Erfüllung vorgegebener Zwecke.«

Frank spricht im Zusammenhang mit dieser Definition von einem »genügend genau umgrenzten Begriff der Kybernetik, der sich inzwischen zumindest im deutschen Sprachraum durchzusetzen scheint«, und bezieht sich dabei auf das (unter seiner Mitwirkung erschienene) Lexikon der Kybernetik (1964).

Georg Klaus kritisiert in seinem 1961 herausgekommenen Buch ›Kybernetik in philosophischer Sicht‹ die Wienersche (oder ähnliche, sich auf den Begriff der Information beschränkende) Auffassungen von Kybernetik mit folgenden Worten:

»Wenn gesagt wird – und das lesen wir da und dort in Schriften, in denen es um die technische Anwendung der Kybernetik geht –, die Kybernetik sei die Wissenschaft von der Nachrichtenübertragung, der Steuerung und Regelung in

Mensch, Tier und Maschine – Wiener gibt etwa eine solche Definition –, dann ist das u. E. unvollständig und einseitig« (S. 20).

Klaus selbst definiert Kybernetik als die

»Wissenschaft von den möglichen Verhaltensweisen möglicher Strukturen, und zwar nicht irgendwelcher Strukturen, sondern von Strukturen, die in zeitabhängige Prozesse eingebettet sind« (S. 21).

Besonders wichtig erscheint mir der Hinweis Klaus', daß es sich bei der Kybernetik keineswegs nur um die bis jetzt bekannten Begriffe (Regelung, Information etc.) handelt, sondern daß

»die Kybernetik auch Zusammenhänge, Steuervorgänge, Regelvorgänge, Beziehungen von Strukturen und Funktionen studiert, die bis jetzt nirgends realisiert sind, weder in unserer Technik noch irgendwo in der Natur« (S. 21).

Mit diesen Worten beschreibt Klaus einen Sachverhalt, der sich aus der Entwicklung der ersten kybernetischen Ansatzpunkte ergeben hat: die hohe Abstraktion und Allgemeinheit der Kybernetik.

Wie schon gesagt, ist es eine Frage der Terminologie, ob man diesen allgemeinen Sachverhalt als Kybernetik bezeichnen will oder nicht; es ist indessen bemerkenswert, daß auch Karl Steinbuch zu einer ganz ähnlichen Auffassung von Kybernetik gelangt. In seiner Schrift ›Kybernetik, Weg zu einer neuen Einheit der Wissenschaften‹ (1962) führt Steinbuch als Komponenten der Kybernetik die Regelungslehre, die Technik der Nachrichtenübertragung und die Informationstheorie an. Den strukturellen Aspekt der Kybernetik hebt er besonders in folgendem Passus hervor:

»Für die Kybernetik sind die folgenden drei Tatsachen wesentlich:

1. Sie sucht gemeinsame Forschungsanliegen in verschiedenen, bisher scharf voneinander getrennten Disziplinen;
2. sie verwendet dabei eine einheitliche Terminologie, in der die Begriffe ›Nachricht‹ und ›Regelung‹ eine zentrale Stellung einnehmen;
3. sie strebt eine Mathematisierung der Untersuchungsmethoden an.«

Auch in seinem Buch ›Automat und Mensch‹ (1965, S. 323) entwickelt Steinbuch eine sehr abstrakte und umfassende Konzeption von Kybernetik:

»Von der Methode her gesehen, kann man die Kybernetik

kennzeichnen als das Eindringen mathematischer Werkzeuge in Wissenschaftsgebiete, in denen sie bisher als nicht praktikabel erschienen, z. B. in Physiologie, Psychologie und Soziologie ... Die Kybernetik benutzt beispielsweise die Erkenntnisse der Netzwerktheorie, insbesondere der Regelungslehre, der Funktionentheorie, der Statistik, der Wahrscheinlichkeitsrechnung und der Informationstheorie. Alle diese Hilfsmittel verwenden Ingenieure und Physiker schon geraume Zeit, ohne daß für sie ein neuer Name, also beispielsweise ›Kybernetik‹, gebraucht worden wäre. Diese neue Bezeichnung erhält erst dadurch ihren Sinn, daß die mathematischen Werkzeuge neuerdings zur Lösung von Problemen angewandt werden, bei denen bisher geglaubt wurde, sie seien mathematischen Methoden unzugänglich.«

Eine allgemeingültige Definition für Kybernetik existiert nach Steinbuch ebensowenig wie für Mathematik oder Philosophie.

»Keine dieser Disziplinen hat darunter schwer gelitten. Trotzdem sei versucht, den Begriff Kybernetik wie folgt zu erklären: Unter Kybernetik wird einerseits eine Sammlung bestimmter Denkmodelle (der Regelung, der Nachrichtenübertragung und der Nachrichtenverarbeitung) und andererseits deren Anwendung im technischen und außertechnischen Bereich verstanden« (S. 325).

Die Allgemeinheit dieser Erklärung wird allerdings durch folgenden Satz erheblich eingeschränkt:

»Typisch für das Vorgehen der Kybernetik ist das Mißtrauen gegen Begriffe, die nicht in machbaren Modellen realisiert werden können« (S. 326).

Zweifellos ist ein solches Mißtrauen berechtigt – eine Einschränkung der Kybernetik auf das technisch Realisierbare erscheint mir jedoch (insbesondere im Hinblick auf biologische und soziale Sachverhalte) nicht zweckmäßig.

Bernhard Hassenstein schließt sich in seinem Buch ›Biologische Kybernetik‹ (1965, S. 133) zunächst der Definition Wieners an und präzisiert dann den Strukturcharakter der Kybernetik folgendermaßen:

»Die Kybernetik ist als eine Plattform gedacht, auf der sich Techniker und Biologen, aber auch Mathematiker, Psychologen usw. treffen können, um miteinander in einer gemeinsamen wissenschaftlichen Sprache über Probleme der ›control and communication‹, die in verschiedenem Gewand in ihren

> Wissenschaften auftreten, zu sprechen und sich zu verständigen. Damit ist gleichzeitig gesagt, daß die Begriffe der Kybernetik neutral und abstrakt sein sollen, und zwar in dem Sinne, daß sie keine Bestimmungsmerkmale der Technik oder der Biologie enthalten, die sie im jeweils anderen Gebiet unanwendbar machen.«

Gewiß ist es richtig, daß die Kybernetik neutrale Begriffe entwickelt und Gemeinsamkeiten in den verschiedensten Wirklichkeitsbereichen beschreibt und analysiert; Hassenstein schränkt jedoch den ›Standort der Kybernetik‹ ebenfalls wieder ein, wenn er sagt:

> »Sie (die Kybernetik) umfaßt ... typisch naturwissenschaftliche, technologische und mathematische Forschungsbereiche« (S. 134).

Meines Erachtens besteht kein Grund, im Bereich der verschiedenen Verwirklichungen kybernetischer Strukturen irgendwelche Grenzen zu ziehen. Wir werden ja gerade auch psychologische, soziologische, ästhetische und andere Realisationen zu betrachten haben.

## 1.16 *Vorläufige Erklärung des Begriffs Kybernetik*

Um den gesamten Problemkreis der maschinellen Informationsverarbeitung, der technischen und nichttechnischen Regelung, der Informationstheorie usw., wie wir ihn bis jetzt umrissen haben, unter einem einheitlichen Gesichtspunkt zusammenfassen zu können, seien noch einmal die wirklich neuen Ergebnisse dieses Forschungsbereiches aufgezählt:

1. Seit etwa 20 Jahren werden sogenannte informationsverarbeitende Maschinen konstruiert, die im Gegensatz zu den traditionellen Energie erzeugenden und Arbeit leistenden Maschinen Information aufnehmen, speichern und logisch, kombinatorisch oder lernend verarbeiten. Außerdem hat sich in dieser Zeit auch die Technik der automatischen Regelung und der Nachrichtenübertragung stark ausgedehnt und verbessert.
2. Eine Konsequenz dieser kybernetischen Maschinen (wie man sie zusammenfassend nennen kann) war und ist die Anwendung in vielen technischen und nichttechnischen Bereichen, so

z. B. in Fertigungs- und Produktionsprozessen, in Verwaltung, Handel, Wissenschaft, Schule u. a.
Die Nutzung technischer Geräte im nichttechnischen Bereich ist dabei prinzipiell nichts Neues: in der Medizin beispielsweise werden schon seit langem die jeweils modernsten technischen Apparate verwendet. Die spezifisch kybernetische Komponente im modernen Technisierungsprozeß betrifft vor allem die Automatisierung informationeller und kommunikativer Prozesse und bewirkt damit eine Ausdehnung der Automation in neue technische und soziale Bereiche hinein.

3. Das wesentlich Neue der Kybernetik liegt neben der Konstruktion informationsverarbeitender Maschinen und deren Anwendung vor allem in der Entdeckung begründet, daß einige zunächst nur im Bereich der Technik benützte Begriffe wie Regelung und Information einen sehr viel universelleren Charakter besitzen, d. h. genauer folgendes: Die Feststellung, daß Regelungs- und Informationsprozesse auch in anderen Wirklichkeitsbereichen eine wichtige Rolle spielen (man denke an Biologie, Psychologie, Soziologie, Volkswirtschaft etc.), führte zur Untersuchung gemeinsamer Strukturen und Prozesse schlechthin und zu deren mathematischen Darstellung.
Dabei ist es grundsätzlich denkbar, daß neben den Wirklichkeitsbereichen, in denen die bekannten Strukturbegriffe wie Regelung und Information auf irgendeine Weise realisiert sind, noch weitere solche Bereiche gefunden oder konstruiert werden können; und es ist weiterhin denkbar, daß neben den schon bekannten kybernetischen Strukturbegriffen weitere derartige Begriffe gefunden oder geprägt werden können.
Die Begriffe ›Regelung‹, ›Information‹ und andere bilden also tatsächlich eine ›Brücke zwischen den Wissenschaften‹ oder (wie man auch sagen könnte) eine gemeinsame Basis der Wissenschaften. Dieser Sachverhalt kann schematisch folgendermaßen dargestellt werden:
Im Zentrum dieses Schemas stehen die allgemeinen, mathematisch formulierbaren Strukturbegriffe wie Regelung und Information. Diese mathematischen Begriffe und Theorien machen gemeinsame Theorienbildungen in all den Wirklichkeitsbereichen möglich, in denen Regelungs- und Informationsprozesse stattfinden. Dabei ist zu beachten, daß sowohl die kybernetischen Strukturbegriffe als auch die Anwendungsbereiche derselben ›offen‹, d. h. einer Erweiterung fähig sind.

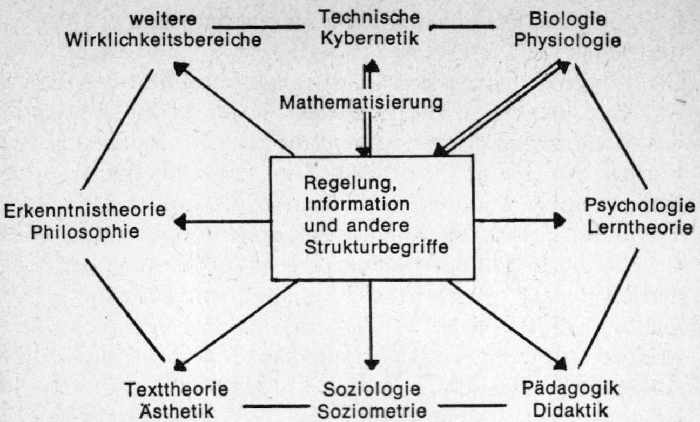


Bild 7: Schematische Darstellung des Begriffs Kybernetik als ›Brücke zwischen den Wissenschaften‹

4. Daß die Kybernetik auf diese Weise zur Brücke zwischen den Wissenschaften wird, heißt insbesondere, daß bestimmte, ursprünglich aus der Technik stammende, mathematische Methoden auch in Geisteswissenschaften und Sozialwissenschaften Eingang gefunden haben. Diese Tatsache zieht Konsequenzen nach sich, die unser kulturelles und soziales Leben mindestens ebenso stark beeinflussen und beeinflussen werden wie die kybernetischen Maschinen.
   Der Mathematisierungsprozeß, der sich im Rahmen der Kybernetik vollzogen hat und weiterhin vollzieht, kann durchaus mit der Galileischen Wende in der Physik verglichen werden: Erst mit der Einführung von Maß und Zahl durch Galilei ist es der Physik gelungen, Gesetze und Theorien aufzustellen und zur Basis der modernen Technik zu werden. In analoger Weise versucht die Kybernetik, Informations-, Regelungs- oder sonstige strukturelle Prozesse quantitativ zu erfassen und systematisch zu manipulieren.
   Als Folge der Ausdehnung kybernetisch-mathematischer Methoden in den Bereich geistiger Prozesse hinein nennt Steinbuch den Vorgang einer fortschreitenden ›Desillusionierung‹, auf den wir in 1.3 noch eingehen werden.
5. Eine Folge sowohl der technischen Kybernetik als auch der kybernetischen Methoden in Geistes- und Sozialwissenschaf-

ten ist noch die Erweiterung des technischen Horizontes schlechthin zu nennen.

Wenn man heute von Technik redet, so muß bereits präzisiert werden, ob man Technik im traditionellen Sinne versteht, d. h. als das Machbare im materialen Bereich, oder Technik im allgemeinen Sinne als das Machbare überhaupt. Die Möglichkeit, technisches Denken im Bereich der individuellen und sozialen Verhältnisse des Menschen anzuwenden, beruht dabei auf der zunehmenden Exaktheit der Human- und Sozialwissenschaften, zu der die Kybernetik einen erheblichen Beitrag leistet.

Möchte man diese Konsequenzen der kybernetischen Methode dem Begriff der Kybernetik hinzufügen, so muß man das oben dargestellte Schema um die Anwendungsbereiche der jeweiligen Wissenschaften ergänzen – beispielsweise also um die kybernetische Technik des Lehrens, die kybernetische Technik des Managements, der sozialen Veränderungen, der ästhetischen Produktion etc. (vgl. 1.36).

Faßt man alle Gesichtspunkte zusammen, so könnte man den Begriff der Kybernetik (in vorläufiger Weise) so erklären:

Unter Kybernetik im engeren Sinne versteht man die Wissenschaft und Technik von den informationsverarbeitenden Maschinen; unter Kybernetik im weiteren Sinne versteht man die mathematische und konstruktive Behandlung allgemeiner struktureller Beziehungen, Funktionen und Systeme, die verschiedenen Wirklichkeitsbereichen gemeinsam sind.

So sehr mir die hohe Abstraktion und die damit verbundene Allgemeinheit für die Kybernetik charakteristisch zu sein scheint, so wenig stimme ich den folgenden Worten von Pierce (1965, S. 258) zu:

»Kybernetik wird damit fast zu einem anderen Wort für die schwierigsten Probleme der Welt.«

Die ›schwierigsten Probleme‹ liegen nämlich nicht allein in der Entdeckung und Darstellung abstrakter Strukturen und Funktionen, sondern auch in der Erzeugung konkreter inhaltlicher Ergebnisse. Damit überschreitet man aber die Kybernetik, die ihre Grenzen in ihrem formalen Charakter hat und (so gesehen) nur ein wertvolles Hilfsmittel bei der Erforschung realer Sachverhalte darstellt (vgl. 2.42).

Wir haben nunmehr den gesamten Problemkreis der Kybernetik deutlich vor Augen; es handelt sich um zwei fundamentale wis-

senschaftliche und technische Errungenschaften mit ihren jeweiligen Folgen:
Die erste Errungenschaft ist die Erfindung informationsverarbeitender Maschinen; die Folgen davon sind deren Anwendung und Auswirkung in Technik und Gesellschaft. Die zweite Errungenschaft ist die Entdeckung gemeinsamer Strukturen und Prozesse in den verschiedensten Wirklichkeitsbereichen und deren mathematische Darstellung; die Folgen davon sind unter anderem eine zunehmende Entideologisierung und Technisierung menschlicher und sozialer Bereiche.
Norbert Wiener hat kurz vor seinem Tode im RIAS Berlin einen Vortrag über ›Beginn und Aufstieg der Kybernetik‹ gehalten. Die folgenden Sätze sind diesem Essay entnommen. (Unkorrigiertes Manuskript des RIAS Berlin, 1963.)

»Es ist nicht zu übersehen, daß überall auf der Welt, in Deutschland, in Italien, in der Sowjetunion und den USA, die Zahl der kybernetischen Institute und Arbeitsgruppen von einem Jahr zum anderen steigt. Und wie die Zahl der neuen Arbeitsgruppen steigt, so scheinen sich auch die Anwendungsmöglichkeiten der kybernetischen Theorie zu mehren.

Die Kybernetik ist ein neues und vielseitiges Gebiet, und wenn ein neuer wissenschaftlicher Zweig wirklich lebendig ist, muß und soll sich der Schwerpunkt des Interesses im Laufe der Jahre verschieben.

Vieles, was wir von unserem neuen Gebiet vor 15 Jahren zu erhoffen wagten, hat sich erfüllt. Gerade darum ist es angebracht, daß sich der Kybernetiker neuen Gebieten widmet und einen großen Teil seiner Aufmerksamkeit auf Ideen richtet, die im Laufe der Entwicklung des letzten Jahrzehntes entstanden sind.

Man wird in diesem Gebiet wohl eher eine Denkweise als einen Sammelpunkt von Dogmen sehen müssen; eine Disziplin, die sich mit der Zeit, und zwar nach vielen Richtungen hin, entwickeln wird. Vielleicht sogar in Richtungen, deren man sich jetzt noch nicht bewußt ist.«

## 1.2 Beispiele für die Anwendung kybernetischer Maschinen und Methoden

### 1.21 *Anwendungsbereiche kybernetischer Maschinen*

Die kybernetischen Maschinen, die hinsichtlich der Qualität, der Schnelligkeit und der Sicherheit der Datenverarbeitung völlig neue Dimensionen geschaffen haben, setzen sich in allen Bereichen durch, in denen sie überhaupt angewandt werden können: in Industrie, Landwirtschaft, Verwaltung, Nachrichtenwesen, Verkehr, Handel, Wissenschaft, Schule etc. Die Anwendung kybernetischer Maschinen in diesen Bereichen wird meist als Automation bezeichnet.

Der eigentliche Durchbruch der Automation erfolgte um das Jahr 1954, heute ist sie bereits über die ganze Welt verbreitet. Vollautomatische Produktionsverfahren, die vom Rohmaterial bis zum Endprodukt reichen, gibt es dabei vor allem in der Rüstungsindustrie, in der Glaswarenfabrikation und der Papierherstellung, der Stahlindustrie, der Erdöldestillation und -raffinerie, der Müllerei, der Zigarettenfabrikation usw.

Da über die Automation bereits eine umfangreiche Literatur existiert, z. B. Buckingham (1963), Frank (1964), Gerwin (1964), Pollock (1964), Schachtschabel (1961 und 1964), Steinbuch (1965, 1966) u. a., wollen wir hier nur einige Beispiele zur Veranschaulichung zitieren:

> »Als erstes Chemieunternehmen Europas läßt die Badische Anilin- und Soda-Fabrik, Ludwigshafen am Rhein, einen ihrer großtechnischen Syntheseprozesse (Oxosynthese) in vollautomatischer Arbeitstechnik durch einen elektronischen Digitalrechner steuern. Während bei der ›konventionellen‹ Automatisierung noch der Betriebsleiter entscheidet, welche Erfahrungswerte für die maßgebenden Größen des Prozesses eingestellt werden sollen, trifft dieser Digitalrechner seine ›Entscheidungen‹ sozusagen selbständig. Er berechnet aus den Zustandsgrößen der Rohprodukte und des chemischen Prozesses unter Berücksichtigung der Preise automatisch die wirtschaftlich bestmögliche Betriebsweise und stellt die hierfür erforderlichen Änderungen der Synthesebedingungen direkt

an den Regeleinrichtungen der Anlage ein« (Pollock, 1964, S. 112).

Die Automation im Bereich der Kraftwerke, Erdöldestillationen, chemischen Industrie, Kunststoff- und Holzverarbeitung, Automobilindustrie, Brauereien, der Fabrikation von Kühlschränken, Radio- und Fernsehgeräten, von Textilien, Seifen, Zigaretten, Papier etc. ist heute weitgehend bekannt; es sei daher ein Beispiel aus der Landwirtschaft angeführt, in der man m. E. besonders erstaunliche Anwendungsbereiche kybernetischer Maschinen findet. Über eine moderne Hühnerfarm berichtet Pollock (S. 124):

»... Automatisch regulierte Beleuchtungsanlagen sichern Höchstleistungen der Legehühner im Vierzehnstundentag, eine von der Witterung unabhängige Lüftungsanlage sorgt für den Ersatz der Luft in den fensterlosen Hühnerställen, automatische Futter-, Eierbeförderungs- und Mistbänder sind ebenso wichtig wie die Innehaltung der Bebrütungstemperatur von 37,8 Grad im Brutkasten zur Erzielung eines Schlupfergebnisses von maximal 90 % beim Bebrüten der Eier ... Elektronenrechner informieren die Farmer zuverlässig über Fruchtwechsel, Kosten von Arbeitskräften und Geräten, Bodenfruchtbarkeit und Hunderte von andern Variablen, welche die Agrarproduktion beeinflussen. Sie helfen auch, regional verschiedene Über- und Unterproduktion an Gütern auszugleichen, indem sie ein klares Bild der faktischen Marktlage geben. Elektronenrechner werden für den Farmer tun, was sie jetzt für den Wissenschaftler und Geschäftsmann leisten: Sie werden ihn befähigen, bessere Entscheidungen zu treffen, weil diese auf besseren, vollständigeren Informationen beruhen.«

Aus der Fülle der automatisierten Verfahren im Bereich von Handel, Verkehr und Verwaltung sei folgendes Beispiel aus dem Bankwesen herausgegriffen:

In einer New Yorker Großbank werden die Scheckeingänge (jährlich 250 Millionen Schecks) und die Lohnabrechnungen für 11 000 Personen, die Personalstatistik usw. durch Elektronenrechner automatisch verarbeitet.

»Von einem Pult aus korrigiert der Angestellte die gesamten Operationen des Systems. Der zentrale Elektronenrechner addiert die Depositen, subtrahiert die Schecks, berechnet den neuen Kontenstand, weist Zahlungsanweisungen zurück, falls sie nicht gedeckt sind oder das Konto gesperrt ist usw. Außerdem trägt er neue Informationen ein, wie z. B. Adressenänderungen, eröffnet oder schließt Konten – und all dies für 35 000 Konten in der Stunde. Alle Veränderungen erfolgen auf magnetischen Bändern von ca. 1000 Meter Länge, von denen die täglichen Bankrechnungen und die monatlichen Kontoauszüge für die Kunden automatisch vom Schnelldrucker reproduziert werden« (Pollock, S. 120).

Zwei Kurzberichte (aus der Archäologie und der Jurisprudenz) und die Beschreibung einer kybernetischen Lehrmaschine mögen einer weiteren Veranschaulichung der Automation dienen:

Über die Anwendung kybernetischer Maschinen in der Archäologie zitiert Pollock folgende Bemerkung (S. 137):

»Für die Interpretation der Schriftrollen vom Toten Meer wurde ein Elektronenrechner eingesetzt, dem alle vorkommenden 30 000 Worte in das Speicherwerk eingegeben wurden. Bei der Verarbeitung konnte das Gerät sogar brauchbare Vorschläge für die Einsetzung von Worten machen, die im Originaltext fehlten.«

Aus dem Artikel ›Rechtliche Anwendungsmöglichkeiten kybernetischer Systeme‹ von S. Simitis (in Frank, 1964 b, S. 358) seien folgende Sätze herausgegriffen:

». . . Die Anwendung kybernetischer Systeme steht also in einem doppelten Sinne im Dienste einer Humanisierung der Rechtsanwendung: sie befreit den einzelnen von einer ebenso unentbehrlichen wie der Rechtsanwendung im Grunde wesensfremden, weil ihr vorgeschalteten, mehr oder weniger mechanischen Arbeit, dem Aufsuchen der Information, so daß er sich einzig auf den Entscheidungs- und Wertungsprozeß selbst zu konzentrieren vermag, und sie bekämpft zugleich die Willkür, indem sie den Kenntnismangel auf ein Mindestmaß verringert.

Den kybernetischen Systemen fällt also innerhalb der Rechtsordnung grundsätzlich eine Aufgabe zu: Information wieder aufzufinden. Das bedeutet grundsätzlich zweierlei: einmal das geltende Recht und dessen Problemstand auszumachen, zum anderen die im Einzelfall möglichen Lösungen zu ermitteln und anzubieten. Darüber hinaus ist noch eine dritte Anwendungsmöglichkeit denkbar, nämlich mit Hilfe spieltheoretischer Überlegungen richterliche Entscheidungen vorauszusagen . . .«

Schließlich sei noch die Wirkungsweise einer volladaptiven Lehrmaschine, wie sie Gordon Pask konstruiert hat, beschrieben: Mit dieser Maschine soll das Bedienen eines Kartenlochers mit 12 Tasten gelernt werden. Der Locher hat unbeschriftete Tasten, da der Schüler von vornherein lernen soll, blind zu schreiben. Vor dem Lernenden steht, mit dem Kartenlocher verbunden, eine Paskscbe Maschine, auf der ein kleines Fenster und eine Reihe roter Lampen, deren Anordnung der Tastatur des Lochers entspricht, zu sehen ist.
Erscheint nun im Fenster z. B. die Zahl 7, d. h., erhält der Lernende die Aufforderung, die Taste 7 zu drücken, so weiß er zunächst nicht, wo sich diese Taste befindet. Dies erfährt er durch die Lampenanordnung: eine der Lampen leuchtet auf und zeigt die Position der Taste 7 an, die nunmehr bedient werden kann. Der Vorgang wiederholt sich für eine andere Zahl usw. In dem Maße, in dem der ›Schüler‹ (besser: Adressat, da der Lernende ja nicht in der Schule zu sein braucht) die Anordnung der Zahlen auf der Tastatur kennenlernt, beschleunigen sich seine Reaktionen. Gleichzeitig registriert die Maschine die Antworten des Adressaten und bildet sich auf Grund der Häufigkeiten von richtigen und falschen Antworten ein Modell seiner Lernfortschritte. Zahlen, die dem Lernenden Schwierigkeiten bereiten, tauchen dann häufiger auf. Die Geschwindigkeit, mit der dem Lernenden jede einzelne Zahl vorgesetzt wird, hängt somit von seinen Lernfortschritten ab. Das gleiche gilt auch in bezug auf das Rotlicht-System: Je rascher eine Zahl erlernt wird, um so schneller verschwindet das rote Licht. Schließlich bedient der Adressat alle Tasten mit der gleichen Perfektion, während die Maschine gelernt hat, daß keine Lernhilfe mehr notwendig ist.
Zweifellos zeigt die hier gegebene kurze Übersicht schon deutlich, daß die Automation eine äußerst komplexe Erscheinung ist, die auch recht problematische Seiten in sich birgt; im ganzen wird man jedoch sagen können (und wir werden das noch näher begründen), daß sie zur Erhöhung des Lebensstandards, zur Entlastung des Menschen von geistiger Routinearbeit und zur Erlangung neuer wissenschaftlicher und technischer Erkenntnisse einen erheblichen Beitrag leistet.

Neuerdings werden in der Medizin sowohl kybernetische Methoden als auch kybernetische Maschinen mit großem Erfolg angewandt.
Kybernetische Methoden können deswegen angewandt werden, weil der Mensch als ein äußerst kompliziertes System von Informations- und Regelprozessen beschrieben werden kann und die Beschreibung ein systematisches Eingreifen bei krankhaften Veränderungen der Koordinations- und Rückkopplungsmechanismen ermöglicht (vgl. hierzu 3.23).
Die Anwendung kybernetischer Geräte in der Medizin ist nicht weiter verwunderlich – hat sich doch die Medizin (aus naheliegenden Gründen) schon immer der jeweils neuesten technischen Errungenschaften bedient. Man denke beispielsweise an das Mikroskop, an elektrische Meßgeräte, an den Herzlungenapparat, an die verschiedenen Bestrahlungsgeräte, an elektrische Miniaturgeräte wie die Heidelberger Kapsel etc. (Die Heidelberger Kapsel ist kaum größer als die sonst üblichen Medikamentenkapseln; sie enthält jedoch kein Medikament, sondern einen Sender, der zur Untersuchung des Magens dient. Der Empfänger wertet die charakteristischen Frequenzverschiebungen des Senders dann gleich in die medizinisch wichtigen Größen um.)
Auch elektronische Geräte, wie z. B. die elektronische Lunge, werden in der Medizin schon seit längerer Zeit verwendet.
Die Anwendung der Kybernetik in der Medizin erstreckt sich auf sehr unterschiedliche Bereiche; so gehört z. B. die Konstruktion von Prothesen, Hörgeräten, Sehhilfen für Blinde und Geräten, die die Arbeit der inneren Organe übernehmen, zum großen Teil in den Bereich der Kybernetik.
Norbert Wiener schreibt hierzu in seinem Aufsatz ›Beginn und Aufstieg der Kybernetik‹ (1963):

> »Man spricht davon, Prothesen mit Hilfe von Rückkopplung zu aktivieren; man fragt sich, ob es besser sei, eine elektrische oder eine mechanische Kraftquelle für künstliche Gliedmaßen zu gebrauchen, und man hat Experimente gemacht, in denen man die Speichen-, mittleren und Ellennerven eines Amputierten unter örtlicher Betäubung freilegte und die elektrischen Signale zusammen mit aufgenommenen mündlichen

Befehlen durch ein Kathoden-Strahlen-Oszilloskop schickte. Der Amputierte dachte an gewisse Bewegungen seines verlorenen Gliedes, und die so erreichten Daten wurden von einer Rechenanlage reduziert und ergaben erkennbare, gut verwendbare Signale.

Auch der Ersetzung einer natürlichen inneren Homöostase (biologischer Gleichgewichtszustand) durch eine künstliche zählt zu diesem Gebiet. Es ist zum Beispiel im Falle der Zuckerkrankheit wenigstens denkbar, daß man die Injektionen eines Tages nach dem Bedürfnis regeln können wird und nicht nach der Zeit ...

Diese Anwendungsmöglichkeiten kybernetischer Forschungsresultate ließen sich gewiß erweitern; ich habe hier jedoch nur ein Beispiel aus dem Bereich der homöostatischen Medizin angeben wollen, und ich glaube, daß die Prinzipien einer solchen Behandlung bei mehreren Krankheiten schon erkannt sind.«

Kybernetische Maschinen werden in der Medizin jedoch auch in ganz anderer Weise und in ganz anderen Fachbereichen verwendet. A. Vöge und A. Walther (in Frank, 1964) nennen z. B.: Diagnose, Therapie, Routineuntersuchungen, zentrale Gesundheitskartei, Überwachung Schwerkranker und medizinische Forschung. Zur Veranschaulichung sei ein Bericht über die Anwendung eines programmgesteuerten Rechenautomaten bei der Feststellung der Diagnose zitiert (S. 373):

»... Ein Patient, der einen Arzt konsultieren möchte, ruft ein Krankenhaus an, verabredet einen Besuchstermin und bittet um ein Frageheft. Dabei werden sein Name und andere erforderliche Informationen notiert, und er erhält eine Nummer, deren Zuordnung zu seinem Namen zwecks Wahrung der Vertraulichkeit nur das Krankenhaus und er selbst kennen. Das Frageheft trägt lediglich diese Nummer und enthält 254 nach Symptomen numerierte präzise Fragen für Männer und 266 Fragen für Frauen. Die Fragen können mit ja oder nein beantwortet werden, wodurch die Anwendung eines Rechenautomaten nach dem Null-Eins-Prinzip vorbereitet wird. Das ausgefüllte Frageheft sendet der Patient in einem fertig adressierten Umschlag an ein Datenverarbeitungszentrum. Dort locht man die Antworten in einen Lochstreifen und gibt diesen in einen Rechenautomaten ein. Der Rechenautomat vergleicht die vom Patienten angegebenen Symptome mit der im Speicherwerk enthaltenen charakteristischen Kombination von Symptomen für 80 Krankheiten und durchmustert mögliche weitere Symptome. Als Resultat liefert er auf Lochstreifen vorläufige Diagnosen; zusammen mit einer Liste der zugehörigen Symptome jeder möglichen Diagnose wird ein Wahrscheinlichkeitswert von 1 (hohe Wahrscheinlichkeit) bis 4 (niedrige Wahrscheinlichkeit) je nach der Anzahl der erfüllten Symptome beigefügt. Der Inhalt des Lochstreifens geht durch Fernschreiber an das Krankenhaus. Dort wird er ausgeschrieben und vom Arzt durchgedacht. Dieser bestellt in gefährlichen Fällen den Patienten sofort zur Aussprache, sonst gemäß der Warteliste der Anmeldungen. Auf Grund der vorläufigen Maschinendiagnosen, des persönlichen Eindrucks vom Patienten und etwaiger zusätzlicher Untersuchungen und Laboratoriumsbefunde stellt der Arzt in eigener Verantwortung die endgültige Diagnose. Der Rechenautomat leistet also nur Vorbereitung und Hilfe. Er beseitigt keineswegs den persönlichen Kontakt zwischen Arzt und Patient als wesentlichen Bestandteil der ärztlichen Tätigkeit, sondern gibt ihm von vornherein eine klare Basis. Zeitersparnis sind besondere Vorteile des Verfahrens.«

Auch die Einrichtung einer zentralen Gesundheitskartei, die ungeheure Mengen von Datenmaterial zu speichern und auszuwerten hat, ist nur durch die Verwendung kybernetischer Maschinen zu verwirklichen. Durch die ständige Speicherung und Verarbeitung der anfallenden Daten hofft man, die verantwortlichen Faktoren verbreiteter Krankheiten wie Herzinfarkt oder Krebs herauszufinden. Welche Fülle von Informationen dabei zu berücksichtigen ist, geht schon aus folgendem Beispiel hervor (A. Vöge und A. Walther, 1964, S. 374):

»Die ›Foundation for Medical Research‹ in Philadelphia gibt seit 1961 an neunzig Krankenhäusern in den USA einen Fragebogen aus, auf dem man durch Eintragen von Zahlen und Ankreuzen von Merkmalen 37 Daten über Vorgeschichte, Verlauf und Erfolg einer Geburt kenntlich macht. Die Daten betreffen beispielsweise: Rasse und Alter der Mutter, Anzahl und Ergebnis früherer Geburten, vorgeburtliche Maßnahmen und Komplikationen, Lage des Kindes, Verlauf der Geburt, Art und Dauer der Wehen, Zustand der Mutter und des Kindes, Geschlecht und Gewicht des Kindes, Dauer des Klinikaufenthaltes von Mutter und Kind. Der Fragebogen ist so entworfen, daß sich die Daten direkt in eine 90spaltige Lochkarte übertragen lassen. Ein Fehlersuchprogramm kann zehn mögliche oder tatsächliche Fehler feststellen. Bis Ende Mai 1963 wurden in Philadelphia 152 000 Geburten auf Lochkarten registriert und statistisch unter verschiedenen Gesichtspunkten ausgewertet. Man will das Vorgehen auf die Vereinigten Staaten ausdehnen und auch auf weitere medizinische Gebiete, wie Tuberkulose, Krebs, Geschlechtskrankheiten und Reihenuntersuchungen Jugendlicher.«

Am Rande sei noch erwähnt, daß sich die kybernetischen Maschinen auch für nebengeordnete Prozesse im medizinischen Bereich hervorragend eignen: von den Aufgaben der Krankenhausverwaltung (Lohnabrechnung, Belegung, Selbstkosten, Rationalisierung etc.) bis hin zur Literaturauswertung für Forschung und Praxis.

Besonders beachtenswert erscheint mir im Zusammenhang mit der Anwendung kybernetischer Maschinen in der Medizin folgender Gedanke (S. 378):

»Die Rechenanlagen können den Arzt freier machen für seine eigentlichen Aufgaben. Er wird Zeit gewinnen, die Medizin ›als Kunst‹ auszuüben, sich dem einzelnen Kranken zu widmen ...«

Diese Bemerkung betrifft meines Erachtens eine sehr umfassende, über den Bereich der Medizin hinausgehende Erscheinung: die Freisetzung des Fachmannes (ob Mediziner, Psychologe, Pädagoge etc.) für individuelle Besonderheiten und jeweils einmalige Situationen. Ist nämlich das Feld aller objektiven, allgemeingültigen Sachverhalte erschöpft, so tritt am jeweils speziellen Fall die individuelle Eigenart und die spezifische Situation wieder stärker hervor. Bei diesem Übergang vom objektiven zum subjektiven Bereich wird der Mediziner, der Psychologe oder der Pädagoge tatsächlich in gewisser Weise zum Künstler, da gerade die Einmaligkeit des Untersuchungs- oder Erziehungsobjektes und die Einmaligkeit der Situation auch eine einmalige individuelle Verhaltensweise erfordert. Das an die Eigenart der Person gebundene Verhalten und Können sind aber eher Merkmale des Künstlers als des Wissenschaftlers.

Heinrich Roth gibt folgende ausführliche Definition des Lernens:

> »Pädagogisch gesehen bedeutet Lernen die Verbesserung oder den Neuerwerb von Verhaltens- und Leistungsformen und ihren Inhalten. Lernen meint aber meist noch mehr, nämlich die Änderung bzw. Verbesserung der diesen Verhaltens- und Leistungsformen vorausgehenden und sie bestimmenden seelischen Funktionen des Wahrnehmens und Denkens, des Fühlens und Wertens, des Strebens und Wollens, also eine Veränderung der inneren Fähigkeiten und Kräfte, aber auch der durch diese Fähigkeiten und Kräfte aufgebauten inneren Wissens-, Gesinnungs- und Interessenbestände des Menschen« (1963, S. 205).

Diese Definition bezieht sich ausdrücklich auf den Menschen und ist auch ihrem Inhalt nach nur im Bereich des menschlichen Lernens verständlich. Nun ist aber das Lernen ein Vorgang, der keineswegs auf den Menschen beschränkt ist.

So werden seit Anfang dieses Jahrhunderts (vor allem im Rahmen des Behaviorismus) auch Lernversuche an Tieren unternommen und seit dem Aufkommen kybernetischer Maschinen lernende Automaten konstruiert. Versucht man aber alle Erscheinungen des Lernens bei Mensch, Tier oder Maschine unter einem einheitlichen Begriff zusammenzufassen, so erweist sich die Änderung des Verhaltens als das allgemeinste Merkmal des Lernens. Eine dementsprechende Definition findet sich im Fischer-Lexikon für Psychologie (1957, S. 195):

> »Veränderungen in der Wahrscheinlichkeit, mit der Verhaltensweisen in bestimmten Reizsituationen auftreten, bezeichnet man als Lernen, sofern diese nicht durch die Verletzung eines Organismus oder spontan im Zuge einer Reifung zustande kommen, sondern auf frühere Begegnungen mit dieser oder einer ähnlichen Reizsituation zurückgehen.«

In den folgenden Ausführungen wollen wir zunächst das menschliche Lernen näher betrachten, um sodann ein allgemeines kybernetisches Lernprinzip aufzustellen, das vermutlich sämtliche Lernprozesse als Spezialfälle enthält.

Beim menschlichen Lernen lassen sich mindestens fünf verschiedene Arten von Lernprozessen unterscheiden: bedingte Reflexe und Reaktionen, trial-and-error-Verhalten, Einsicht, Übung und Automatisierung.

Die bedingten Reflexe sind seit den Forschungen *Pawlows*, um 1900, weithin bekanntgeworden. *Pawlow* hat gezeigt, daß gewisse Reflexe, wie z. B. die Speichelabsonderung, nicht nur auf die ihnen naturgemäß zugeordneten unbedingten Reize hin ausgelöst werden können – im Falle der Speichelabsonderung also durch Nahrungszufuhr –, sondern auch durch ursprünglich neutrale Reize, die fortwährend zusammen mit den unbedingten Reizen dargeboten werden. Daß es sich hierbei um einen echten Lernakt handelt, geht aus dem Begriff des Lernens hervor: es erfolgt ja bezüglich des ursprünglich neutralen Reizes eine Verhaltensänderung.
Skinner und andere amerikanische Lernforscher haben zusätzlich festgestellt, daß sich nicht nur Reflexe in dieser Weise ›konditionieren‹ lassen, sondern ganze Reaktionen und Reaktionsketten.
Konditionierungen spielen bei allen organischen Lernprozessen eine große Rolle, und auch beim Menschen beruhen viele Lernakte auf diesem Prinzip: Der Neuerwerb bzw. die Veränderung von Verhaltensformen reicht dabei von den einfachen Gewohnheiten (wie z. B. Tischsitten) über die Anpassung an den Straßenverkehr bis zu komplexen sozialen Verhaltensweisen.
Das trial-and-error-Verhalten wurde zuerst in Amerika durch Tierexperimente erforscht. Man hat festgestellt, daß Tiere (z. B. Ratten oder Katzen), die in einen Problemkäfig, d. h. in einen Käfig mit bestimmtem Öffnungsmechanismus, gesetzt werden und beim Versuch, den Käfig zu verlassen, zufällig einmal den Mechanismus richtig bedienen, meist nicht in der Lage sind, diesen Akt sofort richtig zu wiederholen. Immerhin wird die Zeit, die ein Tier benötigt, um aus dem Käfig zu gelangen, von Mal zu Mal kürzer. Andere Beispiele für das trial-and-error-Verhalten sind Durchgänge durch Labyrinthe oder aktive Anpassungsversuche an sich ständig verändernde Situationen, wie z. B. das Erlernen des Tennisspielens etc.
Bei der Einsicht handelt es sich darum, eine Vielzahl von Einzelelementen – etwa bei einem Problem – in ihrem gegenseitigen Zusammenhang gewissermaßen mit ›einem Blick‹ zu erfassen. Ein solcher Prozeß der Einsicht ist oft recht mühsam: es ist ein Prozeß des Ordnens, des Strukturierens, des Kombinierens und Zusammenfassens. Ist Einsicht aber gelungen, so hat man – anders als bei einer zufälligen Lösung – die Chance, ähnliche Probleme auf dieselbe Weise zu lösen. Zweifellos spielt die

Einsicht eine besonders wichtige Rolle beim menschlichen Lernen, obwohl auch schon bei hochentwickelten Tieren einsichtiges Verhalten festgestellt werden kann.
Die Lernprozesse der Übung und Automatisierung, die der Leistungssteigerung bzw. Aufrechterhaltung eines Wissens- oder Leistungsniveaus dienen, sind uns von der Schule her noch wohlbekannt. Daß wir mit dem Üben, ›Pauken‹, ›Schanzen‹, oder wie man immer sagen möchte, meist keine angenehmen Erinnerungen verbinden, ist eine Tatsache, an der die Schule nicht ganz unschuldig ist.
Betrachtet man die angeführten Lernakte, die man selbstverständlich noch vervollständigen und präzisieren müßte, unter dem Aspekt der Kybernetik, so entdeckt man bei aller Vielfalt der Erscheinungen ein gemeinsames Prinzip: das Prinzip des Abbaues der uns dargebotenen Information und damit das Prinzip zunehmender Sicherheit und Ordnung. Je mehr Information wir von der Außenwelt aufnehmen, und je mehr wir diese Information gemäß den wirklichen Sachverhalten ordnen, um so weniger Information bleibt übrig, d. h., um so leichter ist es, sich in der Außenwelt zu orientieren und angemessen zu verhalten.
Ich möchte im folgenden dieses Prinzip des fortschreitenden Abbaues der Information bzw. des zunehmenden Gewinnes an Ordnung an einigen Beispielen näher darstellen.
Betrachten wir das Kennenlernen eines Menschen; was geht hier vom kybernetischen Standpunkt aus vor sich? Solange uns der Mensch fremd ist, sind wir nicht in der Lage, auch nur mit einiger Wahrscheinlichkeit vorherzusagen, wie er sich verhalten wird; je näher wir ihn jedoch kennenlernen, um so genauer können wir sein Verhalten vorhersagen.
Kybernetisch gesehen – also ohne inhaltlichen Bezug –, erlernen wir somit ein System von Wahrscheinlichkeiten, d. h., wir verringern die Information der Ereignisse, indem wir sie mit der richtigen Wahrscheinlichkeit erwarten.
Als weiteren Hinweis für das Prinzip der Informationsverringerung bzw. des Ordnungsgewinns seien die schon bekannten Lernakte der Einsicht und der Übung herausgegriffen:
Wird man einem Problem gegenübergestellt, so steht man – wie ein sehr treffender Vergleich lautet – erst einmal ›vor einem Berg‹. Man weiß nicht, wo man anfangen soll, welche Möglichkeiten zum Ziele führen und wie die einzelnen Teile des Problems zusammenhängen. Aber nach und nach wird dieser Berg

abgebaut, es werden Zusammenhänge aufgedeckt, Überblicke gewonnen, Ordnungsgewinne erzielt. Damit wird aber die Information, die das Problem für uns enthält, immer kleiner. Sind alle Teile des Problems geordnet, erfaßt man gewissermaßen das Problem mit einem Blick, so ist der Informationsberg abgebaut, die maximale Ordnung ist erreicht.

Betrachten wir schließlich noch den Vorgang des Informationsabbaues an dem speziellen Beispiel des Auswendiglernens: Ist irgendein Text, ein Gedicht, ein Prosastück oder auch eine Verhaltensweise auswendig zu lernen, so nehmen wir diesen Text stückweise in unser Gedächtnis oder unser Verhaltensrepertoire auf. Je mehr Information wir dabei schon im Gedächtnis gespeichert haben, um so weniger neu ist uns der Text, um so weniger Information – für den Lernenden – ist in ihm enthalten. Ein auswendig gelernter Text ist ›aufgenommen‹, ›bekannt‹, ›gespeichert‹, d. h.: er hat die Information Null.

Betrachtet man also den Vorgang des Lernens vom kybernetischen Standpunkt aus, so besteht das Prinzip, das den Lernvorgängen zugrunde liegt und das letztlich auch zu Verhaltensänderungen führt, ganz allgemein darin, daß der Lernende versucht, die dargebotene Information aufzunehmen, zu ordnen und zu verringern, um damit die Außen- und Innenwelt informationsärmer, d. h. vorhersehbar, übersehbar und beherrschbar zu machen. Hätten wir – oder andere lernende Systeme – diese Fähigkeit nicht, so wären wir nicht in der Lage, uns irgendeiner Welt anzupassen und uns darin richtig zu verhalten.

Im folgenden möchte ich (ohne auf die mathematische Darstellung von Informations- und Ordnungsprozessen einzugehen) eine systematische Aufgliederung des Lernvorganges vom kybernetischen Standpunkt aus versuchen.

Beim menschlichen Lernen sind mindestens drei Formen des kybernetischen Lernprinzips zu unterscheiden:

1. Die Speicherung von Information im Gedächtnis

   Definitionsgemäß müssen wir diesen Prozeß zum Lernen rechnen, da er Verhaltensänderungen zur Folge hat. Wenn z. B. jemand der Aufforderung, ein bestimmtes Gedicht herzusagen, im Augenblick nicht nachkommen kann, sondern erst zwei Tage später, so läßt sich zweifellos eine Verhaltensänderung feststellen. Informationstheoretisch bedeutet der Speicherungsvorgang nichts anderes, als daß der zu lernende

Text (für den Lernenden) immer bekannter wird, d. h. immer weniger Information enthält.

2. Das Wahrscheinlichkeitslernen
   Vom kybernetischen Standpunkt aus bedeutet das Wahrscheinlichkeitslernen, daß der Lernende nicht *mehr* Information aufzunehmen braucht, als in Wirklichkeit vorhanden ist. Kennt man nämlich die Wahrscheinlichkeit, mit der die Ereignisse auftreten, *nicht*, nimmt man also beispielsweise an, die Wahrscheinlichkeiten seien alle gleich, so ist die Information, die wir von diesen Ereignissen erhalten, viel zu groß. Kennen wir hingegen die Wahrscheinlichkeiten der Ereignisse (z. B. im Straßenverkehr), so haben diese für uns die richtige, d. h. der Wirklichkeit entsprechende Information. Durch das Erlernen von Wahrscheinlichkeiten bauen wir also unnötige Information ab; wir erkennen Ordnungen und gewinnen Sicherheit.
3. Die Bildung größerer Informationseinheiten
   Beim einsichtigen Lernen handelt es sich darum, die Elemente eines Problems zu ordnen, zu strukturieren und dann gewissermaßen ›mit einem Blick‹ zu erfassen. Einfachste Vorgänge dieser Art spielen schon beim Wahrnehmen und Zählen eine Rolle: Wenn man beispielsweise irgendwelche Dinge abzählt, Stühle, Teller, Geldstücke etc., so ist es im allgemeinen zweckmäßiger, zwei, drei oder auch mehr Elemente zusammenzufassen, als die Elemente einzeln abzuzählen. Derartige Prozesse lassen sich vom kybernetischen Standpunkt aus sehr genau untersuchen. Dabei stellt sich heraus, daß beim Übergang zu größeren Informationseinheiten (sogenannten Superzeichen) – z. B. beim Übergang von Buchstaben zu Wörtern und von Wörtern zu Sätzen etc. – die Information besonders stark herabgesetzt wird. Einsicht (als Superzeichenbildung) bedeutet somit ein besonders wirksames Mittel der Informationsverringerung bzw. des Ordnungsgewinnes.

Bei allen drei Prozessen spielt also das Phänomen der Verringerung von Information für den Lernenden eine entscheidende Rolle. Dieses Prinzip ist so zentral, daß unter ihm nicht nur die Prozesse des Lernens, sondern auch Prozesse der Wahrnehmung und des Denkens zusammengefaßt werden können.

Ich möchte auf die mathematische Darstellung des kybernetischen Lernprinzips in seinen drei verschiedenen Formen hier nicht eingehen; die angeführten Beispiele und Überlegungen machen hinreichend deutlich, daß sich kybernetische Methoden zur Beschreibung von Lernprozessen eignen und daß auf Grund der hohen Abstraktion dieser Methoden einheitliche Prinzipien aufgezeigt werden können.

### 1.24 *Kybernetische Methoden in der Didaktik*

Der Begriff Didaktik wird in der Literatur auf die verschiedenste Weise definiert; so werden z. B. im Fischer-Lexikon für Pädagogik allein vier gebräuchliche Definitionen genannt (1964, S. 53). Die Differenzen hinsichtlich des Begriffes Didaktik beruhen m. E. darauf, daß nicht immer klar genug zwischen Didaktik als (wertfreier) Wissenschaft und Didaktik als Teilgebiet einer (normativ bestimmten) Pädagogik unterschieden wird. Als Wissenschaft betrachtet, hat die Didaktik nichts mit ›Bildung‹ oder anderen gesellschaftlich bedingten Zielvorstellungen zu tun; Didaktik als Wissenschaft untersucht vielmehr die prinzipiellen Eingriffsmöglichkeiten in menschliche Lernprozesse überhaupt (vgl. Cube 1965, S. 173).
(Die naheliegende Verallgemeinerung, den Begriff Didaktik auf lernende Systeme schlechthin anzuwenden, scheint mir neben traditionellen auch aus sachlichen Gründen heraus nicht zweckmäßig zu sein: man müßte dann für jedes inhaltlich determinierte Lernsystem wieder das entsprechende Adjektiv hinzufügen.)
Betrachtet man die Didaktik in einem bestimmten pädagogischen Bezugssystem, das von vornherein spezielle Wertungen setzt, Zielvorstellungen entwickelt und Entscheidungen fällt, so wird der Gegenstandsbereich einer solchen Didaktik von außerwissenschaftlichen Faktoren eingeengt: Die Didaktik beantwortet dann die Frage nach dem optimalen Verfahren zur Erreichung bestimmter Erziehungsziele. Freilich muß dabei bedacht werden, daß nicht nur die didaktischen Verfahren von den Zielen, sondern auch die Ziele von den Verfahren abhängig sind.
Diesen Sachverhalt, den vor allem Wolfgang Schulz (1965) betont, könnte man in kybernetischer Terminologie etwa so formulieren: Der ›Kapitän‹ kann seine Ziele nur in einem vom ›Lotsen‹ angegebenen Entscheidungsfeld festsetzen, d. h., er ist (wie bei allen konkreten Regelprozessen) von der Leistungs-

fähigkeit des ihm zur Verfügung stehenden Regelsystems abhängig.
Definiert man Didaktik vom rein wissenschaftlichen Standpunkt aus, so wird die Kybernetik in ihrer doppelten Funktion (als Technik und als Methode) für die Didaktik relevant: als Konstruktionsbasis für volladaptive Lehrmaschinen und als ›Informationsdidaktik‹, d. h. als Wissenschaft von der Beeinflussung informationstheoretisch beschreibbarer Lernprozesse.
Im folgenden wollen wir zunächst einen Blick auf die kybernetischen Methoden in der Didaktik werfen, um sodann (in 1.25) über kybernetische Lehrmaschinen zu berichten.
Wie schon (in 1.23) ausgeführt wurde, handelt es sich beim Lernen um verschiedene Arten des Abbaues von subjektiver Information. In der ›Informationsdidaktik‹ geht es also darum, Verfahren aufzustellen, die diesen Abbau subjektiver Information beschleunigen und optimieren: z. B. durch geeignete Strukturierung des Lehrstoffes, durch Schemata, Diagramme, Schaubilder, Tabellen oder sonstige Anordnungen und Zusammenfassungen.
Als besonders einfaches Beispiel der Informationsdidaktik sei ein Verfahren zur Optimierung von Speicherprozessen angedeutet.
Soll beispielsweise ein Text auswendig gelernt werden, so gibt es bekanntlich zwei Methoden hierzu: Entweder liest man den ganzen Text (z. B. ein Gedicht) so oft nacheinander durch, bis er im Gedächtnis gespeichert ist, oder man zerlegt den Text in einzelne Abschnitte, lernt jeden dieser Abschnitte für sich und setzt sie dann zum gesamten Text zusammen. Welche dieser beiden Methoden rascher zum Ziel führt, war bisher nicht eindeutig zu ermitteln. In der Informationsdidaktik kann dieses Problem exakt – allerdings auch nur formal – gelöst werden: Gliedert man den Text ansatzweise in Abschnitte – wobei vorerst offenbleibt, wie groß diese Abschnitte sind – und addiert dann den Informationsgehalt der einzelnen Abschnitte, so kann das Minimum der Gesamtinformation des Textes berechnet werden (vgl. 3.42). Dabei ergibt sich beispielsweise, daß ein Text aus 10 Elementen in Zweiergruppen gegliedert werden muß, während ein Text aus ca. 30 Elementen am besten in Dreiergruppen aufzuteilen ist. Während man also eine 10stellige Telefonnummer am besten zu je 2 Ziffern zusammenfaßt, ist es zweckmäßig, das Alphabet in Gruppen zu je 3 Buchstaben erlernen zu lassen.
In diesem Zusammenhang ist es recht interessant, daß schon

Pestalozzi in der angegebenen Weise vorgegangen ist; er schreibt hierzu im Stanser Brief: »Im Schreiben war meine Methode: sehr lange bei drei, vier Buchstaben ... stehenzubleiben und Worte aus diesen zu formen und zusammenzusetzen, ehe sie (die Schüler) einen anderen versuchen durften ...«
Bei der Optimierung von Speicherprozessen ist ferner die Tatsache bemerkenswert, daß die Zuflußkapazität des Dauergedächtnisses nur relativ geringfügige, individuelle Unterschiede aufzuweisen scheint. Dieses Ergebnis, das der bekannten Verschiedenheit der menschlichen Gedächtnisleistung offenbar widerspricht, legt den Schluß nahe, daß die Unterschiede der Gedächtnisleistung in erster Linie auf die verschiedenen Arten der *vor* der eigentlichen Speicherung liegenden Informationsverringerung zurückzuführen sind.
Erkennt jemand beispielsweise den Sinnzusammenhang eines Textes, so kann er dadurch die Information dieses Textes gegenüber der Information auf dem ursprünglichen Zeichenvorrat stark herabsetzen.
Folgendes Beispiel mag dies verdeutlichen: Es liege die Buchstabenfolge

tomorrow

vor. Für einen Empfänger, der dieses englische Wort nicht kennt, hat der ›Text‹ eine (auf dem Repertoire der Buchstaben gemessene) Information von ca. 33 bit; für einen Empfänger, dem dieses Wort bekannt ist, hat derselbe Text eine (auf dem Repertoire eines durchschnittlichen Wortschatzes gemessene) Information von ca. 10 bit.
Das in der traditionellen Lernpsychologie erforschte Phänomen, daß ›sinnvolles Material‹ rascher gelernt und länger behalten wird als sinnloses, wird damit informationstheoretisch erhellt: ›Sinnvolles Material‹ besitzt weniger (subjektive) Information als sinnloses. Damit kann aber sinnvolles Material in kürzerer Zeit oder – was auf dasselbe hinausläuft – es kann im gleichen Zeitraum mehr sinnvolles als sinnloses Material gespeichert werden. Insbesondere wird klar, daß volleinsichtige Texte am leichtesten gelernt werden können. Daraus ergibt sich die Forderung nach einer *vor* der Speicherung von Texten zu erfolgenden Informationsverringerung durch Sinnzusammenhänge.
Die informationsdidaktische Forderung der Herabsetzung von Information vor der eigentlichen Speicherung bezieht sich ins-

besondere auch auf das Lösen von Problemen: Wird nämlich ein Problem auf dem Repertoire der einzelnen Elemente gespeichert (also ohne erfolgte Einsicht), so ist die auf diesem Repertoire zu speichernde Information selbstverständlich erheblich größer, als wenn das Problem ›ein‹-gesehen und damit informationsarm gemacht worden ist.

Als Forderung der Informationsdidaktik ergibt sich somit eine möglichst wirksame ›Superzeichenbildung‹ und eine Speicherung der Information auf diesem (durch Einsicht erlangten) Superzeichenrepertoire.

Zu den subjektiven Speicherhilfen gehören u. a. auch die bekannten ›Eselsbrücken‹. Diese sind vom informationstheoretischen Standpunkt aus nichts anderes als verschiedene Arten eines ›künstlichen‹ Informationsabbaues (Assoziation, Reime, Rhythmen etc.). Zweifellos lassen sich hier mit informationsdidaktischen Methoden systematische ›Konstruktionen‹ ersinnen.

Durch die angegebenen Überlegungen wird der Gegenstandsbereich der Informationsdidaktik nunmehr deutlich sichtbar: Er besteht in der Problematik, objektiv gegebene Information so ›aufzuarbeiten‹, daß für einen Lernenden die aufbereitete Information subjektiv kleiner ist als die nicht aufbereitete.

Nehmen wir als Beispiel unseren Leitfaden der Kybernetik: Die objektive Information, die in diesem Buch über Kybernetik ausgesagt wird, ist weitgehend unabhängig von der speziellen Darstellung; sie würde sich beispielsweise nicht ändern, wenn die Einteilung des Buches in Abschnitte und Unterabschnitte wegfiele, wenn auf Schemata, Bilder, Tabellen etc. verzichtet oder die Reihenfolge der Teilinformationen geändert würde.

Die verschiedenen didaktischen Maßnahmen haben also den Sinn, die zu vermittelnde Information subjektiv möglichst weit herabzusetzen.

Als Kriterium für einen gelungenen ›Abbau‹ dient dabei u. a. ein rascheres Verständnis und ein schnelleres Erlernen der Information.

(Ein aufmerksamer Leser wird freilich – spätestens in 3.42 – feststellen, daß ich die informationsdidaktisch eigentlich durchzuführende Einteilung nicht exakt eingehalten habe: Nach der dort aufgestellten Theorie müßte man nämlich ca. 300 Seiten in 5 Abschnitte gliedern, die dann jeweils wieder in 4 Unterabschnitte zu je 3 Seiten aufzuteilen wären. Selbstverständlich würden damit nur formale Aspekte berücksichtigt werden.)

Ein besonders wichtiges Anwendungsfeld der Informationsdidaktik ist der programmierte Unterricht. Darunter versteht man ein Verfahren, das durch folgende drei Schritte charakterisiert wird:

1. Dem Lernenden werden kleine Informationseinheiten dargeboten, die mit einer Frage abschließen.
2. Der Lernende beantwortet die Frage, ohne die programmierte Antwort ablesen zu können.
3. Der Lernende erfährt sofort das Resultat seiner Antwort; eine richtig beantwortete Frage gibt die nächste Instruktion frei, eine falsche Antwort führt zur anfänglichen Information zurück oder verweist auf ein Unterprogramm mit kleineren und ausführlicheren Schritten.

Bei der Darbietung eines Lehrprogrammes können dabei verschiedene didaktische und technische Methoden angewandt werden; am bekanntesten sind die Methoden von Skinner und Crowder, auf die hier jedoch nur verwiesen werden kann (vgl. z. B. Correll, 1966).

Im Vergleich zu traditionellen Unterrichtsmethoden läßt sich im allgemeinen auf seiten des programmierten Unterrichts ein rascheres und intensiveres Lernen feststellen. Dieser Erfolg wird auf die sofortige Erfolgskontrolle, auf die Lernmotivation durch Erfolgserlebnisse und die dadurch hervorgerufene Aktivität, auf das individuelle Lerntempo und andere Vorteile zurückgeführt.

Als technische Methoden zur Darbietung von Lehrprogrammen sind vor allem die ›scrambled books‹ (bei denen die Antworten auf die einzelnen Fragen an anderen Stellen des Buches nachgeschlagen werden müssen) zu nennen, daneben werden auch mechanische, elektrische und kybernetische Geräte verwendet (vgl. 1.25 und 3.41).

Ich möchte hier nicht weiter auf den programmierten Unterricht eingehen, sondern lediglich feststellen, daß gerade in diesem Bereich informationsdidaktische Überlegungen eine wichtige Rolle spielen (z. B. bei der Berechnung der darzubietenden Information, bei der Einteilung von Lehrprogrammen, bei der Erzeugung höherer Ordnungsgrade und Superzeichen).

Es ist übrigens ein weitverbreiteter Irrtum, wenn man aus der Anwendung von Lehrmaschinen, Filmen, Sprachlabors und Fernsehen eine ›Gleichschaltung‹ von Lehrern und Schülern abzuleiten versucht – ich glaube, daß genau das Gegenteil eintreten wird:

Die Entlastung des Lehrers im objektiven Bereich der Informationsvermittlung setzt ihn für die an seine Person gebundenen Tätigkeiten frei, so z. B. für individuelle Hilfeleistungen, für den Austausch persönlicher Meinungen und Standpunkte und für soziale Kooperation.

### 1.25 *Kybernetische Lehrmaschinen*

Bei der technischen Darbietung von Lehrprogrammen hat sich gezeigt, daß die mechanischen und elektrischen Geräte gegenüber den scrambled books keinen Lernvorteil erbringen. So richtete sich die Aufmerksamkeit der Techniker des programmierten Unterrichts auf die kybernetischen Maschinen. Dabei stellte sich heraus, daß diese Maschinen zur Darbietung von Lehrprogrammen ganz besonders geeignet sind.
Im folgenden sei nach R. Gunzenhäuser (1967) aufgezeigt, daß kybernetische Maschinen nahezu unverändert auch als Lehrgeräte verwendet werden können, und daß sie außerdem (gegenüber anderen technischen Lehrmedien) erhebliche Vorteile mit sich bringen.
Zunächst einmal lassen sich die Speichereinheiten kybernetischer Maschinen in unveränderter Weise auch für Lehrfunktionen verwenden. Gunzenhäuser schreibt hierzu:

> »Speziell für Instruktionszwecke geeignet sind Lichtbildprojektoren oder Magnettongeräte, die mit der Rechenanlage gekoppelt sind. Durch einen Steuerbefehl wird die Information eines bestimmten Lichtbildes oder eines Tonbandes dargeboten. Im Rechner ist dabei nur die Steuerinformation, nicht jedoch auch die auf dem Lichtbild oder dem Tonband befindliche Information gespeichert. Datenverarbeitungssysteme mit geringen Speicherkapazitäten bedienen sich dieser Informationsdarbietung häufig.
> Bei Rechenanlagen mit großer Speicherkapazität bieten die sogenannten visuellen Datenausgabegeräte die größten Vorteile. Sie sind direkt mit der zentralen Rechenanlage verbunden und können Texte, Skizzen und andere Informationen direkt (mit Hilfe einer Fernsehröhre) auf einem Bildschirm abbilden.«

Das Befehlswerk sorgt im Rechner für den korrekten Informationsaustausch zwischen Speichereinheiten, Ein- und Ausgabegeräten, sowie logischen und arithmetischen Einheiten. Gebraucht man den Computer als Lehrmaschine, sorgt das Befehlswerk auch für den folgerichtigen Ablauf des Lehrprogramms – ein Prozeß, der bei verzweigten Programmen (die bei computergesteuerten Lehrgeräten in der Regel verwendet werden dürften) unter Umständen recht kompliziert sein kann.
Auch das Rechenwerk der Datenverarbeitungsanlage kann bei ihrer Verwendung als Lehrmaschine unverändert benützt werden: So werden z. B. im logischen Vergleichswerk die Schülerantworten mit den gespeicherten Programmantworten verglichen. Die Entscheidungen, die hierzu notwendig sind, erfolgen in der Größenordnung von millionstel Sekunden. Im Rechenwerk werden auch die fehlerhaften Antworten des Schülers gezählt und die jeweiligen Ergebnisse zu Entscheidungen über die weitere Programmabfolge verarbeitet. Auch die für eine Zensur der einzelnen Teilnehmer erforderlichen Daten werden vom Rechenwerk statistisch aufbereitet.
Können also Rechenwerk, Befehlswerk und die verschiedenen Speichereinheiten einer größeren Datenverarbeitungsanlage unverändert gebraucht werden, so sind doch zusätzliche Ein- und Ausgabegeräte erforderlich.
Gunzenhäuser (1967) schreibt hierzu:

> »Jedes Lehrgerät benötigt zur Ausgabe von Informationen (Lehrtexten, Regieanweisungen, Fragen, korrigierte Antworten usw.) eine ›Ausgabe-Einheit‹, die die Informationen in Klarschrift oder Bildform darbietet. Zur Ausgabe einzelner Sätze kann hierfür eine an den Rechner angeschlossene elektrische Schreibmaschine dienen. Sie hat noch den Vorteil, daß mit Hilfe ihrer Tastatur ›Antworten‹ an die Rechenanlage gegeben werden können, sie also gleichzeitig als ›Eingabe-Medium‹ dient. Soll jedoch umfangreiche Textinformation ausgegeben werden (Protokolle, Fehlerlisten, statistische Auswertungen von Tests, Benotungen zahlreicher Testteilnehmer etc.), so ist hierfür ein schnelles Zeilendruckgerät vorteilhafter. Es kann in der Regel etwa zehn Zeilen eines Textes je Sekunde auf Endlosformulare drucken.
> Nur bei Vorhandensein eines solchen Geräts lohnt es sich, für die Hand des Lehrers Protokolle des bearbeiteten Lehrprogramms ausgeben zu lassen.

Als Eingabeeinheiten für die Lehrprogramme und Lehrinformationen – mit denen die Rechenanlage vor dem Einsatz als Lehrmaschine gefüttert werden muß – dienen die fast immer vorhandenen Lochkarten und Lochstreifeneinheiten der Rechenanlage.«

Als Eingabegerät des *Adressaten* dient in der Regel eine Tastatur, die neben einem vollständigen Satz alphanumerischer Zeichen, Satzzeichen und Sonderzeichen, auch Steuertasten enthält. Czemper und Boswau geben in der Broschüre ›Unterricht und Computer‹ (1965, S. 51) folgende Beschreibung hierzu:

»Der Schüler sitzt vor einem Bildschirm, auf dem Lehrstoff, Übungsaufgaben, Antworten des Schülers (zur eigenen Kontrolle) und deren Beurteilung durch die Lehranlage erscheinen; er steuert das Programm und antwortet der Anlage mittels einer Tastatur ...«

Die Funktion der Steuertasten wird durch die jeweilige Aufschrift angegeben, beispielsweise durch die Bezeichnung ›weiter‹, ›zurück‹, ›erneuern‹, ›Urteil‹, ›Hilfe‹ etc. (vgl. 3.41).

Betrachtet man einen Computer unter dem Aspekt seiner möglichen Verwendung als Lehrmaschine, so zeigt sich, daß er durch diese Funktion nicht ausgelastet ist. Durch Simultanarbeit mit mehreren Adressaten und mehreren Programmen kann zwar der Speicher eines Computers zum größten Teil ausgenützt werden, das Rechenwerk wird jedoch auch in diesem Falle nur zu einem geringen Teil beansprucht. Kybernetische Maschinen, die als Lehrmaschinen verwendet werden, sollten also unbedingt die Möglichkeit des ›time-sharing‹ haben, d. h., sie müssen in der Lage sein, während der relativ langen Wartezeiten, in denen der Adressat sich die Antworten überlegt, an einem anderen Programm mit geringerer Ein- und Ausgabe, beispielsweise in einem Mathematikprogramm, zu arbeiten.

Kybernetische Maschinen besitzen aber nicht nur einfach die *Möglichkeit*, mit entsprechenden Zusatzgeräten als Lehrmaschinen verwendet zu werden, sie bieten (neben den üblichen Vorzügen der programmierten Unterweisung) eine ganze Reihe spezieller Vorteile:

1. Die kybernetische Lehrmaschine gibt dem Adressaten ständig Auskunft über seine Fehlerquote; sie kann frühere und augenblickliche Leistungen des Adressaten miteinander vergleichen und unter Umständen auch das Verhältnis zum Klassendurchschnitt angeben.

2. Durch die ständige Leistungsüberwachung des Adressaten kann die Maschine jeweils eine optimale Programmdarbietung errechnen.
3. Kybernetische Lehrmaschinen können mit einem Pseudozufallsgenerator arbeiten. Gunzenhäuser macht hierzu folgende Bemerkung:
»Mit Hilfe solcher Zufallszahlen kann man in die Aufgabenfolge eines Programms Abwechslung hineinbringen ... Wie beim Roulettespiel kann durch das Zufallszahlenprogramm eine bestimmte Frage aus einem Vorrat gleichwertiger Fragen bestimmt werden, so daß keine zwei Schüler dieselbe Fragenfolge zu beantworten haben. Mit Hilfe dieses Zufallszahlengenerators können auch (z. B. mathematische) Probleme selbst variiert werden, indem man die bestimmten Zahlengrößen, mit denen eine bestimmte Rechenoperation durchgeführt werden soll, zufallsmäßig variiert. Dadurch wird einem eventuellen Abschreiben oder Zuflüstern vorgebeugt – ohne daß der beaufsichtigende Lehrer Mehrarbeit hat.«
4. Wie schon gesagt, können moderne Rechenanlagen – die notwendige Anzahl von Schülerbedienpulten vorausgesetzt – bis zu tausend Schüler in acht verschiedenen Programmen gleichzeitig unterrichten (wobei nur etwa ein Drittel der möglichen Arbeitszeit des Computers in Anspruch genommen wird). Diese Leistung wird in den nächsten Jahren zweifellos noch verbessert werden: man rechnet damit, daß in einer künftigen Anlage mindestens fünfzig Programme zur Verfügung stehen. Über Telefonleitungen werden sich dann mehrere tausend Schüler dieser Programme bedienen können.
5. Als besonders vorteilhaft erweisen sich kybernetische Maschinen für Prüfungen. Hier können die Antworten im ›multiple-choice‹-Verfahren oder in Form von Lückentests unmittelbar in die Maschine eingegeben werden. Da der Vergleich mit den richtigen Antworten praktisch keine Zeit benötigt, liegt das Prüfungsergebnis sofort nach erfolgter Prüfung vor.
6. Prinzipiell besteht auch die Möglichkeit, lernende Lehrmaschinen zu konstruieren, z. B. Maschinen, die auf Grund der Eingabe-Information zahlreicher Adressaten optimale Lehrprogramme ermitteln.

Die kybernetischen Maschinen besitzen zweifellos jede denkbare Möglichkeit der technischen Darbietung von Lehrprogrammen.

Gegenwärtig stehen diese Untersuchungen jedoch noch am Anfang, so daß (auch aus wirtschaftlichen Gründen) in den nächsten Jahren noch mit keiner umfangreichen Verwendung kybernetischer Lehrmaschinen zu rechnen ist.
Über einige gegenwärtige Versuche mit kybernetischen Lehrmaschinen wird in 3.41 berichtet.

## 1.3 Kybernetik und Gesellschaft

### 1.31 *Der Problemkreis ›Kybernetik und Gesellschaft‹*

Die Auswirkungen der Kybernetik auf die Gesellschaft sind äußerst vielseitig und werden daher auch in den verschiedensten Bereichen diskutiert. Daß hierbei die Grenzen vom Faktischen und Vorhersehbaren zur Spekulation hin gelegentlich überschritten werden, ist deshalb verständlich, weil die Folgen der Kybernetik immer stärker in unser gesellschaftliches und individuelles Leben eingreifen und die bisherigen Auswirkungen der Kybernetik sehr verschiedene Zukunftsaussichten eröffnen. Freilich sollte man sich darüber im klaren sein, wann man den Boden der Tatsachen verläßt und mehr oder weniger wahrscheinliche Entwicklungen ins Auge faßt.
Um zu einer klaren Systematik der Anwendungsbereiche und Folgen der Kybernetik zu gelangen, ist es m. E. zweckmäßig, die Unterscheidung von kybernetischen Maschinen und kybernetischen Methoden zu beachten. Auf seiten der kybernetischen Maschinen eröffnet sich dabei das weite Feld der technischen Automation und deren soziale Folgen bis hin zur Manipulation der Massen, auf seiten der kybernetischen Methoden eröffnet sich die Anwendung dieser Methoden in den Human- und Sozialwissenschaften bis hin zur Entideologisierung der Gesellschaft. Schließlich führt die kybernetische Denkweise zu einer Übertragung technischer Verfahren auf menschliche und soziale Bereiche und zu einem Bewußtsein der Machbarkeit schlechthin.
Der Problemkreis ›Kybernetik und Gesellschaft‹ läßt sich also in mindestens vier Teilbereiche aufgliedern:

1. die sozialen Folgen der Automation,
2. das Problem der Manipulierbarkeit der Massen durch kybernetische Maschinen,
3. die Entideologisierung der Gesellschaft,
4. die Verallgemeinerung der Technik zum technischen Bewußtsein.

Im folgenden möchte ich zunächst einen kurzen Überblick über die Probleme der einzelnen Teilbereiche geben:

1. Zu den sozialen Folgen der Automation gehören z. B. deren Auswirkungen auf Arbeit und Beruf. Hierbei ist die Frage, ob die Automation zu einer fortschreitenden Arbeitslosigkeit führt oder (im Gegenteil) zu einem größeren Bedarf an Arbeitskräften, keineswegs so einfach zu beantworten.

   Hinsichtlich zukünftiger Berufe erhebt sich die Frage, ob die Automation vom Menschen eine höhere Qualifikation erfordert oder ob nicht (im Gegenteil) die auszuführenden Arbeiten so einfach werden, daß sie innerhalb weniger Stunden oder Tage erlernt werden können. Selbstverständlich führt dieses Problem zu weiteren Überlegungen:

   In welcher Weise soll die Mehrheit der jungen Menschen ausgebildet werden? Ist eine allgemeine Anhebung und Differenzierung der Ausbildung erforderlich, oder genügt für eine weitgehend mechanisierte Tätigkeit ein entsprechend geringes Wissen und Können?

   Eine besonders wichtige Konsequenz der Automation bezieht sich auf die zukünftigen Wirtschaftsformen. So erhebt sich z. B. die Frage, ob die zunehmende Automatisierung eine freie Marktwirtschaft noch gewährleistet oder ob sie nicht zu einer stärkeren Zentrierung wirtschaftlicher Macht führt. Selbstverständlich werden mit solchen Fragen neue Probleme im Bereich der Wirtschaftspolitik und der Politik überhaupt aufgeworfen.

   Eine weitere Folge der Automation kann mit dem Stichwort ›Freizeit‹ bezeichnet werden. Sollte sich die Freizeit tatsächlich erheblich vergrößern, so ist in einer Massengesellschaft die Frage nach den Auswirkungen dieser Erscheinung nicht einfach von der Hand zu weisen.

2. Eine Frage, die im Zusammenhang mit der Kybernetik und ihren Folgen immer wieder gestellt wird, betrifft die Manipulierbarkeit der Massen durch kybernetische Maschinen. Tatsächlich handelt es sich bei solchen Überlegungen keines-

wegs um reine Spekulationen – das Problem ist vielmehr höchst aktuell. Durch sorgfältige Analysen von Meinungsumfragen lassen sich nämlich mit Hilfe kybernetischer Maschinen aus einem relativ kleinen Material recht genaue Vorhersagen machen. Das bedeutet aber, daß politische Parteien bzw. die herrschenden Gruppen der Parteien, die im Besitz dieser Informationen sind, ihr Verhalten nach machtpolitischen Gesichtspunkten optimieren können.
Die Befürchtung, daß dadurch eine Verfestigung und Konzentration der Macht zustande kommen könnte, ist nicht unbegründet. Wiener erkannte diese Gefahr schon 1947 und beschrieb sie mit äußerst skeptischen Worten:
»Es gibt Wissenschaftler, die hoffen, daß der Segen, der aus einem besseren Verständnis des Menschen und der Gesellschaft entspringen kann . . ., ein Gegengewicht zu den Möglichkeiten geben wird, die wir denen bieten, die alle Macht bei sich konzentrieren wollen und die notwendigerweise immer die Skrupellosesten sind. Ich schreibe im Jahre 1947, und ich muß sagen, daß diese Hoffnung recht gering ist« (›Cybernetics‹, 1948, S. 38).

3. Eine nicht zu unterschätzende Auswirkung der Kybernetik auf die Gesellschaft besteht in der zunehmenden Desillusionierung und Entideologisierung individueller und sozialer Vorstellungen. Diese Konsequenz der Kybernetik wird gegenwärtig noch nicht überall gesehen, sie dürfte indessen bald zu einer der wichtigsten Folgen der Kybernetik werden.
Zum Prozeß der Desillusionierung schreibt Karl Steinbuch (1965, S. 394):
»Der Prozeß der Desillusionierung erfaßt Ende des 20. Jahrhunderts besonders intensiv die geistigen Funktionen des Menschen. Mit den Erfahrungen an technischen Systemen können viele Eigenschaften organischer Systeme, auch des menschlichen Denkapparates, erklärt werden. Auf keinen Fall scheint es erwiesen oder auch nur wahrscheinlich zu sein, daß zur Erklärung geistiger Funktionen irgendwelche überphysikalischen Einflüsse angenommen werden müssen. Für einfachere Vorgänge an Menschen und Tieren hat man schon recht überzeugende physikalische Modelle gefunden. Es ist unglaubhaft, daß die Natur bei höheren Funktionen plötzlich mit überphysikalischen Mitteln arbeitet. Die vielfach vermuteten ›überphysikalischen Mittel‹ sind reine Denkprodukte,

deren Existenz durch keinerlei Naturbeobachtung wahrscheinlich gemacht wird. Es gibt keinen beobachtbaren Grund, weshalb für das Geschehen in höheren Organismen (bis hin zum Menschen) überphysikalische Komponenten angenommen werden müßten« (S. 394).

Der Prozeß der Entideologisierung stellt lediglich einen anderen Aspekt desselben Sachverhaltes dar, nämlich des Eindringens wissenschaftlicher Methoden in die individuellen und sozialen Bereiche des Menschen. Durch diesen Vorgang werden nichtnachprüfbare Aussagen, die mit dem Anspruch auf ›absolute Wahrheit‹ auftreten, als ideologisch entlarvt; es werden subjektive und wissenschaftliche Aussagen sauber getrennt und gesellschaftliche Zielvorstellungen einer rationalen Kritik unterzogen (vgl. 1.34 und 1.35).

4. Eine weitere, meines Erachtens noch nicht hinreichend diskutierte Auswirkung der Kybernetik auf die Gesellschaft betrifft die fortschreitende Technisierung individueller und gesellschaftlicher Bereiche und das damit verbundene fortschreitende ›Bewußtsein der Machbarkeit‹; d. h. genauer folgendes:

   In der modernen technisch-wissenschaftlichen Zivilisation kann die Technik nicht länger als Organfortsetzung des Menschen in einer an sich gegebenen Welt angesehen werden; als Charakteristikum der Technik hat sich vielmehr das Prinzip der Machbarkeit herausgestellt. Unter diesem allgemeinen Gesichtspunkt ist Technik als Zerlegung einer gegebenen ersten Realität in Strukturen, Gesetze oder sonstige Elemente und der Zusammensetzung dieser Elemente zu einer konstruierten zweiten Realität zu verstehen.

   Entscheidend ist dabei die Tatsache, daß sich der Mensch dieser technischen Tätigkeit bewußt geworden ist, d. h., er betrachtet die Welt in allen ihren Bereichen als etwas Veränderbares und Machbares (vgl. 1.36).

Die Kybernetik trägt in doppelter Hinsicht zu dieser Verallmeinerung der Technik bei: sie erschließt durch die maschinelle Informationsverarbeitung neue Dimensionen der Machbarkeit, und sie erweitert zugleich das Bewußtsein dieser Machbarkeit in den Bereich menschlicher und gesellschaftlicher Vorstellungen hinein.

Da die faktischen und möglichen sozialen Konsequenzen der Automation schon in zahlreichen Büchern ausführlich dargestellt sind, möchte ich hier nur einen systematischen Überblick geben. Eine der wichtigsten Fragen, die im Zusammenhang mit der Automation gestellt wird, betrifft die zu erwartende Arbeitszeitverkürzung oder eine eventuell zu erwartende Arbeitslosigkeit. Nun ist es ein unbestreitbares Faktum, daß durch die Automation menschliche Arbeitskräfte freigesetzt werden; schließlich ist das ja der erklärte Sinn der Automation. In den einzelnen Darstellungen über die Automation werden die Folgen dieser Freisetzung jedoch keineswegs einheitlich gesehen: So glauben z. B. die ›Optimisten‹, daß die Freigesetzten mühelos in einem andern Bereich des Arbeitsprozesses eingesetzt werden könnten, während die ›Pessimisten‹ eine nicht aufzuhaltende Arbeitslosigkeit befürchten. Doch gehen wir zunächst von folgendem Sachverhalt aus:

> »In der Bundesrepublik Deutschland werden ... durch die Einführung der Automation jährlich 1,5 Millionen Beschäftigte oder 6 % aller Erwerbstätigen freigesetzt ... In den USA betragen die entsprechenden Freisetzungen jährlich 2,5 Millionen Beschäftigte« (Schachtschabel, 1964, S. 425).

Nach Schachtschabel sind die bisherigen Schätzungen zur Freisetzung noch recht ungenau und im einzelnen auch sehr unterschiedlich; dennoch kann kein Zweifel darüber bestehen, daß die Automation zu Freisetzungen größeren Umfangs führen wird.

Nun ist es heute im allgemeinen so, daß die freigesetzten Arbeitskräfte an anderen und oft sogar besser bezahlten Stellen eingesetzt werden können; im Zuge einer fortschreitenden Automatisierung ist es jedoch fraglich, ob diese Entwicklung anhält. Pollock (1964, S. 220) schreibt hierzu:

> »Wir haben in den über die Entwicklung im Jahre 1955 vorliegenden Berichten keine Faktoren finden können, welche einige Sicherheit dafür gewähren würden, daß die in der Automation begründeten Freisetzungstendenzen auch in den kommenden Jahren überkompensiert werden können. Es ist zumindest zweifelhaft, ob selbst die vereinten Kräfte der Regierung, der Unternehmer und der Gewerkschaften aus-

reichen würden, um in einer nicht mehr (oder nur wenig) expandierenden Marktwirtschaft technologische Arbeitslosigkeit großen Umfangs als Folge der Automation abzuwenden, es sei denn, daß außerordentlich weitgehende und sorgfältig geplante Eingriffe in den Wirtschaftsprozeß rechtzeitig vorgenommen werden.«

Auch neuere Diskussionen zu diesem Thema (z. B. Bergedorfer Protokolle, 1965, Bd. 13) lassen keine weiterführenden Gedanken erkennen.

Betrachtet man die Automation im Hinblick auf die Berufe, so zeigen sich heute schon tiefgreifende Wandlungen: Traditionelle Berufe wie Mechaniker, Bäcker, Buchhalter usw. verschwinden, neue Berufe wie Regeltechniker, Programmierer, Tabellierer etc. sind entstanden. Dabei ist es jedoch nicht so, daß die Automation unbedingt höhere Anforderungen mit sich bringen würde. Pollock (1964, S. 225) gibt hierzu folgendes Beispiel:

»Ein sicheres Anzeichen für die geringen Qualifikationen, die zur Überwachung automatischer Geräte nötig sind, ist die oft sehr kurze Anlernzeit. Für die Überwachung einer automatischen Zylinderblockmaschine beträgt sie 4 bis 24 Stunden, für einen ›Bäcker‹ in einer automatisierten Bäckerei knapp eine Woche.«

Zweifellos erweist sich während des Aufbaus der Automation eine allgemeine und variabel gehaltene Berufsausbildung als vorteilhaft. Wer sich den neuen Verhältnissen anzupassen versteht, wird auch mit einem ›upgrading‹ (d. h. mit einer höher bezahlten Stelle und einem höheren Sozialstatus) rechnen können; es ist indessen nicht sicher, ob dieses upgrading eine ›gesättigte‹ Automation überdauert.

Vermutlich werden sich die Berufe im Bereich der Automation stark polarisieren, d. h., es werden einerseits hochqualifizierte Wissenschaftler, Techniker und Manager gebraucht werden und andererseits leicht anlernbares ›Bedienungspersonal‹ für die Maschinen.

Eine Polarisierung des Arbeitsfeldes durch die Automation hat aber bildungstheoretische Konsequenzen, die man rechtzeitig ins Auge fassen sollte.

Die Aufspaltung in Berufe, die nur hochqualifizierte und langfristig gebildete Leute auszuüben imstande sind, und in Berufe, die wenig Anforderungen stellen und ebenso rasch erlernt wie gewechselt werden können, führt nämlich keineswegs (wie oft angenommen wird) zu der unabdingbaren Forderung nach einer Höherbildung für alle. Diese Forderung ergibt sich vielmehr aus mindestens drei Überlegungen.

a) Für die Spitzenstellungen in einer durch Automation charakterisierten Gesellschaft wird eine langwierige und differenzierte Ausbildung benötigt. Da aber in einer Demokratie die Chance eines sozialen Aufstiegs jedem gleichermaßen offenzustehen hat, müssen auch die Voraussetzungen hierfür geschaffen werden.

b) Seit Wiener auf die Gefahr der Manipulierbarkeit der Massen durch die Verwendung kybernetischer Maschinen aufmerksam gemacht hat, sind die Warnungen aus den verschiedensten Richtungen nicht abgebrochen. Das wirksamste Gegenmittel besteht aber in einer möglichst weit verbreiteten rationalen Denkweise. Die Kategorien Zweifel, Beweis, Nachprüfbarkeit, Rückkopplung, Konstruktionen usw. vertragen sich nämlich nicht mit irrationalen Behauptungen oder ›absolut wahren‹ Dogmen; sie bewahren den Menschen vor einer Ideologisierung oder Mystifizierung realer Sachverhalte ebenso wie vor blindem Gehorsam oder blindem Vertrauen.

c) Es besteht kein Zweifel, daß die Automation schon heute zu einem Zuwachs an Freizeit geführt hat und daß dieser Trend sich noch verstärken wird. Allerdings wird nur die Majorität der Angelernten in den Genuß dieser vermehrten Freizeit kommen, die Fachleute der Automation werden durch ihren Beruf voll in Anspruch genommen sein. Dabei werden sie im allgemeinen auch nicht zwischen Arbeit und Freizeit unterscheiden.

   Gerade für diejenigen aber, die Freizeit und Beruf nicht gleichsetzen können oder wollen, bedeutet ein höheres Bildungsniveau auch ein größeres Angebot für den Gebrauch ihrer freien Zeit. Überhaupt ist meines Erachtens das ›Problem der Freizeit‹ nur so zu lösen, daß man die jungen Menschen zu selbständigem und kritischem Denken erzieht. Ein in dieser Weise ›gebildeter‹ Mensch sollte dann allerdings auch tatsächlich als ›mündig‹ angesehen werden, d. h. insbesondere als einer, der über seine freie Zeit nach eigenem Gutdünken verfügen kann. Eine ›sinnvolle Freizeitgestaltung‹ oder gar ein Reglement der Freizeit erübrigt sich dann von selbst.

O. W. Haseloff (1963) spricht im Hinblick auf Automation und

Freizeit von umfassenden ›Aktivitätswandlungen‹; wir wollen die wichtigsten Bemerkungen hierzu zitieren (S. 16):
»Die tägliche Arbeit wird sich in erkennbarer Zeit durch Automation verändern. Ein Zuwachs an Freizeit, der von manchen schon gefürchtet wird, bringt unzweifelhaft weitere Verhaltens- und Anpassungsprobleme mit sich. Aktivitätswandlungen bei einer Vielzahl von Menschen werden vor allem drei Bereiche betreffen:

1. Die Bereitschaft zu vitaler, auch triebhafter, vor allem aber spielerischer und expansiver Entfaltung.
   Dabei dürften konventionelle pädagogische Erwägungen und Versuche zur Freizeitgestaltung, oder manchmal auch Freizeitverwaltung, kaum sehr wirksam werden. Vielleicht muß man hier auch demokratischere Modelle und Vorstellungen präsentieren als den naiven Erziehungsanspruch gegenüber erwachsenen Staatsbürgern, denen Freizeit und Freiheit gruppendienlich oder zu ihrem eigenen Besten geplant und vorentschieden werden sollen. Wer aber plant die Ziele und Methoden dieser Erwachsenenerziehung? Hier müssen demokratische und zugleich wirksame Lösungen gefunden werden.
2. Verstärkungen der Tendenz zu neugierigen, explorativen und welterschließenden Haltungen auch bei den Menschen, bei denen wir dergleichen heute noch nicht beobachten.
   Nach Jahrtausenden der Knappheitsgesellschaft hat der Übergang zur Wohlstandsgesellschaft in den Vereinigten Staaten oder etwa in Schweden bereits gezeigt, daß ganz bestimmte Bereiche der wirtschaftlichen Nachfrage stark überdurchschnittliches Wachstum zeigen. Die wachsende Nachfrage nach allem, was Gesundheit stützt und verlängert, ist zu beobachten. Zweitens eine wachsende Tendenz zu individueller Lebenskultur. Erkennbar wird dieser Trend in den Vereinigten Staaten etwa im Übergang vom Kraftwagen als Statussymbol auf einen selektiven, nicht demonstrativen, aber ästhetisch intentionierten Lebensgenuß.
3. Als eine weitere Tendenz hat sich eine sehr starke Steigerung des Interesses an Lesen, an Bildung und an Information gezeigt. Demgemäß werden neugierige, explorative und welterschließende Haltungen häufiger. Gleiches gilt für eine verstärkte Tendenz zur Freisetzung spielerischer, heuristischer Produktivitäten, was bis in neuartige Gesellschaftsspiele hineinreicht.

Ich glaube, daß Menschen, für die das Problem der unmittelbaren Deckung des vitalen Bedarfs erstmalig tatsächlich gelöst ist und die erwarten dürfen, daß ihre sozialen und konsumptiven Bedürfnisse weitgehend befriedigt werden, sich in irgendeiner Form zu einer, sei es spielerischen, Produktivität hingezogen fühlen. Eine solche Produktivität aber sollte, im ganzen gesehen, ermutigt werden, da sie zu einer Steigerung des Anpassungspotentials der Gesamtgesellschaft beiträgt.«

Ich möchte im Zusammenhang mit diesen Ausführungen lediglich noch auf die Konsequenzen hinweisen, die sich aus der genannten Entwicklung für die Pädagogik ergeben (vgl. 1.34 und 1.35).

Auf das Stichwort Wirtschaft und Wirtschaftspolitik sei nur kurz hingewiesen. Die Meinungen über die Auswirkungen der Automation auf diesem Gebiet gehen beträchtlich auseinander: Während die einen glauben, daß eine freie Marktwirtschaft auch im Zeitalter der Automation möglich sei, vertreten andere den Standpunkt, daß die Automation zu einer Ballung wirtschaftlicher Macht führt und eine freie Marktwirtschaft illusorisch werden läßt.

Pollock (1964, S. 347) äußert hierzu folgende Ansicht:

> »Wenn die automatische Produktionsweise bewußt in den Dienst der Menschen gestellt wird, kann sie dazu beitragen, die wirtschaftliche Not auf der ganzen Welt relativ schnell ... zu beseitigen. Aber es läßt sich leicht zeigen, daß dieses Ziel nicht erreicht werden kann, wenn man die Lenkung der Kräfte, die hier entfesselt werden, dem klassischen Marktmechanismus überläßt.«

Tatsächlich scheint die neuere Entwicklung diese Richtung einzuschlagen: Die Kosten, die mit der Automatisierung, mit Großserien, Forschung und Marketing verbunden sind, können nur wenige Betriebe aufbringen. Das bedeutet aber, daß immer mehr kleine und mittlere Unternehmen liquidieren müssen. Eine solche Entwicklung ist seit einigen Jahren auch in der Bundesrepublik Deutschland im Gange.

Daß kommunistische Kybernetiker, wie z. B. Georg Klaus (1964), die kybernetische Denkweise zur Widerlegung kapitalistischer Vorstellungen heranziehen, ist nicht verwunderlich. Leider kann ich an Hand dieser Literatur nicht beurteilen, inwieweit die angegebenen Begründungen zutreffen, da sachliche und ideologische Argumente oft wirr durcheinandergehen. Jedenfalls ist man auch auf westlicher Seite in zunehmendem Maße der

Meinung, daß die Automation nur durch Planung sinnvoll in die gesellschaftliche und technische Entwicklung hineinintegriert werden kann.
So wenig man bis jetzt die weitere Entwicklung der Automation und ihrer Folgen im einzelnen vorhersagen kann, so sicher ist sie imstande, die große Linie der Technisierung überhaupt fortzusetzen:
Die Technik ist für den Menschen von Anfang an ein Mittel gewesen, sich die Umwelt nach seinem Ermessen zu verändern. Die Motive liegen dabei (nach Ortega y Gasset, 1939) darin, daß sich der Mensch von animalischen Notwendigkeiten zu befreien trachtete, um sich produktiven, spielerischen oder neugierigen, d. h. vom Standpunkt der reinen Lebensnotwendigkeit her gesehen ›überflüssigen‹ Tätigkeiten widmen zu können.
Es ist anzunehmen, daß die Automation diese Entwicklung fortsetzt – gibt sie doch ganz neue Möglichkeiten zu einem reicheren kulturellen oder (im Sinne von Ortega) ›luxuriösen‹ Leben.

### 1.33 *Das Problem der Manipulierbarkeit der Massen durch kybernetische Maschinen*

Wiener äußerte schon 1947 in seinem Buch ›Cybernetics‹ die Befürchtung, daß durch eine Höherentwicklung der Informationstechniken die Macht der ›Skrupellosen‹ und ›Gauner‹ weiter zunehmen könnte. Den Grund hierfür sieht er darin, daß sich das Verhalten des ›Mannes auf der Straße‹ mit den neuen wissenschaftlichen und technischen Methoden genau vorhersagen und damit auch manipulieren läßt. Wiener schreibt wörtlich (1963, S. 229):

> »Die Psychologie des Narren ist für die Gauner ein Gegenstand geworden, der ernster Beachtung wert ist. Anstatt ... auf sein eigenes Interesse zu sehen, handelt der Narr in einer Weise, die im großen ganzen ebenso vorausbestimmbar ist wie die Anstrengungen einer Ratte in einem Labyrinth. Diese Strategie der Lügen – oder mehr der Behauptungen, die sich nicht mit der Wahrheit decken – wird ihn veranlassen, eine besondere Zigarettenmarke zu kaufen, jene Strategie wird, so hofft die Partei, ihn veranlassen, für einen speziellen

Kandidaten zu stimmen – für irgendeinen Kandidaten – oder sich zu einer politischen Hexenjagd zu vereinigen. Eine ganz bestimmte genau abgewogene Mischung aus Religion, Pornographie und Pseudowissenschaft läßt eine illustrierte Tageszeitung verkaufen. Eine bestimmte Mischung von Schmeichelei, Bestechung und Einschüchterung wird einen jungen Wissenschaftler veranlassen, an Fernlenkgeschossen oder an der Atombombe zu arbeiten. Um diese Mischung zu bestimmen, haben wir unsere Maschinerie von Rundfunkhörerbefragungen, Probeabstimmungen, Meinungsforschungen und anderen psychologischen Untersuchungen mit dem Mann auf der Straße als Objekt; und es sind immer Statistiker, Soziologen und Volkswirtschaftler vorhanden, die ihre Dienste an diese Unternehmen verkaufen.

Glücklicherweise haben diese Lügenhändler, diese Ausbeuter der Leichtgläubigkeit, noch nicht eine solche Perfektion erreicht, daß sie alle Dinge in ihrem Sinne lenken.«

In einer kleineren Gemeinschaft besteht, nach Wiener, diese Gefahr nicht, da die Kommunikation größer ist und damit auch die ›Homöostase‹, d. h. der Zustand des inneren Gleichgewichtes. Für große Gemeinschaften sieht Wiener dieses Gleichgewicht jedoch zwangsläufig zerstört:

»Es ist nur in der großen Gemeinschaft möglich, daß die ›Herren aller Dinge‹ sich selbst vor dem Hunger durch Reichtum, vor der öffentlichen Meinung durch Geheimhaltung und Anonymität, vor persönlicher Kritik durch die Beleidigungsklage und den Besitz der Nachrichtenmittel schützen, daß also die Erbarmungslosigkeit ihr höchstes Niveau erreichen kann. Von allen diesen antihomöostatischen Faktoren in der Gesellschaft ist die Beherrschung der Nachrichtenmittel die wirkungsvollste und wichtigste« (S. 230).

Wiener kritisiert die Einschränkung der Kommunikationsmittel durch die Herrschenden und die Verwendung dieser Mittel zur Durchsetzung der Macht mit scharfen Worten:

»So haben wir auf allen Seiten eine dreifache Einschnürung der Kommunikationsmittel: die Elimination der weniger gewinnbringenden Mittel zugunsten der gewinnbringenden; die Tatsache, daß diese Mittel in den Händen der sehr begrenzten Klasse der Reichen sind und so natürlicherweise die Meinungen jener Klasse ausdrücken, und die weitere Tatsache, daß sie als eine der Hauptstraßen zur politischen und persönlichen Macht vor allem jene anziehen, die nach dieser Macht trachten. Jenes System, welches mehr als alle anderen zur sozialen Homöostase beitragen sollte, ist genau in die Hände derer geraten, die am meisten an dem Spiel um Macht und Geld beteiligt sind, von dem wir bereits gesehen haben, daß es das hauptsächliche antihomöostatische Element in der Gesellschaft ist« (S. 232).

Die Gedanken Wieners von der verabsolutierenden Herrschaft derjenigen, die im Besitz der Kommunikationsmittel und -techniken sind, setzte 1948 der Dominikanermönch Père Dubarle durch die Vorstellung einer ›Beherrschungsmaschine‹ fort. Er verstand darunter einen Elektronenrechner, der die laufenden Informationen so verarbeitet, daß er in jeder Situation die Maßnahmen bezeichnen kann, die eine Regierung zur Erreichung ihrer Ziele jeweils zu ergreifen hat.

Tatsächlich wurde schon 1960 anläßlich der amerikanischen Präsidentschaftswahlen ein solches Verfahren verwirklicht. Damals stand u. a. das Problem zur Debatte, wie die katholische Konfession Kennedys wahltaktisch am besten ›manipuliert‹ werden könne. Pollock (1964, S. 341) berichtet hierüber:

»Unter den in der kurzen Zeit zwischen den ›primaries‹ (Wahl des Kandidaten durch den Parteikongreß) und der Wahl selbst zur Beantwortung dieser Frage benutzten Methoden beruhten zwei auf dem Einsatz leistungsfähiger Elektronenrechner: die erste war die Befragung eines für das ganze Land repräsentativen Querschnitts zunächst über drei für die Wahlpropaganda wichtigste Probleme: die Imago Kennedys, diejenige Nixons und die Bedeutung der Außenpolitik; sie wurde analysiert für über hundert Wählertypen und alle amerikanischen Bundesstaaten. Die in einer fünftägigen Befragung gesammelten Antworten konnten auf Grund einer vorhergehenden, höchst differenzierten Programmierung des Elektronenrechners (die auf 85 000 anläßlich verschiedener Wahlen zwischen 1952 und 1958 gesammelten Fragebogen beruhte) innerhalb von neun Tagen zu drei Berichten von mehr als 100 Seiten verarbeitet werden. Die Autoren erklärten, daß sie nicht sagen könnten, wieweit ihre Berichte die Wahlstrategie der Demokratischen Partei beeinflußt haben. Sie könnten nur feststellen, daß diese in den meisten Punkten ziemlich genau mit den Schlußfolgerungen ihrer Berichte übereinstimmte.«

Das hier beschriebene Verfahren wird im englischen Sprachraum ›computer simulation‹ genannt; es besteht in der Verwendung von Elektronenrechnern zur Nachahmung und damit auch zur Voraussage des wahrscheinlichsten Verhaltens großer sozialer Gruppen in bestimmten Bereichen. Das Verfahren findet im Wirtschaftsprozeß, in der Politik, in der Werbung etc. schon weitgehend Anwendung.
Soziologische Forschungen ergaben dabei, daß das Verhalten im allgemeinen stark determiniert ist und sich leicht vorhersagen läßt. Das bedeutet wiederum, daß der Mensch (in seinem Gruppenverhalten) auch weitgehend manipulierbar ist. Der Vorgang läßt sich also kurz folgendermaßen beschreiben:
Mit Hilfe wissenschaftlicher Methoden und kybernetischer Maschinen wird das Verhalten großer Gruppen analysiert, simuliert und vorhergesagt. Damit besteht für die jeweiligen Machthaber (Wirtschafts›kapitäne‹, Politiker etc.) die Möglichkeit, ihr eigenes Verhalten nach dieser Prognose zu richten; das bedeutet wiederum, daß sie eigene Überzeugungen und Thesen nicht mehr aussprechen (u. U. überhaupt nicht mehr konzipieren), sondern durch optimale Anpassung ihre Macht festigen.
Pollock (1964, S. 346) kritisiert diese Erscheinung in engagierter Form:

> »Und nun erscheint als vollkommenste Methode der Massenbeherrschung mit pseudodemokratischen Mitteln diese ebenso logische wie groteske Verbindung von Machiavellismus und Meinungsforschung, die Simulation des Verhaltens der Wählerschaft mit Hilfe des Elektronenrechners, als Grundlage der Entscheidungen einer Partei oder einer Regierung.«

O. W. Haseloff sieht die Bedeutung der Maschinen für die soziale Kontrolle etwas anders, er schreibt in seinem Artikel ›Kybernetik als soziale Tatsache‹ (1963, S. 10):

> »Das Prinzip der sozialen Kontrolle mit Hilfe von Datenverarbeitungsanlagen stellt nun zweifellos für die Majorität ein besonders antipathisches Schreckbild dar.
>
> Vorrangig an einer kybernetischen Theorie von Herrschaft, Verwaltung und Planung ist meines Erachtens jedoch nicht der Einsatz von Maschinen. Wichtig ist vielmehr die Tatsache, daß es vor der Auswahl von Entscheidungen zweckmäßig und heute auch notwendig ist, eine große Anzahl von Daten zu kennen, in geordneter und organisierter Weise zu speichern und nach alternativen Programmen zu kombinieren. Noch

wichtiger ist es zweifellos, daß zur informationellen ›Fütterung‹ solcher Regierungsmaschinen eine ganz neue Mentalität von Politikern, Strategen und Sozialtechnikern gefordert ist. Vielleicht könnte man versuchsweise diese Mentalität eine wissenschaftliche nennen. Und dies, weil Kybernetik als operationale Anpassung sich nur in einem recht beschränkten Grade auf Maschinen stützen kann. Man kann nicht nachdrücklich genug darauf hinweisen, daß die sogenannten Denkmaschinen immer nur ein Teilglied und funktionelles Mittel innerhalb der komplexeren operationalen Problemlösung durch ein Team verantwortlicher Experten darstellen.«

So wichtig diese Überlegungen sein mögen, so wenig können sie das ›Schreckbild‹ aufheben, denn: Wer garantiert uns diese neue Mentalität?

Ich glaube nicht, daß man von den Herrschenden eine neue Mentalität erwarten kann; die einzig wirksame Maßnahme gegen die Gefahr der Manipulierbarkeit der Massen ergibt sich meines Erachtens aus folgender Überlegung:

Die Voraussetzung für die weitgehende Vorhersehbarkeit des Verhaltens und die Manipulierbarkeit der Massen ist der Sachverhalt, daß die große Mehrzahl der Menschen nur wenig nachdenkt und nicht imstande ist, zu beurteilen, ob z. B. ein Kandidat das Vertrauen auch wirklich verdient, daß ihm durch den Wahlakt ausgesprochen wird etc.

Diese Voraussetzung darf nicht gegeben sein!

Das bedeutet aber eine fortgesetzte Selbstbildung und Weiterbildung aller Individuen der Gesellschaft, eine allgemeine ›Erziehung zur Rationalität‹. Paradoxerweise kann hierzu gerade die Kybernetik einen wesentlichen Beitrag leisten (vgl. 1.35).

## 1.34 *Wissenschaft und Ideologie*

In den Ausführungen dieses Buches, insbesondere in den folgenden Abschnitten, tauchen immer wieder die Begriffe Wissenschaft und Ideologie auf. Tatsächlich sind diese Begriffe in der Gegenwartsliteratur weit verbreitet, ohne jedoch im allgemeinen hinreichend genau erklärt zu werden – ich möchte daher versuchen, sie in aller Kürze zu definieren:

*Der Begriff der Wissenschaft*

Eine Wissenschaft besteht aus einem System von Theorien: die Physik z. B. aus der Theorie der Mechanik, der Elektrizitätstheorie, der Relativitätstheorie usw.; die Erziehungswissenschaft aus Theorien des Unterrichts, der Autorität, der Bildung usw. Der allgemeine Begriff der Theorie wiederum wird durch folgende Methode charakterisiert: Auf Grund von Daten und Beobachtungen werden Hypothesen aufgestellt, d. h. Ansätze, mit denen man einen Wirklichkeitsbereich zu beschreiben versucht. Die Hypothesen sind nicht beweisbar, sie müssen jedoch in ihrer Gesamtheit widerspruchsfrei sein. Das ist eine erste rein logische Bedingung, die jede Theorie zu erfüllen hat. Aus den Hypothesen werden nun mit Hilfe genau festgelegter logischer Regeln Lehrsätze abgeleitet. Bei dem Wort ›Lehrsatz‹ wird man vielleicht an einen mathematischen Satz denken; das ist nicht falsch, aber es ist auch nicht ausreichend: einer mathematischen Theorie liegen nämlich *Axiome* zugrunde, das sind Hypothesen, die nicht unbedingt an einem Erfahrungsbereich orientiert sein müssen. Theorien, die auf solchen Axiomen beruhen, nennt man auch ›formal‹ oder ›unvollständig‹.

Eine vollständige Theorie kommt dadurch zustande, daß man von vornherein einen bestimmten Wirklichkeitsbereich widerspruchsfrei und deduktiv beschreiben möchte. Es ist selbstverständlich, daß in diesem Falle schon in den Hypothesen Definitionen und Aussagen aus diesem Wirklichkeitsbereich verwendet werden.

Die Lehrsätze einer vollständigen Theorie müssen in doppelter Hinsicht ›wahr‹ sein: sie müssen logisch wahr sein, d. h., sie müssen aus den Hypothesen logisch abgeleitet werden können, und sie müssen empirisch wahr sein, d. h., sie müssen an dem untersuchten Wirklichkeitsbereich durch Experimente oder Beobachtungen nachgeprüft werden können. Erweist sich ein Lehrsatz als falsch, so müssen die zugrunde liegenden Hypothesen abgeändert werden.

Bei der wissenschaftlichen Methode sind also zwei Punkte von entscheidender Bedeutung: Einmal geht man nicht von Dogmen aus, d. h. von nicht nachprüfbaren Aussagen, die mit dem Anspruch absoluter Wahrheit auftreten, sondern von Hypothesen, die prinzipiell revidierbar sind, und zum andern werden die auf diesen Hypothesen beruhenden Aussagen fortlaufend logisch und empirisch nachgeprüft.

Als Beispiel für die Wirkungsweise der wissenschaftlichen Methode kann die Revision der klassischen Physik durch die Einsteinsche Relativitätstheorie angeführt werden: 200 Jahre lang wurden die Newtonschen Gesetze millionenfach ›bewiesen‹, und doch mußten diese Gesetze für den Bereich der Astrophysik ergänzt und revidiert werden.

Die wissenschaftliche Methode wird in allen Wissenschaften angewandt; sie ist keineswegs (wie oft angenommen wird) auf die Naturwissenschaften beschränkt. Das geht schon daraus hervor, daß bei der Beschreibung der wissenschaftlichen Methode an keiner Stelle auf einen speziellen Inhalt Bezug genommen wird. Tatsächlich kann man ja auch im Bereich der Geschichte, der Psychologie, der Soziologie, der Pädagogik etc. durchaus nachprüfbare Aussagen machen. Andererseits ist zuzugeben, daß ein erheblicher Teil sogenannter geisteswissenschaftlicher Aussagen den Kriterien der Wissenschaftlichkeit nicht genügt. Man braucht dazu nur an die Interpretationen zu denken: So geistreich sie auch sein mögen, nachprüfbar sind sie (als Interpretationen) jedenfalls nicht.

Es ist m. E. zweckmäßiger, dem dargestellten Wissenschaftsbegriff, der z. B. von Russel, Wittgenstein, Carnap, Bense, Stegmüller und anderen genau untersucht und dargestellt wurde, den einen oder anderen nichtnachprüfbaren Satz zu opfern, als durch einen vagen Wissenschaftsbegriff Prestige retten zu wollen und dabei Verwirrung zu stiften.

Ich fasse zusammen: Wissenschaftliche Aussagen sind allgemein und objektiv in dem Sinne, daß sie jederzeit logisch und (in nichtformalen Theorien) empirisch nachgeprüft werden können. An Hand der beiden Wahrheitskriterien erhalten die Aussagen das Prädikat wahr oder falsch. Falsche Aussagen haben die Chance, durch Abänderung der zugrunde liegenden Ansätze revidiert werden zu können.

Sehr wichtig ist in diesem Zusammenhang die Unterscheidung von wissenschaftlichen und subjektiven Aussagen:

Subjektive Aussagen erheben nicht den Anspruch auf Allgemeingültigkeit und brauchen auch nicht unbedingt den Kriterien der Logik oder der Erfahrung zu genügen. Gerade deswegen gelten aber subjektive Aussagen nur für den betreffenden Aussagenden selbst.

Die Aussagen beispielsweise ›Ich glaube an ein Weiterleben nach dem Tode‹ oder ›Ich liebe Dich‹ sind subjektive Aussagen, die für den Aussagenden durchaus von existentieller Bedeutung sein können, die sich aber wissenschaftlichen Kategorien entziehen.

*Der Begriff der Ideologie*

Ideologische Aussagen sind wisssenschaftlich nicht zulässig, denn sie überschreiten (transzendieren) einerseits die objektive Erkenntniswirklichkeit und treten andererseits in der Form einer theoretischen Aussage auf.

Betrachten wir zunächst die Werturteile: Wenn z. B. jemand einige Männer und Frauen kennt und der Ansicht ist, daß die betreffenden Männer klüger seien als die betreffenden Frauen, so ist vom wissenschaftlichen Standpunkt aus nichts dagegen einzuwenden; wenn er aber den ›Satz‹ ausspricht: ›Männer sind klüger als Frauen‹, so bringt er damit eine Ideologie zum Ausdruck. Beispiele für solche Werturteile gibt es leider nur allzu viele.

Theodor Geiger (1953, S. 58) gibt folgende Definition:

> »Das Werturteil objektiviert ein subjektives Verhältnis des Sprechenden zu einem Gegenstand und machte dieses Pseudo-Objektive zum Aussagebestandteil eines Satzes von der Form theoretischer Sachaussagen. Dies ist illegitim.«

Ideologische Aussagen sind besonders dann leicht zu erkennen, wenn sie Begriffe enthalten, die jenseits einer erfahrbaren Wirklichkeit liegen. So ist z. B. die Aussage ›Das Gewissen ist der absolute Maßstab des Sittengesetzes‹ leicht als ideologisch zu erkennen.

Zur weiteren Klärung des Ideologiebegriffes seien noch die Definitionen von Theodor Geiger (1953) und Jacob Barion (1964) angeführt.

Theodor Geiger schreibt (1953, S. 50):

> »Die besondere, als ideologisch bezeichnete Nicht-Übereinstimmung einer Aussage mit der Erkenntniswirklichkeit liegt (somit) darin, daß der Aussage-Gegenstand keinen Anhaltspunkt für eine verifizierende oder falsifizierende Nachprüfung des Aussage-Inhaltes bietet. Die ideologische Aussage ist somit nicht falsch in dem Sinne, daß ihr Gegenteil oder ein auf gleicher Aussage-Ebene liegender anderer Aussage-Inhalt richtig wäre, sie ist vielmehr im erkenntnistheoretischen Sinne illegitim.«

Jacob Barion (1964, S. 57) gibt eine ganz ähnliche Definition des Ideologiebegriffes:

»Die Ideologie stützt ihre Aussagen auf Prinzipien, die nicht mehr diskutiert werden, urteilt von letzten Standpunkten aus, oder sie schließt aus Erkenntnissen, die auf Erfahrungen beruhen, auf eine Wirklichkeit, die alle menschliche Erfahrung transzendiert. Solche Systeme von Behauptungen können wir ›ideologisch‹ nennen (im Gegensatz zu ›wissenschaftlich‹) auf Grund ihrer Zielsetzung und ihres absoluten Wahrheitsanspruchs.«

Neben den wissenschaftlichen und ideologischen Aussagen gibt es noch Postulate oder Forderungen; sie enthalten das Wort ›sollen‹ und drücken eine Zielsetzung aus.

Postulate gehören nicht zu den wissenschaftlichen Aussagen, da sie nicht unmittelbar an einer gegebenen Wirklichkeit nachgeprüft werden können; durch das Postulat soll ja erst ein neuer Sachverhalt geschaffen werden. So ist z. B. die Forderung ›Es soll zum kritischen Denken erzogen werden‹ weder wahr noch falsch; es ist eine Postulat, das im Rahmen einer wissenschaftlichen Theorie weder ableitbar noch ausdrückbar ist.

Kann man die Postulate somit nicht als ›wahr‹ oder ›falsch‹ bezeichnen, so lassen sie sich doch im Hinblick auf die mögliche Verwirklichung in prinzipiell nachprüfbare und prinzipiell nicht nachprüfbare einteilen.

Postulate mit prinzipiell nachprüfbaren Folgen dürfen keine transzendenten Bestandteile enthalten. Die Forderung ›Es soll zum kritischen Denken erzogen werden‹ ist in diesem Sinne prinzipiell nachprüfbar; man kann ja im Laufe der Erziehungstätigkeit feststellen, ob man Fortschritte in Richtung auf dieses Ziel gemacht hat oder nicht. Die Forderung hingegen ›Das Kind ist zum Absoluten zu erziehen‹ ist prinzipiell nicht nachprüfbar, sie könnte höchstens in einem subjektiven Bereich Bedeutung haben.

Vom Standpunkt einer allgemeinen Kommunizierbarkeit aus muß man freilich an die Postulate selbst wieder Forderungen stellen. Dabei wird man mindestens Widerspruchsfreiheit, prinzipielle Nachprüfbarkeit und empirische Bewährungskontrolle fordern müssen.

## 1.35 *Der Beitrag der Kybernetik zur Entideologisierung der Gesellschaft*

Um die Rolle, die die Kybernetik bei der Entideologisierung unserer Gesellschaft spielt, besser verstehen zu können, müssen wir den Begriff der ideologischen Gesellschaft und den Übergang von der ideologischen zur demokratisch-rationalen Gesellschaft kurz skizzieren. Als eine wichtige Konsequenz dieses Vorgangs sei gelegentlich auch auf die entsprechende Erziehung (als Funktion der Gesellschaft) hingewiesen.

*Die ideologisch-dogmatische Gesellschaft*

In einer ideologischen Gesellschaft konkurrieren mehrere Ideologien miteinander. Die einzelnen Wertgemeinschaften stehen sich dabei in unentscheidbarem Zwiste gegenüber. Gelangt in einer solchen Gesellschaft *eine* Ideologie zur Herrschaft, so erstarrt sie zu einer ideologisch-dogmatischen Gesellschaft. Eine derartige Gesellschaftsform ist immer auf Endgültigkeit und Abgeschlossenheit bedacht; sie verbietet die Gruppen- oder Parteienbildung außerhalb der eigenen, sie schreibt den Schulen ihre Dogmen als Lehrstoff vor und zwingt die Presse zur Veröffentlichung der Parteimeinung, sie stört ausländische Sender und kontrolliert den Reiseverkehr, sie läßt keine öffentlichen Institutionen kritisieren und beseitigt unliebsame Publizisten oder Wissenschaftler, kurz: sie hält den Staatsbürger in einer infantilen Abhängigkeitsrolle gegenüber staatlichen oder transzendenten Normen und Gesetzen.

*Die ideologisch-dogmatische Pädagogik*

Erziehung ist eine Funktion der Gesellschaft. Eine ideologische Gesellschaft führt somit notwendig zu einer Erziehung, die auf transzendenten Aussagen und Postulaten beruht. In einer solchen ideologischen Erziehung werden den Kindern von vornherein gewisse Meinungen als objektiv wahr oder allgemeinverbindlich oktroyiert, d. h. aber: Die Kinder werden mit Werturteilen abgespeist, statt im unbestechlichen Gebrauch ihres Verstandes geschult zu werden. Alexander Mitscherlich (1963, S. 67) beschreibt diesen Vorgang folgendermaßen:

»Soweit die kritische Methode reicht, entzieht sie jenen gesellschaftlichen Ordnungsmächten den Boden, die einen Anspruch auf absolute Gültigkeit machen, also nicht geprüft werden dürfen. Entsprechend diesem Anspruch, Wahrheiten zu repräsentieren, die der Kritik überlegen sind, haben solche autoritären Institutionen ihre Genealogie immer wieder auf göttliche Akte zurückgeführt. Einspruch gegen sie wird damit zum Sakrileg. Die Erziehungspraxis sucht durch Festigung von Denkhemmungen diesem Konflikt vorzubeugen.«

Eine ideologische Pädagogik ist immer auch autoritär; ideologische Aussagen können ja nicht nachgeprüft werden und müssen daher von den Vertretern der Ideologie mit mehr oder weniger Zwang glaubhaft gemacht werden.

Die autoritäre Tendenz einer ideologischen Pädagogik kommt schon in der Terminologie zum Ausdruck. So finden sich in allen solchen Systemen Wörter wie Zucht, Zögling, Disziplin usw. (Meines Erachtens ist auch das Wort ›Erziehung‹ in einer rationalen Gesellschaft nicht mehr am Platze, weil in ihm schon die ganze dogmatisch-autoritäre Vorstellung einer ideologischen Pädagogik enthalten ist. Ich verwende dieses Wort daher nur mit größtem Vorbehalt.)

### *Die demokratisch-rationale Gesellschaft*

Die rationale Methode, die mit Zweifel und Beweis, mit Kritik und Nachprüfbarkeit arbeitet, kann nur in einer freien demokratischen Gesellschaft realisiert werden, da sie stets eine kritische Haltung gegenüber Autoritäten und traditionellen Auffassungen mit sich bringt: Ergebnisse, die durch wissenschaftliche Forschung erreicht werden, sind nie endgültig oder abgeschlossen. Die Kategorien ›Zweifel‹ und ›Kritik‹ vertragen sich nicht mit einem geschlossenen Gedankensystem oder mit feststehenden politischen Zielen. Eine demokratisch-rationale Gesellschaft erfordert also freie Forschung, Diskussion und Kritik als legitime Bestandteile ihrer Organisation. Ihre Probleme und Methoden werden dabei auf einer rationalen Basis diskutiert, d. h., transzendente Begriffe und Sätze werden in einer rationalen Gesellschaft nicht als verbindliche Argumente anerkannt. Nur so können Gesetze, Entscheidungen und Vereinbarungen auf nachprüfbaren Aussagen beruhen. Die Vereinbarungen selbst sind dabei prinzipiell revidierbar.

*Die demokratisch-rationale Pädagogik*

Aus dem Begriff der Rationalität und der rationalen Gesellschaft läßt sich der Begriff der demokratisch-rationalen Pädagogik ableiten:

Darunter verstehe ich eine Förderung des Intellekts, insbesondere eine Förderung des produktiven und kritischen Denkens und der steten Selbstkontrolle, eine Pädagogik abseits der Ideologien auf der Basis realer Sachverhalte und rationaler Methoden. Selbstverständlich erfährt auch das Kind an sich selbst und an anderen Wertungen und Gefühle, Emotionen und Erlebnisse; es muß aber lernen, eigene und fremde subjektive Wertungen von nachprüfbaren Aussagen und Sachverhalten zu unterscheiden, und es muß lernen, trotz subjektiv verschiedener Meinungen mit anderen zu kooperieren.

Nach dieser kurzen Begriffserklärung kann man die These von der Entideologisierung der Gesellschaft etwa folgendermaßen formulieren: Entsprechend dem faktischen und unaufhaltsamen Fortschreiten von Wissenschaft und Technik findet auch (von Rückschlägen abgesehen) ein Übergang von der ideologisch-dogmatischen Gesellschaft (und Pädagogik) zur demokratisch-rationalen Gesellschaft (und Pädagogik) statt (vgl. hierzu Bild 8).

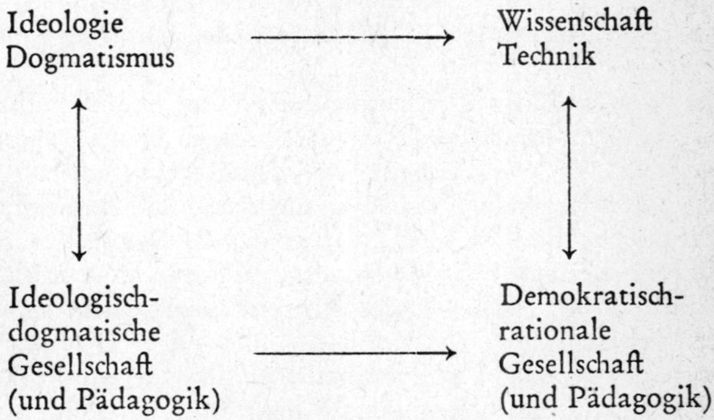


Bild 8: Die Entwicklung der Gesellschaft als Funktion des wissenschaftlich-technischen Fortschritts

Dieser Vorgang verläuft m. E. zwangsläufig, da sich rationales Denken nicht mit ›absoluten Wahrheiten‹, transzendenten Scheinsätzen, Vorurteilen oder nebelhaften Begriffen und Aussagen vereinbaren läßt.

Eines der großartigsten Beispiele dafür, daß in all den Bereichen, in denen sich wissenschaftliche Methoden durchsetzen, ideologische und mystische Vorstellungen verschwinden, bietet die Entwicklung der Naturwissenschaften und deren Anwendungen wie Technik oder Medizin.
Neuerdings leistet nun die Kybernetik einen wesentlichen Beitrag zu dieser allgemeinen Entmystifizierung und Entideologisierung.
So verliert beispielsweise durch die Aufdeckung biologischer Regelkreise die These des Vitalismus, daß bei organischen Vorgängen eine zielstrebige, vitale Richtkraft (oder Seele) angenommen werden müsse, an Überzeugungskraft. Tatsächlich kann man ja viele organische Vorgänge von einem beobachtenden Standpunkt aus als zielstrebig bezeichnen, während es sich in Wirklichkeit um Regelprozesse handelt.
Auch im Bereich der Sozial- und Humanwissenschaften beginnt sich die Kybernetik auszuwirken.
So läßt sich mit kybernetischen Maschinen ein bisher nicht zu bewältigendes Datenmaterial verarbeiten; das führt wiederum zur Entdeckung von Korrelationen, Funktionen und Gesetzen im psychologischen, soziologischen oder wirtschaftlichen Bereich.
Andererseits lassen sich die kybernetischen Methoden durch ihre hohe Abstraktion in den verschiedensten Disziplinen anwenden:
Die Informationstheorie beispielsweise oder darauf aufbauende Theorien führen zu quantitativen Aussagen in der Psychologie, der Soziologie, der Ästhetik etc.; die Regelungstheorie macht zahlreiche Vorgänge in der Psychologie und in den Sozialwissenschaften verständlich und darstellbar; die Systemtheorie entwickelt neue mathematische Modelle, die wirtschaftliche, gesellschaftliche oder pädagogische Prozesse beschreiben, simulieren und verbessern.
Trotz dieses Eindringens kybernetischer Methoden in die Human- und Sozialwissenschaften könnte man an einer damit verbundenen Entideologisierung der Gesellschaft zweifeln, da ja in den Naturwissenschaften schon seit Jahrhunderten wissenschaftliche Methoden verwendet werden, ohne daß ideologische Vorstellungen im gesellschaftlichen Bereich verschwunden wären. Dieser Einwand läßt sich jedoch widerlegen: Die Verwendung exakter Methoden in den Naturwissenschaften führt nämlich nicht notwendig auch zu einer Entideologisierung menschlicher und gesell-

schaftlicher Bereiche: Ideologien verschwinden nur da, wo sie effektiv von den Wissenschaften vertrieben werden, und da die Wissenschaften vom Menschen und der Gesellschaft noch ganz am Anfang stehen, konnten sich mystische und transzendente Vorstellungen gerade in diesen Bereichen ungestört erhalten. Dieses Refugium der Ideologien wird nun durch die kybernetischen Methoden angegriffen: Mensch und Gesellschaft werden selbst zu Objekten der Wissenschaft.
Der Gedanke, daß die kybernetische Denkweise einen beträchtlichen Einfluß auf unsere Gesellschaft haben könnte, wurde schon von Wiener (1947) geäußert. In seinem Buch ›Cybernetics‹ spricht er von der ›sozialen Wirkungskraft der neuen Wege des Denkens‹; zugleich warnt er jedoch vor zu großem Optimismus:

> »Sie (die Freunde, die eine solche Wirkungskraft erhoffen) sind sicher, daß unsere Kontrolle über unsere materielle Umgebung bei weitem unsere Kontrolle über unsere soziale Umgebung und unser Verständnis für sie überflügelt hat. Sie meinen deshalb, daß es die Hauptaufgabe der unmittelbaren Zukunft ist, die Methoden der Naturwissenschaften auf die Gebiete der Anthropologie, Soziologie und Volkswirtschaft auszudehnen, in der Hoffnung, einen ähnlichen Erfolg auf den sozialen Gebieten zu erreichen. Vom Glauben, daß dies notwendig ist, kommen sie zum Glauben, daß es möglich ist. Darin, glaube ich, zeigen sie einen übertriebenen Optimismus und ein Verkennen der Art aller wissenschaftlichen Fortschritte« (aus Wiener, 1963, S. 233).

Ich zitiere diese skeptischen Worte Wieners, weil ich in der Tat zu diesem Glauben neige; allerdings ist m. E. diese ›Hauptaufgabe‹ auch nur in Verbindung mit einer rationalen Erziehung auf breitester Basis zu verwirklichen.

### 1.36 *Der Beitrag der Kybernetik zur Verallgemeinerung der Technik*

Im Zusammenhang mit der Entideologisierung und Verwissenschaftlichung unserer Welt verläuft eine Entwicklung, zu der die Kybernetik ebenfalls einen wesentlichen Beitrag leistet: die Verallgemeinerung der Technik.

Dabei trägt die Kybernetik – entsprechend ihrer Einteilung in technische und allgemeine Kybernetik – in doppelter Hinsicht zur Verallgemeinerung der Technik bei:
Einmal erschließt sie der maschinellen Realisation den neuen Bereich der Informationsverarbeitung, und zum andern erweitert sie die Technik durch die Übertragung technischer Verfahren auf die Human- und Sozialwissenschaften.
Quantitative Aussagen und exakte Erfassung von Gesetzmäßigkeiten im Bereich der Human- und Sozialwissenschaften können nämlich unmittelbar zu (nichttechnischen) ›Konstruktionen‹ führen.
Kennt man beispielsweise Gesetzmäßigkeiten beim Ablauf von Lernprozessen und kann sie quantitativ beschreiben, so wird es möglich, planmäßig didaktische Eingriffe vorzunehmen. Ebenso erlauben quantitative Darstellungen sozialer Phänomene systematische Manipulationen und zielgerichtete Konstruktionen. Im Rahmen der Kybernetik spricht man in diesem Zusammenhang auch von Soziotechnik (z. B. Frank, 1964 a, S. 12).
Einen Überblick über den Beitrag der Kybernetik zu einer derartigen Verallgemeinerung der Technik gibt Bild 9.
Die Verallgemeinerung der Technik durch die Kybernetik besteht also darin, daß das charakteristisch technische Vorgehen – die Zerlegung einer gegebenen Realität in Elemente, Systeme und Gesetze und die darauf folgende Synthese zu einer zweiten gemachten Realität – nun auch im Bereich menschlicher und sozialer Realitäten stattfindet.
Eine solche allgemeine Auffassung von Technik finden wir erst seit wenigen Jahren. So schreibt beispielsweise Max Bense (1961, S. 3):

> »Mit dem 20. Jahrhundert hat sich ein typisch technisches Bewußtsein entwickelt, ein Bewußtsein von der grundsätzlichen Machbarkeit der menschlichen Welt. Dieses technische Bewußtsein überlagert heute das konventionelle historische Bewußtsein, also das Bewußtsein vom geschichtlichen Werden menschlicher Welt, das als ein bemerkenswertes Ergebnis des späten 18. und, vor allem, des 19. Jahrhunderts anzusehen ist! ...
> Technische Welt ist nicht als gegebene Welt verständlich, sondern als gemachte Welt, und der ontologische Horizont der Gemachtheit ist ein anderer als der der Gegebenheit. Im Horizont des Gegebenen kann man von natürlicher Welt

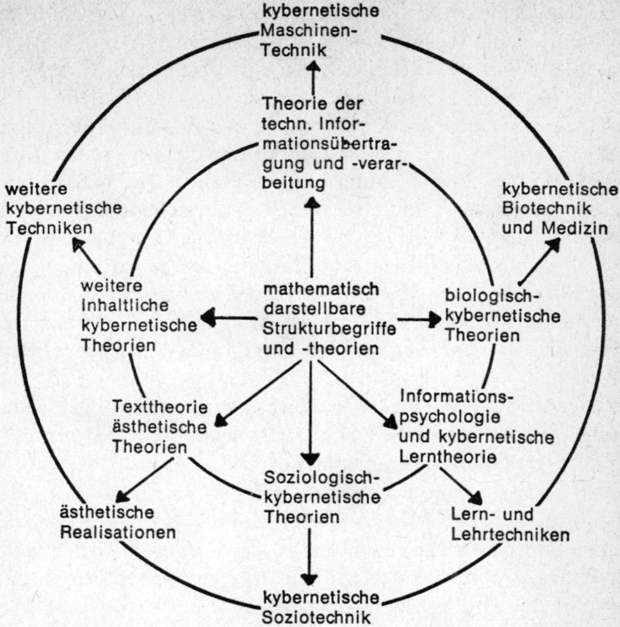


Bild 9: Verallgemeinerung der Technik durch die Kybernetik
innerer Kreis: wissenschaftliche Dimension
äußerer Kreis: technische Dimension

sprechen, im Horizont des Gemachten dominieren die künstlichen Zustände und Ereignisse.«

Auch O. W. Haseloff (1963, S. 9) definiert Technik in einem solch allgemeinen Sinne:

»Dabei wollen wir als Technik die praktische Anwendung eines final organisierten und experimentell bestätigten Wissens definieren, das zu operationalen Programmen zusammengefaßt ist.«

Einer der ersten, der den Vorgang der Verallgemeinerung der Technik aufgezeigt hat, war Jacques Ellul (1954).

Er unterscheidet die Techniken der Produktion, d. h. ›der Erzeugung sachhafter Güter‹, der Organisation, d. h. ›der Beherrschung und Erzeugung sozialer Beziehungen‹, und der ›Veränderung, Beherrschung und Erzeugung des seelischen und geistigen Innen-

lebens des Menschen.‹ In diesem Zusammenhang spricht Ellul auch von ›Humantechniken‹.
Betrachtet man die Technik in diesem allgemeinen Sinne unter dem Aspekt der Machbarkeit, so wäre es ein entstellendes Mißverständnis, wenn man den Bereich der menschlichen und sozialen Realitäten hierbei nur als *Objekt* der Technik sehen würde. Die extremste Formulierung eines solchen Mißverständnisses würde dann etwa so lauten: ›Der Mensch ist machbar.‹
Tatsächlich handelt es sich bei einer solchen Betrachtungsweise nur um die *eine* Seite der Machbarkeit; die damit eng verbundene andere Seite besteht in dem von Bense betonten ›*Bewußtsein* der Machbarkeit‹. Technik ist nach Bense ›wesentlich technisches *Bewußtsein*‹ und gehört damit zum Subjektbereich des Menschen.
Das eigentlich Neue bei der Verallgemeinerung der Technik besteht also nicht nur darin, daß neue Bereiche maschinell realisiert werden und technische Verfahren auch in Human- und Sozialwissenschaften angewandt werden, sondern vor allem darin, daß sich der Mensch seiner konstruktiven Tätigkeit auf allen Gebieten bewußt geworden ist. Damit vereinigt der Mensch aber eine doppelte Funktion in sich: er betrachtet sich in seiner individuellen und sozialen Existenz als Machenden und Machbaren zugleich.
Zweifellos verleiht die Kybernetik (als Maschinentechnik und als Methode) der Machbarkeit und dem Bewußtsein der Machbarkeit einen kräftigen Impuls: auf der einen Seite gibt sie dem Menschen ein wirksames und gefährliches Mittel in die Hand, auf der anderen klärt sie ihn über die Anwendungsmöglichkeiten und Gefahren dieses Mittels auf. Nun könnte man freilich daran denken, ein solch gefährliches Instrument gar nicht erst in die Hand zu nehmen – tatsächlich besteht diese Alternative jedoch nicht. Steinbuch (1965, S. 358) drückt dies mit folgenden Worten aus:

> »Ich bin überzeugt davon, daß die Kybernetik unser zukünftiges Leben stärker beeinflussen wird als die Atomtechnik und die Raumfahrt – sofern wir eine friedliche Weiterentwicklung erleben. Die Wirkung der Kybernetik wird für alle viel unmittelbarer sein.
> Ich möchte vor der Illusion warnen, wir könnten uns von dieser Entwicklung ausschließen. Wir haben nur die Alternative, in diesem wissenschaftlich-technischen Wettstreit vorne

oder hinten zu rangieren mit all den politischen und wirtschaftlichen Konsequenzen, die sich für eine hochentwickelte oder unterentwickelte Gesellschaft ergeben. Irgendeine reale Chance, uns einen Naturschutzpark zu bewahren, haben wir nicht.«

# 2. DER BEGRIFF DER KYBERNETIK

## 2.0 Didaktische Vorbemerkungen zum zweiten Teil

Wie schon in der Einleitung erwähnt, möchte ich das vorliegende Buch nach der exemplarischen Methode aufbauen. Darunter versteht man i. a. die Methode, einen bestimmten Sachverhalt an Hand von ›typischen‹ Beispielen darzustellen, die ›repräsentativ‹ für ›das Ganze‹ sein sollen.

Bei genauerem Betrachten kann man indessen zwei deutlich voneinander getrennte Formen der exemplarischen Methode unterscheiden:

Beim ersten Verfahren wählt der Lehrer in Kenntnis des gesamten Sachverhaltes diejenigen Beispiele aus, die seiner Ansicht nach ›das Wesentliche‹ wiedergeben. Der Schüler lernt dann nur diese speziellen Teilgebiete mit der Anmerkung des Lehrers, daß damit ›das Ganze‹ in bestmöglicher Weise repräsentiert werde.

Zweifellos ist dieses Verfahren gerechtfertigt, wenn Zeit oder Raum nicht ausreichen, den ganzen Zusammenhang darzustellen. Dabei sollte der Lehrer allerdings nicht versäumen, auf die Gesichtspunkte, nach denen er die Auswahl getroffen hat, aufmerksam zu machen. Neben dem (selbstverständlichen) Bestreben, den gesamten Sachverhalt möglichst gut zu repräsentieren, können nämlich auch Überlegungen über das wahrscheinliche Interesse der Schüler, über den Schwierigkeitsgrad der Beispiele oder über das Amüsement für Lehrer und Schüler eine Rolle spielen.

Nach dem eben genannten Verfahren des Exemplarischen habe ich den dritten Teil dieses Buches zusammengestellt (vgl. 3.0).

Das zweite Verfahren des Exemplarischen setzt sich ein ganz anderes Ziel. Hier soll *der Schüler selbst* die Möglichkeit in die Hand bekommen, den gesamten Sachverhalt auf möglichst schnelle und gründliche Art zu erarbeiten. Im einzelnen gliedert sich dieses Verfahren der Erkenntnisgewinnung in drei Schritte:

a) Vom Lehrer werden *mindestens zwei* Beispiele ausgewählt und dargestellt. Dabei ist zu beachten, daß es sich hier nur vom Standpunkt des Lehrers aus um ›Beispiele‹ handelt, für den Schüler sind es ganz schlicht zwei Sachverhalte.

b) Der zweite Schritt des Verfahrens besteht darin, daß der Schüler aus diesen Sachverhalten den gemeinsamen Oberbegriff oder – wie wir hier sagen können – das gemeinsame Superzeichen herausarbeitet. (Damit ist auch klar, daß sich diese Form der exemplarischen Verfahrensweise nicht an einem einzigen Beispiel entwickeln läßt.)
c) Im dritten Schritt wird das jetzt bekannte Superzeichen auf weitere Beispiele des gesamten Forschungsbereiches angewandt. (Nunmehr handelt es sich auch vom Standpunkt der Schüler aus um Beispiele.) Das didaktische Moment des dritten Schrittes liegt dabei in der Herabsetzung der Information durch das (bekannte) Superzeichen.

Schematisch lassen sich die drei genannten Schritte folgendermaßen darstellen (vgl. Cube, 1965, S. 193):

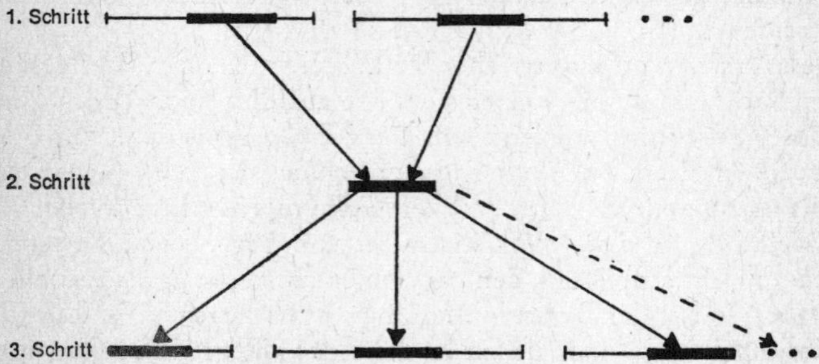


Bild 10: Die exemplarische Methode

Ein kurzes ›Beispiel‹ diene zur Veranschaulichung:
Angenommen der Lehrer beabsichtigte, den Gesamtbereich ›Säugetiere‹ zu vermitteln. Im ersten Schritt wählt er nun zwei Beispiele aus (sagen wir, das Rind und die Katze), die er (als Rind bzw. Katze) mit seinen Schülern untersucht.
Im zweiten Schritt wird das gemeinsame Merkmal des ›Säugens‹ festgestellt und damit das Superzeichen ›Säugetier‹ gebildet.
Im dritten Schritt, den die Schüler in mehr oder weniger großem Umfang selbst durchführen, werden nun weitere Beispiele untersucht. Der Vorteil dabei ist, daß jetzt der Begriff Säugetier zur Verfügung steht und damit wesentliche Merkmale dieser Beispiele schon bekannt sind.
Der zweite Teil unseres Buches ist nach diesem Prinzip aufgebaut, und zwar in folgender Weise:

Zunächst werden aus technischen und biologischen Sachverhalten die Superzeichen ›Regelung‹ und ›Information‹ gewonnen, die dann in verschiedenen Wirklichkeitsbereichen beispielhaft angewandt werden. Sodann dienen die Superzeichen Regelung und Information selbst wieder als Sachverhalte, aus denen das höhere Superzeichen ›Kybernetik‹ abstrahiert wird. Abschließend erfolgt ein Hinweis auf die Anwendung dieses Begriffes in verschiedenen Disziplinen.
Mit dieser Methode möchte ich dem Leser zugleich die Möglichkeit geben, den dritten Teil des Buches selbständig zu erweitern.
Es muß noch hinzugefügt werden, daß ich bei der Herausarbeitung der verschiedenen Superzeichen auf Einzelheiten, die für diesen Prozeß nicht unbedingt notwendig waren, verzichtet habe.

## 2.1 Technische Kybernetik

### 2.11 *Maschinelle Informationseingabe*

Die technische Verwirklichung der Eingabe, Speicherung und Verarbeitung von Information ist bei den digital arbeitenden, elektronischen Rechenanlagen an die Eigenschaft ihrer Bauelemente (Elektronenröhren, Transistoren, Relais, Magnet-Ferrit-Kerne etc.) gebunden, jeweils zwei verschiedene elektrische oder magnetische Zustände annehmen zu können: die Zustände ›Schalter ein‹ oder ›Schalter aus‹, ›postive‹ oder ›negative Spannung‹, ›rechts‹ oder ›links magnetisiert‹ usw. Beispiele für solche binären Signale in der Nachrichtentechnik gibt Bild 11 (nach Steinbuch, 1965, S. 37).
Die wissenschaftlichen oder umgangssprachlichen Informationen (Zahlen, Buchstaben, Bilder etc.) müssen somit als erstes in einen Binär-Code übersetzt werden, d. h. in eine Folge von Dualzeichen: symbolisch ›1‹ oder ›0‹. (In der Nachrichtentechnik sind auch die Symbole ›L‹ und ›Q‹ gebräuchlich.)
Wie die Übersetzung einer Information in einen solchen Binär-Code erfolgen kann, zeigen einige Beispiele:

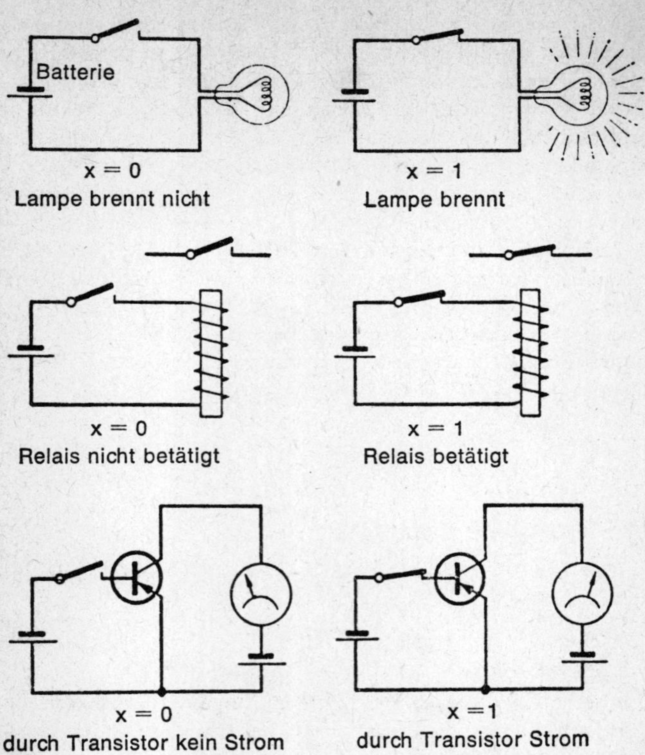


Bild 11: Beispiele für binäre Signale in der Nachrichtentechnik

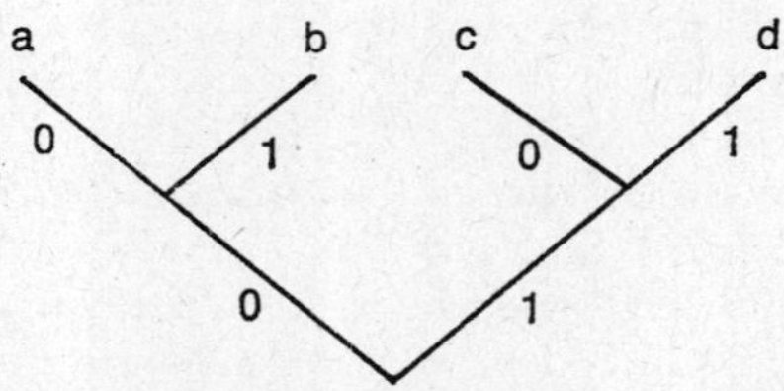


Bild 12: Code-Baum für 4 verschiedene Elemente

a = 00 b = 01 c = 10 d = 11

Sind 4 verschiedene Elemente (a, b, c, d) binär zu codieren, so braucht man, wie Bild 12 zeigt, für jedes Element zwei Dualzeichen oder bit.
Sind 8 verschiedene Elemente binär zu codieren, so braucht man für jedes Element 3 bit, bei 16 gegebenen Elementen 4 bit, bei 32 Elementen 5 bit usw. Es gilt also folgende Tabelle:

| Anzahl der gegebenen Elemente: | Anzahl der zur Dual-Codierung notwendigen bit: |
|---|---|
| $8 = 2^3$ | 3 bit |
| $16 = 2^4$ | 4 bit |
| $32 = 2^5$ | 5 bit |
| $64 = 2^6$ | 6 bit |
| allgemein: $n = 2^k$ | $k = \mathrm{ld}\, n$ (bit) |

Dementsprechend wird beim Fernschreiber jeder Buchstabe mit 5 bit codiert (Bild 13).

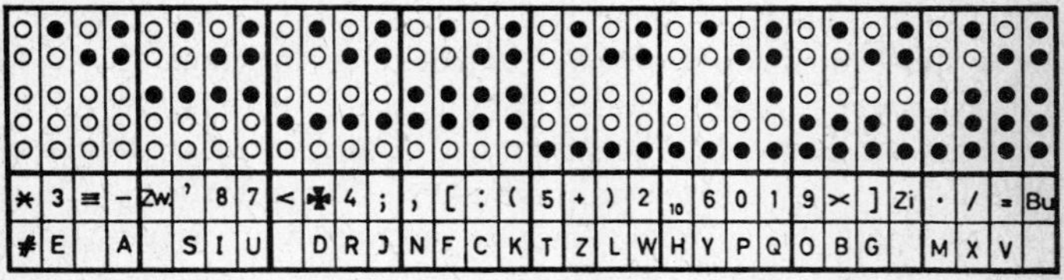


Bild 13: Lochstreifen-Code ALCOR CCIT Nr. 2

(Leider gibt es noch keinen internationalen Fernschreib-Code; es ist indessen beabsichtigt, einen Sieben-Kanal-Code, den sog. ISO-Code, international verbindlich einzuführen.)
Bei der Codierung der Zahlen lassen sich verschiedene Wege beschreiten:
So kann man z. B. die gewohnten Dezimalzahlen im Dualsystem ausdrücken. Dabei bleiben nur die Zahlen 0 und 1 bestehen; die anderen Zahlen müssen mit Hilfe dieser beiden Ziffern (0 und 1) ebenso ausgedrückt werden wie die Dezimalzahlen mit Hilfe der Ziffern 0 bis 9.
Aus der Dezimalzahl 2 wird also die Dualzahl 10 (sprich Eins – Null), da im Dualsystem

$$10 = 1 \cdot 2^1 + 0 \cdot 2^0$$

bedeutet. Entsprechend wird aus der Dezimalzahl 3 die Dualzahl

$$11 = 1 \cdot 2^1 + 1 \cdot 2^0,$$

aus der Dezimalzahl 4 die Dualzahl

$$100 = 1 \cdot 2^2 + 0 \cdot 2^1 + 0 \cdot 2^0$$

usw. Die Dezimalzahl 27 erhält in dieser Schreibweise die Form 11011, da

$$27 = 1 \cdot 2^4 + 1 \cdot 2^3 + 0 \cdot 2^2 + 1 \cdot 2^1 + 1 \cdot 2^0$$

ist.

Aus praktischen Gründen werden die Zahlen jedoch in anderer Weise codiert: Man benützt den für Buchstaben schon vorhandenen Fernschreib-Code auch für die Ziffern 0 bis 9 (vgl. Bild 13). Zum Übergang auf das Repertoire der Ziffern und Sonderzeichen dient dabei die Zifferntaste (Zi).
Daß neben Zahlen, Buchstaben (und Wörtern) auch Schwarz-Weiß-Bilder binär codiert werden können, wurde schon in 1.12 erwähnt.
Durch die Binär-Codierung der Information ist die Voraussetzung für deren maschinelle Verarbeitung in einer digitalen (ziffernmäßigen) Rechenanlage geschaffen. Zur Eingabe in die Maschine dienen dabei die (digitalen) Eingabegeräte. Diese Geräte bringen die Information auf physikalische Träger und setzen sie dann in elektrische Impulse um. Als Eingabegerät kann man z. B. eine Fernschreibmaschine verwenden. Von den gelochten Streifen wird die Information sodann durch elektrische Kontakte, zwischen denen das Papierband durchgezogen wird und die sich bei einer Lochung schließen, oder durch Fotozellen, die bei Lichteinfall Strom aussenden, abgenommen. Auf diese Weise entstehen Impulsfolgen.
Bei manchen kleineren Rechnern gibt der Fernschreiber die elektrischen Impulse direkt an den Elektronenrechner weiter; im allgemeinen lohnt sich aber der Umweg über die Lochstreifen, da man so ›auf Vorrat‹ schreiben kann. Ein Rechenautomat kann nämlich Tausende von Zeichen in der Sekunde aufnehmen, während der Mensch in dieser Zeit nur etwa vier bis acht Zeichen zu tippen vermag.
Aus ebenfalls ökonomischen Gründen werden auch Magnetbänder als Eingabemedien benützt. Solche Bänder können die aufmagnetisierten Impulse dem Rechner mit einer Geschwindigkeit von ca. 100 000 Zeichen in der Sekunde abgeben.
Schließlich werden auch noch die bekannten Lochkarten zur Informationseingabe verwendet. Die Lochkarte, die schon vor über

200 Jahren zur Steuerung von Webstühlen erfunden und im Jahre 1880 von Hollerith zur Festhaltung und Verarbeitung von Zahlenmaterial aus einer Volkszählung wieder neu entdeckt wurde, wird für viele praktische Zwecke in Verwaltung, Handel und Industrie verwendet. Zur Auswertung tastet ein sog. Lochkartenleser die Karten mit Lichtstrahlen und Fotozellen ab und überträgt die Lochschrift in die Impulssprache des Rechners. Ein solches Gerät liest etwa 120 000 Lochkarten in der Stunde.
Bei den Ausgabegeräten wiederholen sich die angedeuteten Vorgänge in der umgekehrten Reihenfolge:
Der leere Träger wird an eine Stanzstation herangebracht, wo elektrische Impulse in Lochungen umgesetzt werden. Dem Lochstreifenleser entspricht hierbei der Streifenlocher. In ihm werden die Stanznadeln von den elektrischen Impulsen des Rechners bewegt. Auf diese Weise können Hunderte von Zeichen in der Sekunde in den Papierstreifen gestanzt werden. Zur endgültigen Entzifferung der Lochstreifen dient schließlich wieder eine Fernschreibmaschine oder ein elektrischer Schreiber. Um von einer gestanzten Lochkarte die Zeichen wieder in Klarschrift übersetzen zu lassen, dienen die bekannten Tabelliermaschinen.
Das Magnetbandlesegerät dient auch zur Beschriftung der Magnetbänder; für die Umsetzung der dort gespeicherten Information sorgt schließlich ein Schnelldrucker, der in einer Größenordnung von 2000 Anschlägen pro Sekunde arbeitet.

## 2.12 *Maschinelle Informationsspeicherung*

Entscheidend für die Speicherwerke eines datenverarbeitenden Systems sind Speicherkapazität und Zugriffszeit.
Die Speicherkapazität ist das Fassungsvermögen eines Speichers für binäre Signale; die Zugriffszeit ist die mittlere Zeitspanne zwischen dem Aufruf einer Information und deren Bereitstellung für die weitere Verarbeitung.
Ein Informationsspeicher einer programmgesteuerten Rechenanlage muß dabei eine doppelte Aufgabe erfüllen: Einmal muß er das zu verarbeitende Datenmaterial selbst speichern, und zum andern muß er für die Einzelbefehle des jeweiligen Programms Speicherraum zur Verfügung stellen. Dementsprechend unter-

scheidet man bei elektronischen Rechenanlagen Massenspeicher mit Kapazitäten bis zu mehreren Milliarden bit und Kurzspeicher (Nachschubspeicher, Arbeitsspeicher, Lernspeicher) mit kurzer Zugriffszeit und – je nach Rechnertyp – einigen Tausend bis zwei Milliarden bit Kapazität.
(Bezüglich der einzelnen Speicherarten und ihrer Funktionen in der Rechenanlage sei auf Spezialliteratur verwiesen.)
Bei der technischen Herstellung von Informationsspeichern nützt man heute vorwiegend die magnetischen Eigenschaften verschiedener Stoffe aus; dadurch können die Speicherinhalte auch nach Abschalten der Maschine beliebig lange erhalten bleiben, so lange jedenfalls, bis man – wie beim Tonbandgerät – den Informationsträger mit neuen Informationen überschreibt. Die technischen Hilfsmittel, die bei dieser Art maschineller Informationsspeicherung verwendet werden, sind z. B. Magnetbänder, Magnettrommeln, Ferritkerne.
Zur Veranschaulichung eines Informationsspeichers wollen wir im folgenden den Ferritkern-Speicher etwas näher betrachten:
Ein Ferritkern-Speicher besteht aus einzelnen, in Matrizenform angeordneten Ferritringen, die ›links-‹ oder ›rechtsherum‹ magnetisiert werden können.

> »So ein Ring aus ferritischem Material … hat einen Durchmesser von 2 mm, und man kann sich vorstellen, daß er aus lauter winzigen kleinen Dauermagneten zusammengesetzt ist, die sich entweder in die eine oder in die andere Kreisrichtung einstellen. Es genügt dazu, durch das Zentrum eines Ferritrings einen Draht zu ziehen und durch diesen einen Stromimpuls zu schicken. Das Magnetfeld, mit dem sich dieser Impuls umgibt, ist in der Lage, alle winzig kleinen Magneten des Rings so auszurichten, daß sie – vom Zentrum des Rings betrachtet – alle mit ihren Nordpolen nach rechts oder nach links weisen. Man kann dann festlegen, daß die eine Magnetisierungsrichtung dem binären Zahlenwert ›1‹ und die andere dem Wert ›0‹ entspricht« (Gerwin, 1962, S. 89).

Die einzelnen Ferritkerne werden sodann in Ringkern-Matrizen aufgereiht. Bild 14 zeigt einen Ausschnitt aus einer solchen Ringkern-Matrix.
Neben den Ferritkern-Speichern werden heute noch andere technische Speicherarten benützt: Tunneldiode, Magnetfilm, Magnettrommel, Magnetplatte, Magnetband u. a. Die Verwendung dieser verschiedenen Speicherarten (deren technische Bau- und

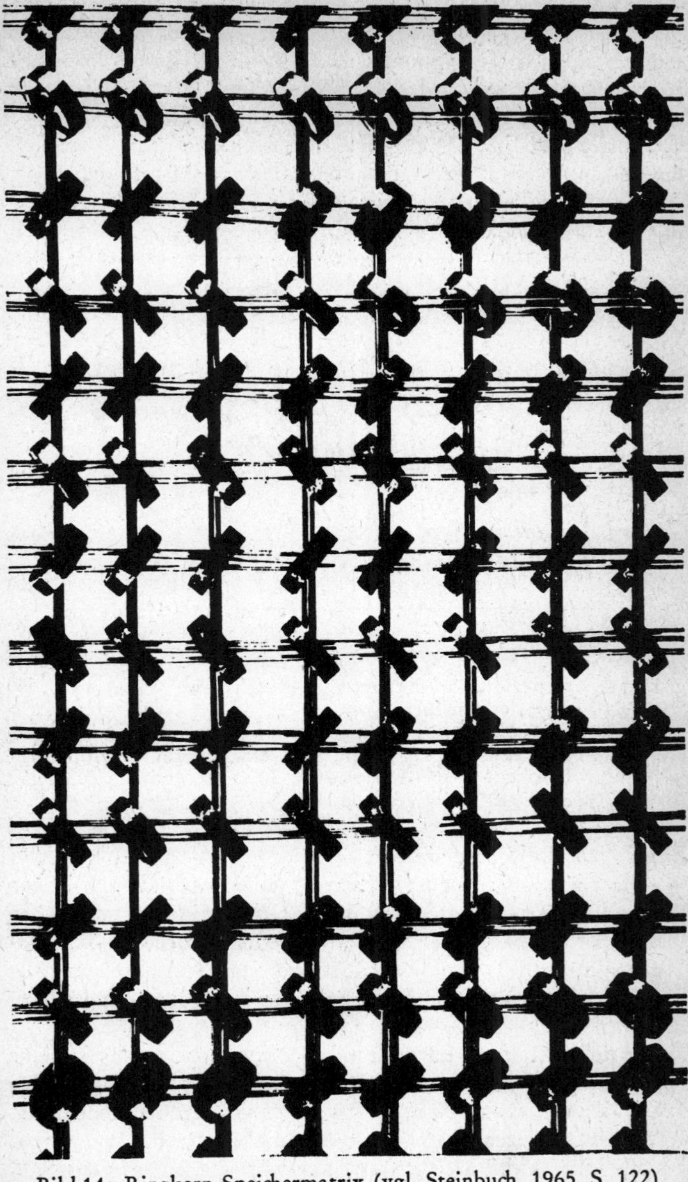

Bild 14: Ringkern-Speichermatrix (vgl. Steinbuch, 1965, S. 122)

Funktionsweise für unsere einführende Darstellung nicht wesentlich ist) richtet sich nach dem jeweiligen Zweck: ob man Kurzspeicher braucht oder Massenspeicher, ob die Zugriffszeit entscheidend ist oder die Informationskapazität.
T. Einsele (1964, S. 71) gibt einen Überblick über die Kapazitäten und mittleren Zugriffszeiten digitaler Speicher (Bild 15):

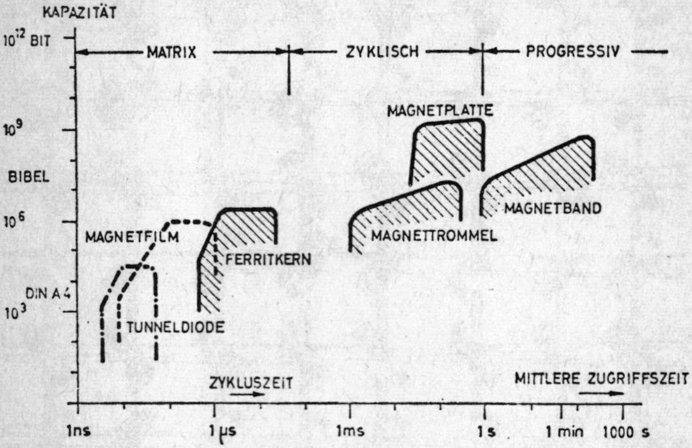


Bild 15: Kapazität und mittlere Zugriffszeit bzw. Zykluszeit digitaler Speicher
»Um einen anschaulichen Vergleichsmaßstab für die Speicherkapazität zu haben, sind eine maschinengeschriebene Briefseite DIN A 4 mit ca. 3000 bit und die Bibel mit ca. $3 \cdot 10^7$ bit angegeben.«

Einsele schreibt hierzu weiter:

»Die stark ausgezogenen Linien stellen nach dem heutigen Stand der Technik die erreichbaren Grenzen der verschiedenen Speicher dar. Die gestrichelt ausgezogenen Grenzen für Magnetfilm- und Tunneldioden-Speicher sind Abschätzungen des möglichen zukünftigen Potentials und heute noch längst nicht erreicht.
Für die zukünftige Entwicklung datenverarbeitender Systeme sind Speicher mit einer Kapazität von $10^{10}$ bit und mehr bei Zykluszeiten von 100 ns und weniger von großer Bedeutung. Mit den heutigen Mitteln ist dieses Ziel zwar nicht erreichbar, doch gibt es die Möglichkeit, ihm mit einer Hierarchie von

Speichern näherzukommen. Die heutigen Systeme sind daher so aufgebaut, daß schnelle Rechenspeicher mit mäßiger Speicherkapazität durch relativ langsame Massenspeicher ergänzt werden.«

Tatsächlich ist heute (1966) diese Zukunft schon sehr nah; so können beispielsweise Speicher mit 200 Nanosekunden Zykluszeit bereits bei verschiedenen Firmen gekauft werden.

Über die Speicherkapazität des menschlichen Dauergedächtnisses finden wir in der einschlägigen Literatur keine einheitlichen Angaben. Die Werte schwanken zwischen $10^5$ bit (untere Grenze bei Frank, 1962) und $10^{15}$ bit (obere Grenze bei Schaefer, 1964). Frank macht zu diesem Problem folgende interessante Abschätzung:

»Angenommen, das vorbewußte Gedächtnis könnte erstens bis zum hundertsten Lebensjahr alles behalten, was es einmal aufgenommen hatte, und es nehme zweitens die Information schon von der Geburt ab mit der Durchschnittsgeschwindigkeit $C_v = 0{,}5$ bit/sec auf, dann enthielte das Gedächtnis im hundertsten Lebensjahr

$$100 \cdot 365 \cdot 24 \cdot 60 \cdot 60 \cdot 0{,}5 \approx 1{,}6 \cdot 10^9 \text{ bit}$$

Anerkennt man die Teleologie als regulatives Prinzip auch der informationspsychologischen Forschung, dann wird man bestreiten dürfen, daß das vorbewußte Gedächtnis eine größere Speicherkapazität hat, als notwendig wäre, die gesamte zufließende Information unbegrenzt zu speichern« (1962, S. 103).

Andere Überlegungen und Experimente lassen diesen Wert noch zu groß erscheinen, so daß schließlich für die Kapazität des menschlichen Gedächtnisses eine Größenordnung von $10^6$ bis $10^8$ bit angenommen werden kann (vgl. hierzu 3.32).

## 2.13 *Maschinelle Informationsverarbeitung*

Eine der erstaunlichsten Leistungen der technischen Kybernetik ist die maschinelle Realisation von ›Denk‹prozessen. Wir wollen hier nicht auf die Streitfrage eingehen, welche geistigen Akte unter der Bezeichnung ›Denken‹ aufzuführen sind; es soll lediglich der Sachverhalt dargestellt werden, daß kybernetische Ma-

schinen in der Lage sind, logische und kombinatorische Prozesse durchzuführen. Zweifellos stellen solche Vorgänge wesentliche Bestandteile des Denkens dar, wenn sie auch nicht den ganzen Umfang dieses Begriffes auszufüllen vermögen.
Die maschinell zu realisierenden logischen Verknüpfungen werden in der sogenannten Aussagenlogik oder mathematischen Logik untersucht. Dabei legt man nicht weiter zerlegbare Elementaraussagen zugrunde, die nach bestimmten Regeln miteinander verknüpft werden. Elementaraussagen sind z. B. ›Die Sonne scheint‹, ›Es regnet‹, ›Ich trinke ein Bier‹ etc.
Die Aussagenlogik untersucht nun den Zusammenhang solcher Elementaraussagen, der durch Verknüpfungen wie ›und‹ (Konjunktion), ›oder‹ (Disjunktion), ›wenn — so‹ (Implikation) u. a. hergestellt wird. Ob dabei die einzelnen Elementaraussagen selbst wahr oder falsch sind, entzieht sich der logischen Prüfung; eine solche Feststellung kann nur unmittelbar durch Beobachtung getroffen werden. Die Aussagenlogik geht also von den als wahr oder falsch angenommenen Elementaraussagen aus, um dann festzustellen, unter welchen Bedingungen die zusammengesetzten Aussagen (als Gesamtaussagen) wahr oder falsch sind.
Wenn also beispielsweise die Elementaraussage ›Ich trinke ein Bier‹ wahr ist und die Aussage ›Ich trinke einen Korn‹ ebenfalls, so ist die mit ›und‹ zusammengesetzte Aussage

›Ich trinke ein Bier *und* ich trinke einen Korn‹

*logisch* wahr. Ist hingegen die Aussage ›Ich trinke ein Bier‹ wahr und die Aussage ›Ich trinke einen Korn‹ falsch, so ist die mit ›und‹ gebildete Gesamtaussage logisch falsch. Dasselbe gilt auch im umgekehrten Falle und (sozusagen erst recht) wenn beide Elementaraussagen falsch sind.
Bezeichnet man nun zwei Elementaraussagen mit ›p‹ bzw. ›q‹, die Prädikate wahr mit ›w‹ und falsch mit ›f‹, so läßt sich die Konjunktion schematisch folgendermaßen darstellen:

| p | q | $p \wedge q$ |
|---|---|---|
| w | w | w |
| w | f | f |
| f | w | f |
| f | f | f |

Bild 16: Konjunktion (Die Verknüpfung ›und‹ wird in der Logik durch das Zeichen $\wedge$ ausgedrückt)

Die Attribute in der Spalte ›p ∧ q‹ sind nun keineswegs selbstverständlich; sie stellen vielmehr die Definition der Konjunktion dar, d. h., in der Logik wird die Verknüpfung zweier Aussagen durch ›und‹ in dieser Weise festgesetzt.
Verknüpft man Elementaraussagen durch das nichtausschließende (inklusive) ›oder‹, so bedeutet dies, daß mindestens eine der beiden Aussagen wahr sein muß, damit die Gesamtaussage wahr ist. Im Gegensatz zum ausschließenden ›oder‹ (entweder – oder) führt also auch der Fall, daß beide Elementaraussagen wahr sind, zu einer wahren Gesamtaussage. In der Schreibweise der Logik sieht die Disjunktion folgendermaßen aus:

| p | q | p ∨ q |
|---|---|---|
| w | w | w |
| w | f | w |
| f | w | w |
| f | f | f |

Bild 17: Disjunktion (Die Verknüpfung durch ›oder‹ wird in der Logik mit dem Zeichen ›∨‹ geschrieben)

Betrachten wir schließlich noch die logische Verknüpfung ›wenn – so‹ (Implikation). Hier sind die beiden ersten Fälle klar: Die Gesamtaussage

›*Wenn* ich ein Bier trinke, *so* trinke ich (auch) einen Korn‹

ist logisch wahr, wenn beide Teilaussagen wahr sind; sie ist logisch falsch, wenn die erste Aussage wahr ist und die zweite falsch. Schwieriger ist der Fall, wenn die erste Aussage falsch ist und die zweite wahr. Hier könnte man zunächst denken, daß dann auch die Gesamtaussage falsch sein müßte; tatsächlich kann aber aus einer nichtzutreffenden Voraussetzung keine falsche Aussage abgeleitet werden. Die Gesamtaussage wird daher (in einer zweiwertigen Logik) als wahr definiert. Damit erhält man also für die Implikation folgende Tabelle:

| p | q | p → q |
|---|---|---|
| w | w | w |
| w | f | f |
| f | w | w |
| f | f | w |

Bild 18: Implikation (Die logische Verknüpfung ›wenn — so‹ wird durch einen Pfeil dargestellt)

Der Vollständigkeit wegen seien noch die Wahrheitstafeln für die Äquivalenz (Gleichwertigkeit) und die Negation (Verneinung) angeführt:

| p | q | p ≡ q |
|---|---|---|
| w | w | w |
| w | f | f |
| f | w | f |
| f | f | w |

Bild 19: Äquivalenz (p ≡ q)

| p | $\overline{p}$ |
|---|---|
| w | f |
| f | w |

Bild 20: Negation ($\overline{p}$)

Die angegebenen logischen Regeln stellen gewissermaßen eine Bestandsaufnahme unserer logischen Denkvorgänge dar. Gerade deswegen handelt es sich aber nicht um beweisbare Sätze, sondern um Festsetzungen, die letztlich auf Übereinstimmung und Zweckmäßigkeit beruhen.

(Man kann übrigens zeigen, daß die angeführten Regeln nicht unabhängig voneinander sind, ja, daß man die Anzahl der logischen Festsetzungen sogar bis auf *eine* reduzieren kann. Je kleiner jedoch die Menge der logischen Grundregeln ist, desto schwieriger sind sie einzusehen. Wichtig ist, daß man in jedem Fall aus den zugrunde gelegten Regeln sämtliche logischen Verknüpfungen ableiten kann.)

Mit den angegebenen Wahrheitstafeln werden aber nicht nur unsere Denkgesetze zum Ausdruck gebracht, sie werden zugleich auch formalisiert. Statt der Attribute ›wahr‹ und ›falsch‹ lassen sich nämlich ebensogut die Bezeichnungen ›1‹ und ›0‹ verwenden. In der technischen Kybernetik werden die ›Wahrheitstafeln‹ meist in diesen Symbolen geschrieben.

Die technische Realisation der einzelnen Verknüpfungen erfolgt durch sogenannte logische Schaltungen, von denen wir zwei Beispiele betrachten wollen:
Die logische Schaltung für die Konjunktion ist in Bild 21 dargestellt. Dabei bedeuten die Attribute ›wahr‹ und ›falsch‹: ›Schalter geschlossen‹ bzw. ›Schalter offen‹, bei der verknüpften Aussage: ›Brennen‹ bzw. ›Nichtbrennen‹ der Lampe.

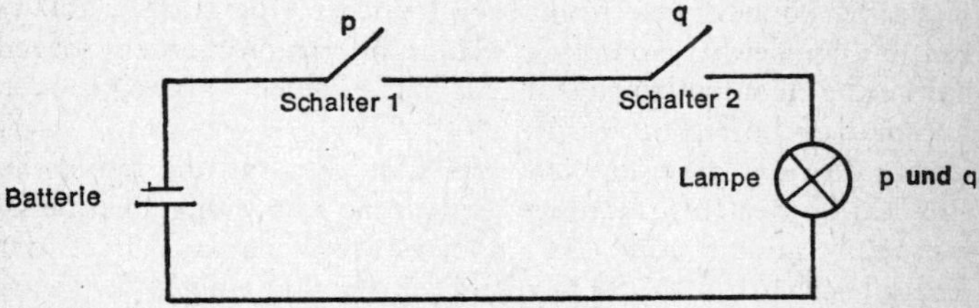


Bild 21: Konjunktive Verknüpfung

An Hand der Abbildung erkennt man sofort, daß die Lampe nur dann brennt (Gesamtaussage w), wenn beide Schalter geschlossen sind (w, w).
Die logische Schaltung für die disjunktive Verknüpfung zeigt Bild 22.

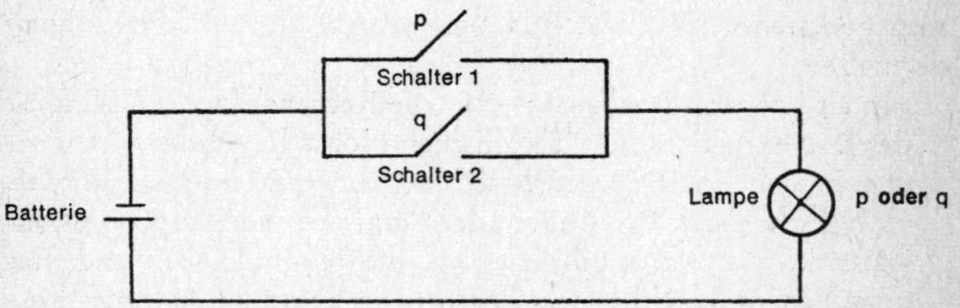


Bild 22: Disjunktive Verknüpfung

Man sieht, daß jetzt die Lampe brennt (Gesamtaussage w), wenn mindestens *ein* Schalter geschlossen ist (w, w; w, f; f, w), die Lampe brennt nur dann nicht (Gesamtaussage f), wenn beide Schalter offen sind (f, f).
Auf ähnliche Weise lassen sich auch die anderen logischen Funktionen durch elektrische oder elektronische Schaltungen realisieren (vgl. z. B. Steinbuch, 1965, S. 60).

Auch die arithmetischen Operationen einer kybernetischen Maschine lassen sich aus Folgen solcher einfachen logischen Verknüpfungen aufbauen. Dasselbe gilt für arithmetische und logische Vergleiche, Zuordnungen und Sortiervorgänge. Selbstverständlich werden die Verknüpfungen um so komplizierter, je umfangreicher und schwieriger die durchzuführenden Operationen sind.
Die elektronischen Schaltsysteme arbeiten außerordentlich schnell (in der Größenordnung von millionstel Sekunden) und zuverlässig. So können viele Milliarden logischer Operationen ablaufen, bis (vielleicht) einmal ein Fehler auftritt. Außerdem sorgen zahlreiche Kontrolleinrichtungen, daß Fehler angezeigt oder automatisch korrigiert werden.
Erstaunlich ist schließlich noch die Tatsache, daß die technische Realisation der Informationsverarbeitung nur wenig Energie in Anspruch nimmt: für eine moderne Rechenanlage liegt der Energiebedarf nur in der Größenordnung von einigen Kilowatt in der Stunde.
Neben der arithmetischen Informationsverarbeitung können elektronische Datenverarbeitungsgeräte auch für kombinatorische Prozesse, wie sie u. a. bei der Konstruktion von Texten, Bildern, Musikstücken oder auch bei der Lösung von Problemen auftreten, benützt werden. Die kombinatorische Leistungsfähigkeit ist dabei allerdings ziemlich beschränkt (vgl. 1.12).
Wie beispielsweise ein soviel umstrittenes kybernetisches ›Gedicht‹ entsteht, beschreibt R. Gunzenhäuser (1963, S. 6) folgendermaßen:

> »In einer ersten Ausbaustufe für die Rechenanlage ZUSE Z 22 des Recheninstituts der Technischen Hochschule Stuttgart wurden in den Speicher der Maschine 16 verschiedene Subjekte, 16 verschiedene Prädikate, drei logische Verknüpfungskonstanten, ›.‹ als Satzschlußzeichen, die Kopula ›IST‹ und vier verschiedene logische Quantoren in je drei syntaktischen Formen eingeschrieben, insgesamt – als Dualzahlen verschlüsselt – das folgende Wortrepertoire:
>
> AUGE, BAUER, BILD, BLICK, DORF, FREMDER, GAST, GRAF, HAUS, KIRCHE, KNECHT, SCHLOSS, TAG, TISCH, TURM, WEG; ALT, DUNKEL, FERN, FREI, GROSS, GUT, LEISE, NAH, NEU, OFFEN, SCHMAL, SPÄT, STARK, STILL, TIEF, WÜTEND; UND, ODER, SO GILT; . ; IST; EIN, EINE, EINES, JEDER, JEDE, JEDES, KEIN, KEINE, KEINES, NICHT JEDER, NICHT JEDE, NICHT JEDES.

Nach dem Start des Programms bestimmt die Maschine durch eine Zufallsentscheidung eine 1. Zufallszahl; sie ergibt (durch Addition mit einer bestimmten Konstanten für die Subjekte) die Adresse eines der 16 Substantive. Durch eine Kennziffer (0 für Maskulinum, 1 für Femininum, 2 für Neutrum) ist das Geschlecht dieses Substantivs markiert. Eine zweite Zufallsentscheidung bestimmt die Adresse eines der 4 logischen Quantoren und stimmt diesen auf das Geschlecht des gewählten Subjekts ab. Im Anschluß daran druckt die Rechenanlage über einen Fernschreiber die Kombination der beiden stochastisch bestimmten Satzelemente aus, ergänzt durch die (konstante) Kopula IST. Es entsteht etwa folgender Ausdruck:

NICHT JEDE KIRCHE IST

Eine dritte Zufallsentscheidung wählt aus dem Repertoire der 16 Prädikate eines dieser Adjektive aus, durch eine vierte und letzte Zufallsentscheidung wird eine der drei möglichen Verknüpfungsausdrücke (sie besitzen jeweils die Wahrscheinlichkeit 1/8) oder – mit der Wahrscheinlichkeit 5/8 – das Satzschlußzeichen ›.‹ bestimmt und anschließend ausgedruckt. So entsteht beispielsweise der folgende Ausdruck:

NICHT JEDE KIRCHE IST NAH UND

Ihm wird durch Wiederholung des bisherigen Prozesses ein zweiter Elementarsatz der Form (s) IST (p) angeschlossen, so daß endgültig das folgende Satzpaar ausgedruckt wird:

NICHT JEDE KIRCHE IST NAH UND EIN DORF IST GROSS.

Dieser zweite Elementarsatz wird stets durch das Satzschlußzeichen abgeschlossen. Im Anschluß daran beginnt das Programm ein neues Satzpaar zu erzeugen und setzt diesen Prozeß so lange fort, bis die Maschine gestoppt wird.
Auf diese Weise lassen sich insgesamt 1024 verschiedene Elementarsätze herstellen, die auf $(1024)^2$ verschiedene Arten kombiniert werden können; da es zwischen ihnen vier verschiedene Verknüpfungsarten gibt, sind es insgesamt 4 174 304 verschiedene mögliche Satzpaare. Als Probe möchten wir einige dieser Sätze wiedergeben:

NICHT JEDER BLICK IST NAH. KEIN DORF IST SPÄT.
EIN SCHLOSS IST FREI UND JEDER BAUER IST FERN.
JEDER FREMDE IST FERN. EIN TAG IST SPÄT.

JEDES HAUS IST DUNKEL. EIN AUGE IST TIEF.
NICHT JEDES SCHLOSS IST ALT. JEDER TAG IST ALT.
NICHT JEDER GAST IST WÜTEND. EINE KIRCHE IST SCHMAL.«

Gewiß kann man über den Wert solcher kybernetischen ›Gedichte‹ verschiedener Meinung sein – das trifft indessen auch für viele andere Gedichte zu. Interessant ist jedenfalls die Tatsache, daß durch den Zufallsgenerator Verbalkombinationen erzeugt werden können, die auf Grund ihrer Unwahrscheinlichkeit einem Menschen gar nicht einfallen würden. Unwahrscheinlichkeiten spielen aber (wie wir in 3.6 noch erfahren werden) in der Ästhetik eine wichtige Rolle.

## 2.14 *Technische Regelung*

Im Rahmen der technischen Kybernetik, d. h. also im Rahmen der Theorie und der maschinellen Realisation der Informationsverarbeitung, nimmt die Regelungstechnik einen wichtigen Platz ein. Computertechnik und Regelungstechnik müssen dabei klar unterschieden werden, da sie nicht notwendig miteinander verbunden sind: eine programmgesteuerte Rechenanlage braucht nicht innerhalb eines Regelungssystems zu stehen, und ein Thermostat hat im allgemeinen nichts mit einem Computer zu tun. Freilich werden beide Techniken oft auch zusammen verwendet, vor allem in der industriellen Fertigung.
Bisher wurden unter dem Stichwort ›Regelung‹ die Begriffe ›Sollwert‹, ›Istwert‹, ›Kapitän‹, ›Lotse‹ und ›Steuermann‹ eingeführt. Die technische Regelung erwies sich dabei als maschinelle Realisation der Lotsenfunktion: So übernimmt beispielsweise der Thermostat die vorher vom Menschen ausgeführte Tätigkeit des ständigen An- und Abschaltens eines Heizgerätes zum Zwecke der Konstanthaltung der Raumtemperatur.
Im folgenden wollen wir die technische Regelung etwas genauer betrachten, Fachausdrücke wie Führungsgröße, Regelgröße, Stellgröße, Störgröße etc. veranschaulichen und verschiedene Regelkreise innerhalb und außerhalb der Technik miteinander vergleichen. (Eine allzu oberflächliche Betrachtung der Regelung verleitet leicht zu der nichtssagenden Bemerkung ›Es ist eben

alles geregelt‹. Das wäre etwa so, wie wenn jemand glaubte, der Relativitätstheorie durch die Aussage ›Es ist eben alles relativ‹ gerecht zu werden.)

Die Funktionsweise technischer Regelprozesse, die technischen Fachausdrücke und der Übergang von der Fremdregelung zur automatischen Regelung wird durch die folgende Darstellung eines Wasserstandsreglers (Bild 23 und Bild 24) besonders deutlich (zitiert aus Steinbuch, 1965, S. 135).

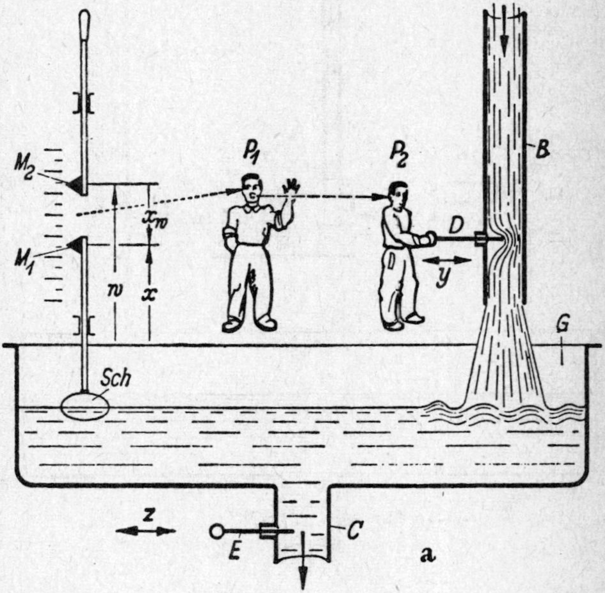


Bild 23: Handregelung

Steinbuch schreibt dazu:

»In das Gefäß G fließt durch ein Zuflußrohr B Wasser hinein und durch das Abflußrohr C wieder heraus. Die Höhe des Wasserspiegels im Gefäß wird mit dem Schwimmer Sch gemessen und stellt die zu regelnde Größe (die Regelgröße) x dar, die an einer Marke $M_1$ abgelesen werden kann. Der Sollwert des Wasserstandes, die Führungsgröße w, sei durch eine zweite Marke $M_2$ gegeben. Die Regelabweichung $x_w = x - w$

ist der Abstand der beiden Marken $M_1$ und $M_2$. Solange die Regelabweichung $x_w$ nicht gleich Null ist, wird der Schieber D in der Zuflußleitung so verstellt, daß sich die Höhe des Wasserstandes verändert und $x_w$ verkleinert. In Bild 23 haben wir ein Beispiel einer ›Handregelung‹, bei welcher die Beobachtung der Regelabweichung $x_w$ durch eine Person $P_1$ und die Verstellung des Schiebers D durch eine Person $P_2$ erfolgt. Als Störgröße z können wir uns beispielsweise vorstellen, daß die

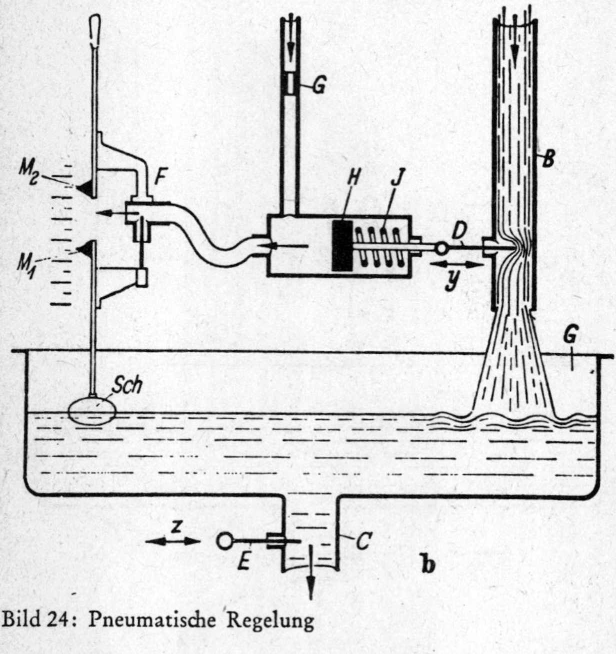


Bild 24: Pneumatische Regelung

Geschwindigkeit des Abflusses durch Rohr C nicht gleichbleibend sei.

In Bild 24 ist die Handregelung durch eine pneumatische Anordnung ersetzt. Der Unterschied zwischen den Marken $M_1$ und $M_2$ wird zur Verstellung eines Luftauslaßventils F benutzt. Dadurch wird der Luftdruck auf den Kolben H verändert. Dieser betätigt den Schieber D. Bei geeigneter Ausführung wirkt dieser pneumatische Regler so wie der Handregler von Bild 23, ja sogar meist besser, weil er nicht dem Irrtum und der Ermüdung unterworfen ist, die bei Bedienungspersonen unvermeidlich sind.«

Die (in dem angeführten Zitat nicht auftretende) Größe y wird als ›Stellgröße‹ bezeichnet, der Schieber D fungiert als ›Stellwerk‹.

An dem aufgezeigten Beispiel werden die technischen Fachausdrücke sehr klar veranschaulicht; wir brauchen diese Größen lediglich noch in Beziehung zu den uns schon bekannten Ausdrücken (SOLL-Wert, Lotse etc.) zu setzen:

Von SOLL-Wert spricht man im allgemeinen dann, wenn es sich um einen während des Regelvorganges konstanten Wert handelt (wie z. B. beim Thermostaten), von Führungsgröße, wenn der SOLL-Wert selbst von einer (von der Regelung nicht beeinflußten) Größe abhängig ist.

Solche Veränderungen, denen sich die Regelgröße dann jeweils anzupassen hat, treten in Prozessen auf, die so kompliziert sind, daß zu ihrer Regelung meist auch Prozeßrechner verwendet werden.

Der Lotse ist (in Bild 23) die Person $P_1$; er beobachtet den IST-Wert, vergleicht ihn mit dem SOLL-Wert und gibt dem Steuermann ($P_2$) Anweisungen, das Stellwerk für den Wasserzufluß zu bedienen. In Bild 24 sind Lotse und Steuermann maschinell realisiert; der gesamte Regelvorgang verläuft automatisch.

Wir sind nun in der Lage, auch andere technische Regelvorgänge mit Hilfe der Fachausdrücke genauer zu verstehen. Betrachten wir zu diesem Zweck noch einmal den schon bekannten Thermostaten:

Nehmen wir an, es handle sich um ein elektrisches Heizgerät, dessen Leistung mit einem Bimetallstreifen geregelt wird.

Der Bimetallstreifen kann dadurch, daß er bei verschiedenen Temperaturen verschieden stark gekrümmt ist, Kontakte schließen oder öffnen. Durch diese Doppelfunktion des Krümmens und Schaltens ist der Bimetallstreifen zugleich ›Meßfühler‹ (indem er den IST-Wert feststellt) und Stellwerk (indem er die Stellgröße einstellt). Der thermostatisch gesteuerte Regelkreis läßt sich nun folgendermaßen beschreiben:

Eingestellt sei ein bestimmter SOLL-Wert, in diesem Falle also ein konstant zu haltender Temperaturwert. Weicht die Regelgröße (Raumtemperatur) vom SOLL-Wert ab, so wird dies vom Meßfühler (Bimetallstreifen) registriert; der Meßfühler bewirkt eine Änderung im Stellwerk (Bimetallstreifen und Schalter); die Än-

derung im Stellwerk bewirkt eine Änderung in der Zufuhr von Energie (elektrischer Strom); die veränderte Energiezufuhr bewirkt eine Änderung der Regelgröße (Raumtemperatur).
Durch diesen Vorgang kann die Raumtemperatur – der Störgröße (Außentemperatur) zum Trotz – mit kleineren Schwankungen aufrechterhalten werden.
Ebenso wie die Temperaturregelung lassen sich auch alle anderen technischen Regelkreise in dieser Weise beschreiben. (Einen Überblick hierüber gibt Steinbuch, 1965, S. 141.)
In der Regeltechnik treten zahlreiche schwierige Probleme auf: So können z. B. bei dem Versuch, die Schwankungen um den SOLL-Wert möglichst klein zu halten, Schwingungen auftreten, die die Stabilität des Regelkreises gefährden. Weitere technische Probleme ergeben sich im Grenzfeld von Regelbereichen sowie bei der Vermaschung (d. h. einer gegenseitigen Verflechtung) von Regelkreisen, bei selbstoptimierenden Reglern usw. (vgl. hierzu die entsprechende Fachliteratur).
Wie schon angedeutet, hat die Regeltechnik die Lotsenfunktion automatisiert und damit einen neuen Wirkungsbereich erschlossen. Es erhebt sich nun die Frage, ob die Technik in der bisherigen Weise forschreitet oder ob nicht durch die Regelung und andere automatische Techniken ein gewisser Abschluß erreicht worden ist. H. Schmidt formulierte schon 1941 folgenden interessanten Gedanken zu diesem Thema (in Schmidt, 1965, S. 28):

> »Je mehr sich die synthetische Funktion der Regelungstechnik für den Unterricht und die Entwicklungsarbeit der Industrie auswirkt, um so mehr wird offenbar werden, daß es sich in der Regelungstechnik um ein technisches Grundproblem handelt, mit dem die methodische Entwicklung der Technik abschließt und mit dem die Stellung des Menschen zur Technik grundsätzlich verändert wird.
>
> Im Gegensatz zur Tiertechnik zeigt unsere menschliche Technik Entwicklung. Die Tiertechnik entwickelt sich nicht oder nicht mehr; sie ist gegenüber unserer Technik jedenfalls quasistatisch. Die geschichtliche Entwicklung unserer Technik ist von der fortschreitenden Zweckerfüllung begleitet. Wir können nach dem verschiedenen Grad der Zweckerfüllung durch das technische Objekt drei Stufen der Entwicklung unterscheiden:
>
> 1. die des Werkzeuges,
> 2. die der Kraft- und Arbeitsmaschine und
> 3. die des geregelten Systems, des Automaten.

Jede folgende Stufe umfaßt die vorhergehende und fügt ihr etwas hinzu, die letzte Stufe umfaßt den Gesamtverlauf der Technik. Nehmen wir als Beispiel für diese Entwicklung die technische Lösung des Problems des Fliegens. Auf der ersten Stufe schafft sich der Mensch ein Werkzeug zum Fliegen, die Schwingen des Dädalus und Ikarus. Der Aufwand an Kraft, der zum Fliegen notwendig ist, und der Aufwand auch an Geist zur Erhaltung des Gleichgewichts eines bestimmten Kurses ist ausschließlich Sache des Subjekts; objektiviert ist nur das Werkzeug, das den Zweck nur mit Hilfe des Menschen erfüllte.

Auf der zweiten Stufe, dem Motorflugzeug, ist auch die Kraft zum Fliegen objektiviert; der Grad der Zweckerfüllung durch das technische Objekt ist gestiegen.

Auf der dritten Stufe des selbstgesteuerten und stabilisierten Flugzeuges ist aller Aufwand des Subjektes objektiviert; der Zweck des Fliegens ist durch das selbsttätig gesteuerte und stabilisierte Flugzeug vollständig erfüllt, das Subjekt ist aus dem Bereich der für die Erfüllung des gesetzten Zweckes notwendigen Mittel vollständig ausgeschieden. Das technische Objekt ist vollständig, da es den gesetzten Zweck selbsttätig ohne Zutun des Subjekts erfüllt. So ist die den Akt der Objektivierung abschließende Regelungstechnik die methodische Vollendung der Technik.«

(Die hier angeführten Gedankengänge werden in 3.71 fortgesetzt.)

## 2.15 *Lernende Automaten*

Wir haben schon (in 1.12) darauf hingewiesen, daß neuerdings auch lernende Automaten, d. h. Automaten, die *selbst* lernen können, konstruiert werden. Unter Lernen versteht man dabei eine Verhaltensänderung, die nicht auf Reifungsprozesse zurückgeht (vgl. 1.23). Beim Lernen von technischen Systemen erübrigt sich dieser Zusatz, so daß wir bei lernenden Automaten einen Lernprozeß eindeutig daran erkennen können, ob bei einer wiederholten ›Reizsituation‹ ein verändertes Verhalten eintritt.

Gemäß der exemplarischen Verfahrensweise wollen wir im fol-

genden zwei einfache Beispiele von lernenden Automaten genauer betrachten. Wir wählen hierfür die kybernetische Schildkröte und die Shannonsche Maus. (In beiden Fällen handelt es sich zwar um eine mehr spielerische Nachahmung organischer Verhaltensweisen – gerade dieser Sachverhalt macht jedoch die genannten Beispiele zur Einführung besonders geeignet.)
Die kybernetische Schildkröte existiert in verschiedenen Modellen (Grey, Walter, Zemanek, Haseloff u. a., vgl. hierzu Steinbuch, 1965, S. 208). Im folgenden möchte ich jedoch kein bestimmtes Modell beschreiben, sondern versuchen, die charakteristischen Funktionen in einfacher Form darzustellen.
Unsere ›Schildkröte‹, die übrigens nur wenig Ähnlichkeit mit einer echten Schildkröte besitzt, werde auf eine Plattform gesetzt, die ringsum durch eine niedere Wand abgeschlossen ist.
Die ›Schildkröte‹ gehe oder, besser, fahre nun beliebig los und stoße dann an der Wand an. Würde es sich um ein starres Modell handeln, so müßte es jetzt an der Kante entlang weitergleiten. Tatsächlich reagiert unser Apparat jedoch anders: Die Berührung löst einen Kontakt aus, der die Schildkröte anhalten, rückwärtslaufen, eine Drehung hervorrufen und wieder vorwärtslaufen läßt. Dieses Verhalten kann technisch durch einen Taktgeber verwirklicht werden, der dafür sorgt, daß nach programmierten Zeiteinheiten bestimmte Schaltungen getätigt werden. So einfach dieses Programm ist, so verblüffend ist die Wirkung: kann sich doch das ›Tier‹ allein schon durch diese Verhaltensweise aus einer Einzäunung, die nur eine Öffnung hat, befreien.
Unsere Schildkröte reagiert aber noch auf andere Reize: auf Licht, auf Blendung und auf Töne.
Auf das Licht reagiert die Schildkröte so, daß sie darauf zugeht; wird das Licht zu stark, handelt es sich also um eine Art ›Blendung‹, so weicht sie zurück und umgeht die Lichtquelle. Auf einen bestimmten Ton hin reagiert das Tier durch Anhalten.
Wie man sieht, kann mit diesen Verhaltensweisen ein Organismus schon recht gut nachgeahmt werden: das beliebige Umhergehen, das Ausweichen bei Berührung, das Umgehen von Hindernissen oder das Anhalten auf bestimmte Reize hin sind Verhaltensweisen, die einem Organismus offensichtlich entsprechen.
So interessant die Nachahmung solcher Verhaltensweisen auch sein mag – es handelt sich noch nicht um Lernen. Tatsächlich hat unsere Schildkröte jedoch auch diese Fähigkeiten: Sie lernt nach

der (in 1.23 beschriebenen) Funktionsweise des bedingten Reflexes.
Wir erinnern noch einmal an diese einfachste Form des Lernens an Hand folgender schematischen Darstellung (Bild 25):

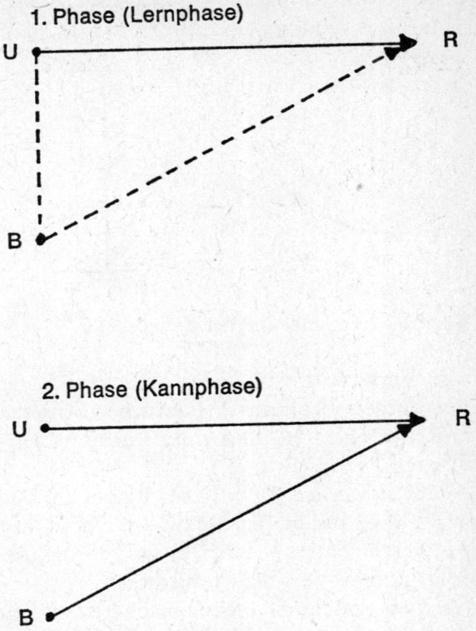


Bild 25: Bedingter Reflex

U sei der unbedingte Reiz (z. B. Futter) und R die unbedingte Reaktion (z. B. die Absonderung von Speichel). Tritt nun der bedingte Reiz B (z. B. ein Glockenton) mehrmals zusammen mit dem unbedingten Reiz U auf, so löst schließlich der bedingte Reiz allein schon die Reaktion aus.
Bei unserer ›Schildkröte‹ fungiere nun (beispielsweise) als unbedingter Reiz die Blendung, als unbedingter ›Reflex‹ das bekannte Ausweichmanöver, als bedingter Reiz ein Pfeifton. Wenn man nun jedesmal bei einer Ausweichbewegung den betreffenden Pfeifton aussendet, so reagiert der Apparat schließlich allein auf den Pfeifton hin durch Ausweichen.

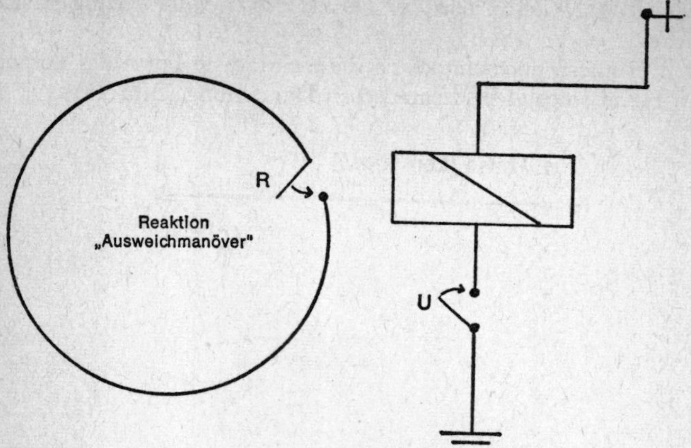


Bild 26: Schaltbild des unbedingten Reflexes

Die technische Verwirklichung dieses bedingten Reflexes sei in zwei Schritten dargestellt: einer schematischen Schaltung für den unbedingten Reflex (Bild 26) und einer schematischen Schaltung für den bedingten Reflex (Bild 27).

Aus Bild 26 läßt sich erkennen, wie ein Relais die Funktion des unbedingten Reflexes ausübt: Ist der Schalter U (d. h. unbedingter Reiz, in unserem Falle: Blendreiz) geschlossen, so fließt ein Strom von Plus nach Minus. Dabei durchfließt er auch die Wicklung des Relais; es entsteht ein elektromagnetisches Feld, das zur Schließung des Kontaktes R (Reflex) führt. Der geschlossene Kontakt bewirkt in unserem Falle das bekannte Ausweichmanöver der Schildkröte.

Der bedingte Reflex kann technisch durch folgenden ›Trick‹ verwirklicht werden:

Tritt der unbedingte Reiz U stets zugleich mit dem bedingten Reiz B auf, d. h., schließen sich die Schalter U und B mehrmals gleichzeitig, so fließt der Strom auch durch den Widerstand und erwärmt ihn allmählich. Durch die Wärme krümmt sich der Schalter K und stellt schließlich den Kontakt her. Das bedeutet aber, daß von diesem Augenblick an auch *durch den Schalter B allein* ein Stromfluß erzeugt werden kann, d. h., der Reflex wird schon bei alleiniger Betätigung des bedingten Reizes ausgelöst.

Selbstverständlich erlischt der bedingte Reflex wieder, sobald

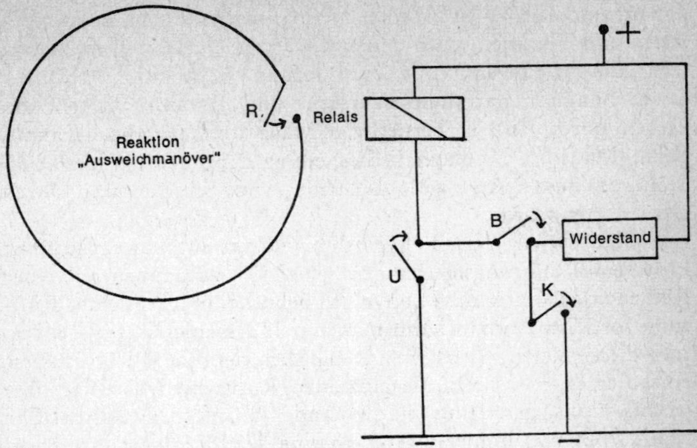


Bild 27: Schaltbild des bedingten Reflexes

sich der Widerstand abgekühlt hat; genau dieses Verhalten beobachten wir aber auch bei natürlich erlernten bedingten Reflexen.

Ein zweites Beispiel eines kybernetischen Spielzeuges und zugleich lernenden Automaten ist die ›Maus‹ von Claude E. Shannon. Bei dieser Maus handelt es sich (wie bei der Schildkröte) um eine Nachahmung tierischen Verhaltens. Während jedoch bei der Schildkröte der bedingte Reflex nachgeahmt wird, imitiert die Shannonsche Maus das sogenannte trial-and-error-Verhalten, das heißt das Lernen durch Versuch und Irrtum (vgl. 1.23).

Um das Verhalten der kybernetischen Maus richtig beurteilen zu können, sei kurz auf die Labyrinthversuche mit echten Mäusen oder anderen Tieren hingewiesen. In einem solchen Versuch nimmt man (beispielsweise) eine Maus, wählt einen Ausgangspunkt im Labyrinth und ein Ziel, das in unserem Beispiel am besten durch ein Stück Speck repräsentiert wird, und läßt das Tier los. Die Maus irrt nun im Labyrinth umher, bis sie das Ziel gefunden hat. Wiederholt man den Versuch ein zweites Mal, so zeigt sich, daß die Maus meist noch nicht in der Lage ist, den richtigen Weg sofort wiederzufinden. Erst nach mehrmaliger Wiederholung findet die Maus ihr Ziel ohne weitere Fehler. Wie die Maus tatsächlich ihren Weg lernt, läßt sich auch heute noch nicht genau sagen. So gibt es Theorien, nach denen die Maus den erfolgreichen Weg in seiner mechanischen Abfolge auswendig lernt, und Theorien, nach denen die Maus eine Art ›Landkarte‹ lernt, die ihr eine sinnvolle Orientierung ermöglicht.

C. E. Shannon hat dieses Versuch- und Irrtumverhalten von Tieren durch eine ›kybernetische Maus‹ technisch nachgeahmt. Seine ›Maus‹ ist ein magnetisches, einige Zentimeter langes Stück Stahl, das zum Spaß als Maus-Attrappe mit Schwanz und Ohren ausgestattet wurde.

Die ›Maus‹ wird in das Labyrinth eingesetzt und bewegt sich mit Hilfe eines Führungsmechanismus, der sich zusammen mit einer Rechenanlage unter dem Labyrinth befindet, in irgendeiner Richtung fort. Im Prinzip kann man mit Hilfe eines Zufallsgenerators dieses Versuchsverhalten tatsächlich dem Zufall überlassen, einfacher ist es jedoch, die einzelnen Richtungen der Vorstöße (rechts, links, geradeaus) nacheinander ablaufen zu lassen. Die Maus stößt nun immer wieder an eine Wand, ändert ihre Richtung und kommt dann irgendwann ins nächste Quadrat. Dieser zum Erfolg führende Schritt wird im Gedächtnis der Rechenanlage gespeichert. Hat die Maus ihr Ziel erreicht (in diesem Falle ein Schalter, der sich schließt), so wird sie ein zweites Mal an den Ausgangspunkt gesetzt. Nun zeigt sich, daß die kyberne-

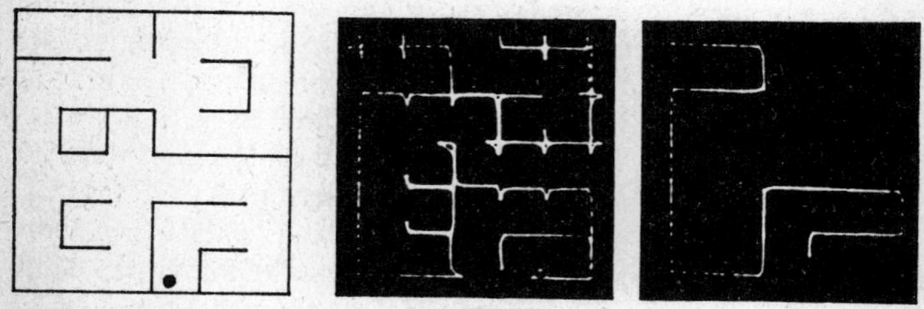

a) b) c)

Bild 28: Labyrinth, Zielsuche und Wegwiederholung (Wiener Modell)
a) Das Labyrinth mit dem Ziel; der Sucher ist noch nicht aufgestellt.
b) Der Sucher, mit einem Lichtzeiger versehen, hat auf dem Photo Bewegung und Aufenthalte aufgezeichnet. Die Zielsuche dauert etwa 3 min.
c) Bei der Wegwiederholung läuft der Sucher auf kürzestem Weg durch, ohne an eine Trennwand zu stoßen. Jetzt dauert der Vorgang nur etwa 1 min (Eier u. Zemanek, 1960, S. 30).

tische Maus der Naturmaus erheblich überlegen ist: sie findet schon beim zweiten Mal ohne Fehler den richtigen Weg (Bild 28). Das ist auch nicht verwunderlich, da ja die erfolgreichen Schritte gespeichert wurden und das Gedächtnis der kybernetischen Maus nichts vergißt.

Die Shannonsche Maus kann sich übrigens einem neuen Labyrinth, das durch Verstellen der Wände erzeugt werden kann, durch neue Suchbewegungen anpassen. Kommt sie bei einem Durchgang durchs Labyrinth ins Kreisen, so sorgt die Rechenanlage auch für diesen Fall vor und läßt sie aus der Kreisbewegung ausbrechen. Die Maus ist auch in der Lage, sich aus einer Sackgasse zu befreien, indem sie nach dreimaligem Anstoßen wieder zurückläuft. Sperrt man die Maus ganz ein, so bleibt sie nach Feststellung dieses Sachverhaltes stehen.

Die beiden angeführten Beispiele für lernende Automaten können leicht den Eindruck erwecken, als ob es sich bei dieser Disziplin der Kybernetik nur um eine Spielerei handle.

Tatsächlich kam dieses spielerische Moment dadurch zustande, daß man zunächst versuchte, das Verhalten (insbesondere das Lernverhalten) von Tieren nachzuahmen. Die weitere Entwicklung der kybernetischen Spielzeuge setzte sich jedoch bald in zwei ›ernsthaften‹ Richtungen fort:

Der eine Forschungszweig befaßte sich vorwiegend mit der technischen Realisation organischer Funktionen zum Zwecke der Erforschung biologischer Vorgänge, der andere Forschungszweig befaßte sich mehr mit der technischen Nutzung maschinell realisierter Funktionen. Selbstverständlich bestehen zwischen beiden Forschungseinrichtungen enge Beziehungen.

Beispiele für solche kybernetischen Konstruktionen, die man mehr von dem einen oder anderen Aspekt aus betrachten kann, sind automatische Zeichenerkenner, Neuronenmodelle, Lernmatrizen, selbstoptimierende Regler etc. (vgl. hierzu Steinbuch, 1965, u. a.).

Hinsichtlich der Lernfähigkeit sind die bisher konstruierten Automaten dem Menschen noch weit unterlegen; wir haben indessen schon erwähnt, daß die Fachleute den lernenden Automaten eine wirkungsvolle Entwicklung voraussagen.

## 2.2 Die Ausweitung der Regelungslehre

### 2.21 *Regelung in der Biologie*

Die Regelungslehre war bis zum Jahre 1925 praktisch nur für die Techniker von Interesse: Geregelt wurden Kraftmaschinen, Thermostate, elektrische Verstärker usw. Seit den Arbeiten von R. Wagner (1925), H. Schmidt (1940) u. a. weiß man jedoch, daß auch im organischen Bereich zahlreiche Regelvorgänge existieren. Durch diese Erkenntnis wurde der entscheidende Schritt in der Entwicklung der Kybernetik vollzogen: die Feststellung, daß in verschiedenen Wirklichkeitsbereichen gemeinsame Strukturen und Vorgänge wirksam sind oder verwirklicht werden können. Im folgenden soll dieser Schritt an Hand einiger Beispiele nachvollzogen werden.

Ein bekannter biologischer Regelvorgang spielt sich bei der Aufrechterhaltung der Körpertemperatur ab:

Eine zu hohe Außentemperatur verursacht zunächst die Absonderung von Schweiß. Durch die Verdunstung der Feuchtigkeit wird sodann eine Abkühlungswirkung erzielt, die durch eine starke Durchblutung der Verdunstungsflächen (beim Menschen die gesamte Hautoberfläche) noch erhöht wird. Bei einer zu niedrigen Außentemperatur beginnt der Körper zu zittern (Muskelvibration); die dabei erzeugte Energie wird vollständig in Wärme umgesetzt. (Gewiß sind bei beiden Steuervorgängen noch andere biologische Prozesse beteiligt – auf Einzelheiten kann hier indessen nicht eingegangen werden.)

Am Beispiel der Aufrechterhaltung der Körpertemperatur lassen sich nun die einzelnen Teilfunktionen der Regelung leicht erkennen:

1. Der SOLL-Wert beträgt beim Menschen bekanntlich ca. 37° C. Tatsächlich handelt es sich dabei nicht um einen SOLL-Wert im wörtlichen Sinne, sondern um eine ›biologische Konstante‹ (Schaefer 1964, S. 98). Biologische ›SOLL-Werte‹ sind nämlich nach Schaefer empirisch gemessene IST-Werte, die man ihrer Häufigkeit wegen zu SOLL-Werten erklärt hat. Nach Hassenstein (1965, S. 39) geht allerdings die im Krankheitsfall auftretende höhere Temperatur nicht auf ein Versagen des Regelsystems zurück, sondern auf eine vom Zentralsystem

vorgenommene Änderung der einzuregelnden Größe. In diesem Falle wäre also eine biologische Konstante zugleich Führungsgröße in einem übergeordneten System.

2. Der Meßfühler, der den Lotsen über den jeweiligen IST-Wert (die Regelgröße) informiert, ist das Wärmeregulationszentrum im Gehirn, das die Änderungen der Bluttemperatur ›mißt‹.
3. Besteht eine Regelabweichung, d. h. also in diesem Falle eine Abweichung zwischen Regelgröße und biologischer Konstanten, dann wird die Stellgröße verändert. Wie das ›Stellwerk‹ im einzelnen aussieht, ist noch weitgehend unbekannt; jedenfalls bewirkt es Frequenzveränderungen der Mikrovibration, Veränderungen der Schweißabsonderung usw.
4. Durch die jeweils angepaßte Steuerung kann die Regelgröße (die Köpertemperatur) trotz variierender Störgröße (Außentemperatur) nahezu konstant gehalten werden.

Das in der Biologie entdeckte Regelungsprinzip eröffnete auch neue Aspekte für viele schon bekannte biologische Prozesse. So stellte sich beispielsweise heraus, daß zahlreiche Reflexe in Wirklichkeit Regelkreise darstellen.

Hassenstein (1965, S. 36) erläutert diesen Sachverhalt am Beispiel des bekannten Pupillenreflexes:

»Der Versuch wird in einem nicht allzu hellen, möglichst einem halbdunklen Raum durchgeführt. Die Teilnehmer beobachten die Größe der Pupillen der Versuchsperson. Der Versuchsleiter hält eine nicht allzu starke Taschenlampe dicht vor das Auge der Vp. und leuchtet plötzlich in dieses hinein. Man beobachtet, wie sich die Pupille daraufhin sofort verkleinert. Die Bewegung ist flüssig, geradezu elegant. Nach einer knappen Sekunde ist die neue Größe erreicht. Nicht nur das belichtete Auge zeigt diese Reaktion; auch das unbelichtete reagiert in der gleichen Weise. Wird das Licht wieder abgeschaltet, so öffnen sich beide Pupillen wieder. Bei manchen Vp. wird die neue Endstellung unmittelbar durch eine einsinnige Reaktion erreicht; bei anderen schießt die Pupillenreaktion etwas übers Ziel hinaus und erreicht erst von dort aus den endgültigen Wert. Auch mehrfaches Hinundherschwingen vor Erreichung der endgültigen Pupillengröße kommt vor.

Deutung: Die Pupille, das ›Sehloch‹ des Auges, wird von der Regenbogenhaut (Iris) begrenzt. Diese besteht aus undurchsichtigen Muskeln, welche ringförmig um die Pupille herumlaufen. Sind diese Muskeln erschlafft, so ist die Pupille weit; kontrahieren sie sich, so wird die Pupille eng. Die Muskeln erhalten ihre Signale von efferenten Nerven, welche vom Gehirn aus durch den Sehnerven in den Augapfel eintreten. Wenn die Lichtsinneszellen der Netzhaut einen Helligkeitssprung registrieren, melden sie dies durch Vermittlung des Sehnerven ans Gehirn. Dort liegt eine Instanz, welche auf Helligkeitsmeldungen der Netzhaut dadurch reagiert, daß sie Signale an die Irismuskeln sendet, und zwar an diejenigen beider Augen. Die Schaltung in der genannten Instanz ist derart, daß ein Ansteigen der Lichtmenge zur Verkleinerung der Pupille führt, ein Abfallen der Lichtmenge zu ihrer Vergrößerung. Wie jeder weiß, wird das Sehen sowohl durch zu große Helligkeit als auch durch zu geringe Beleuchtung beeinträchtigt, vor allem, wenn die Helligkeitsänderungen rasch und plötzlich erfolgen. Betritt man beispielsweise ein halbdunkles Zimmer, nachdem man unmittelbar zuvor in blendendem Sonnenschein war, so muß man sich zunächst an die neue Helligkeit ›gewöhnen‹, bevor man deutlich sehen kann. Kehrt man danach ins Sonnenlicht zurück, so wird das Auge zunächst geblendet, ehe es sich innerhalb einiger Sekunden ›adaptiert‹ (angepaßt) hat. Weil plötzliche Helligkeitssprünge also für den Sehvorgang nachteilig sind, ist es sinnvoll, wenn sie durch eine Reaktion des Körpers so weit als möglich abgeschwächt werden. Hierzu dienen die Pupillenmuskeln: Durch die Verkleinerung der Pupille verringern sie den Lichtfluß ins Auge hinein, nehmen also einen Teil des erfolgten Helligkeitsanstieges wieder fort. Ebenso wird die Vergrößerung der Pupille bei abnehmender Helligkeit ein Teil der Helligkeitsabnahme wieder wettgemacht, weil nun mehr Licht ins Auge eintritt. Ohne diese Pupillenreaktion wären die beschriebenen Störungen des Sehens durch Helligkeitswechsel viel stärker und würden schon bei geringeren Helligkeitsänderungen auftreten, als es ohnedies der Fall ist.

Welche Aufgabe ist der verantwortlichen Instanz im Gehirn gestellt? Die Meldung einer Abweichung des Lichts vom vorherigen Zustand muß eine Reaktion auslösen, welche der wahrgenommenen Abweichung entgegenwirkt, d. h. die Abweichung verkleinert.«

Man kennt heute eine ganze Reihe biologischer Regelkreise: die

Konstanthaltung des Blutdrucks, des Blutzuckerspiegels und des Blutsauerstoffgehaltes, die Bereichseinstellung der Sinnesorgane (wobei trotz wechselnder Reizintensität die Sinnesorgane im Bereich der besten Sinnesleistungen wirken), die Aufrechterhaltung der Körperstellung, die zielstrebigen Bewegungen usw. Dabei liegen die Regelkreise keineswegs immer unmittelbar vor Augen; so muß man z. B. erst aufdecken, daß beim Sprechen die erzeugten Sprachlaute durch das Ohr überwacht und den Anforderungen entsprechend verändert werden.

Biologische Regelkreise stehen oft in einem komplizierten Zusammenhang miteinander: so wirken z. B. Blutdruck, Atmung, Sauerstoffgehalt, Sinnesleistung usw. zugleich in mehreren Regelvorgängen mit. Außerdem stehen biologische Regelvorgänge auch in einem hierarchischen Verhältnis. Werden nämlich durch extreme Störeinflüsse die Stabilitätsgrenzen eines Regelvorganges überschritten, so können übergeordnete Regelvorgänge die entstehenden Auswirkungen zumindest für einige Zeit auffangen und so den ganzen Organismus funktionstüchtig erhalten. Auf diese Weise sorgen stabile und ultrastabile Systeme (vgl. 3.21) für einen biologischen Gleichgewichtszustand (Homöostase).

Vergleicht man biologische Regelprozesse mit technischen, so kann man zunächst weitgehende Ähnlichkeit der funktionellen Strukturen erkennen. Im Zusammenhang mit der Aufrechterhaltung des Blutdrucks schreibt R. Wagner hierzu (1954, S. 142):

> »Weder in bezug auf den Aufbau des Regelkreises aus typischen Einzelgliedern noch in bezug auf seine Funktion unterscheidet sich dieser biologische Mechanismus von den Regelmechanismen, wie sie der Techniker zur Aufrechterhaltung der verschiedensten physikalischen Zustandgrößen konstruiert hat.«

Man könnte nun denken, daß der einzige Unterschied zwischen biologischer und technischer Regelung in der Verschiedenheit der Bauelemente liege; tatsächlich läßt sich jedoch noch ein weiterer Unterschied erkennen (Schaefer 1964, S. 97): Biologische Regelvorgänge verlaufen *vollkommen* automatisch, während bei technischen Regelprozessen stets ein Sollwert vorgegeben wird, der außerhalb des Systems liegt. Schaefer schreibt hierzu:

> »Betrachten wir biologische Regler allgemein: Zunächst sind biologische Regler meist komplexe Regler. Hierdurch wird zunächst erreicht, daß alle Sollwerte einer bestimmten Regelstrecke zugleich Regelgrößen einer anderen Regelstrecke sind.

Beispiel: Der Blutdruck als Sollwert ist Regelgröße in einem Regelsystem, welches die Gewebsdurchblutung als Sollwert einstellt. Der biologische Regler ist in ein geschlossenes System von Regelungen eingebaut, in dem es weder Sollwerte noch Führungsgrößen gibt, die von der Regelung nicht beeinflußt sind. Diese Geschlossenheit des Systems aller Regelungen macht das Kennzeichen biologischer Regelung in erster Linie aus. Jede technische Regelanlage ist an irgendeiner Stelle ›offen‹, d. h. dem Zugriff des Ingenieurs zugänglich, ohne den das System seine Leistung nicht abgibt. Es gibt keine echten Roboter. Die biologische Regelanlage setzt aber keinen Ingenieur voraus. Wenn wir Systeme, deren Funktion ohne Eingriff von Intelligenz erklärbar ist, mechanistische Systeme nennen, so ist die Regelanlage des Technikers nicht mechanistisch, die biologische Regelanlage wohl. Sie ist sozusagen das Vollkommenste an Mechanismus, das es gibt: die ohne Eingriff und Korrektur auf Konstanz der Form hin arbeitende Maschine.«

Hält man sich die zahlreichen neuen Erkenntnisse in der Biologie und Physiologie, die durch die Begriffe Regelung und Rückkopplung gewonnen wurden, vor Augen – man denke an die Reflexe, an die Homöostase, an medizinische Eingriffsmöglichkeiten usw. –, so wird man folgendem Satz von Wieser (1959, S. 42) zustimmen können:

»... So ist es schon jetzt möglich, in der Physiologie eine Periode, die sich nicht um Rückkopplung kümmerte, von einer, in der dieses Prinzip eine dominierende Rolle spielen wird, zu unterscheiden.«

### 2.22 *Allgemeine Definition der Regelung und Rückkopplung*

Nach der Beschreibung technischer und biologischer Regelvorgänge und deren vergleichender Betrachtung sind wir nunmehr in der Lage, die Begriffe Regelung und Rückkopplung als allgemeine Prinzipien darzustellen: Mit dieser Darstellung fassen wir das bisher Gesagte zugleich auf abstrakter Ebene zusammen.

Beim Regelkreis handelt es sich um ein System mit einer kon-

stant zu haltenden ›Regelgröße‹ (z. B. der Raumtemperatur), die von zwei Eingangsgrößen, der ›Stellgröße‹ und der ›Störgröße‹ (z. B. der Außentemperatur), abhängig ist. Diese Größen können aus mehreren Teilgrößen bestehen, insgesamt muß jedoch die Stellgröße einstellbar sein, während die Störgröße innerhalb eines gewissen Bereiches schwanken kann (die Anzahl der Personen in einem Zimmer, wechselnde Sonnenbestrahlung usw.).
Der Regelkreis funktioniert nun so, daß trotz der sich verändernden Störgröße die Regelgröße einen (nahezu) konstanten Wert, den ›Sollwert‹, behält.
Die Konstanz der Regelgröße wird dadurch erreicht, daß mittels eines am System angebrachten ›Meßfühlers‹ der jeweilige Ausgangswert der Regelgröße einem Regler zugeführt wird, der die zur Korrektur des Systems notwendige Stellgröße ermittelt und dem ›Stellwerk‹ zur Durchführung weitergibt. (Vgl. Bild 29, Hassenstein 1965, S. 45.)

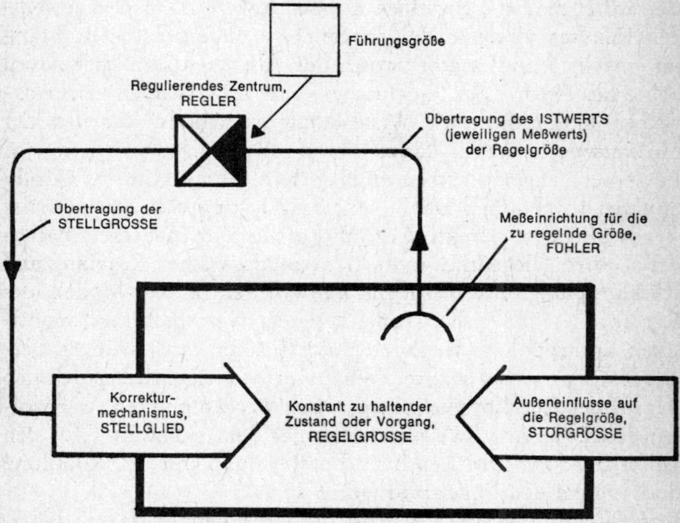


Bild 29: Schema des Regelkreises

Unter Umständen ist hier die Bemerkung wichtig, daß der Regelvorgang sich nicht nach der tatsächlichen, sondern nach der gemessenen Regelabweichung richtet. Dieser Sachverhalt ist vor allem bei technischen Regelkreisen zu beachten (insbesondere

auch beim thermostatisch gesteuerten Regelkreis); bei biologischen Regelvorgängen dürften beide Werte weitgehend übereinstimmen.
Betrachtet man den als konstant zu haltenden Zustand eines Systems als letzte Instanz (wie z. B. bei biologischen Regelkreisen), so ist der Regelkreis damit abgeschlossen; betrachtet man jedoch den Fall, daß der konstant zu haltende Wert von außen gesetzt und verändert werden kann (wie z. B. beim Thermostaten), so ist noch die Führungsgröße einzubeziehen. Man kann auch so sagen: Der konstant zu haltende Wert ist vom System her gesehen ein Sollwert, von äußeren Eingriffsmöglichkeiten her gesehen eine Führungsgröße. Veränderungen der Führungsgröße bedeuten selbstverständlich eine Neuanpassung des gesamten Regelsystems.
Die bisherigen Ausführungen zur Regelung machen deutlich, daß die Regelung ein sehr exakt beschreibbarer Vorgang ist. Betrachtet man die einzelnen Größen losgelöst von den jeweiligen Inhalten als reine Zahlengrößen, so läßt sich die Regelung im einzelnen auch mathematisch darstellen. Tatsächlich hat sich heute die Theorie der Regelung zu einer umfassenden mathematischen und technischen Wissenschaft entwickelt, auf die hier nur verwiesen werden kann.
Für unsere Thematik scheint mir noch folgender Hinweis wichtig zu sein: In manchen Darstellungen kybernetischer Sachverhalte – vor allem im Bereich der Anwendung kybernetischer Methoden – wird gelegentlich nicht klar genug zwischen Regelung und Rückkopplung unterschieden. So wird z. B. das Modell des Regelkreises zur Erläuterung sozialer, wirtschaftlicher, politischer, anthropologischer oder pädagogischer Erscheinungen herangezogen, obwohl zahlreiche Sachverhalte eigentlich durch den Begriff der Rückkopplung beschrieben werden müßten. Wir wollen daher (in einer Weiterführung der Bemerkung in 1.13) den Unterschied zwischen den Begriffen Regelung und Rückkopplung noch einmal deutlich hervorheben:
Das Charakteristische der Rückkopplung besteht darin, daß – im Gegensatz zu einer Kausalkette, bei der ein Gegenstand auf den anderen wirkt und dieser wieder auf einen anderen usw. (Bild 30) – ein ›geschlossener Wirkungskreis‹ vorliegt (Bild 31). Bei der Rückkopplung erfolgt also an irgendeiner Stelle eine Rückwirkung auf den ersten Gegenstand, d. h. jede Veränderliche des Wirkungskreises ist zugleich von ihr selbst abhängig.

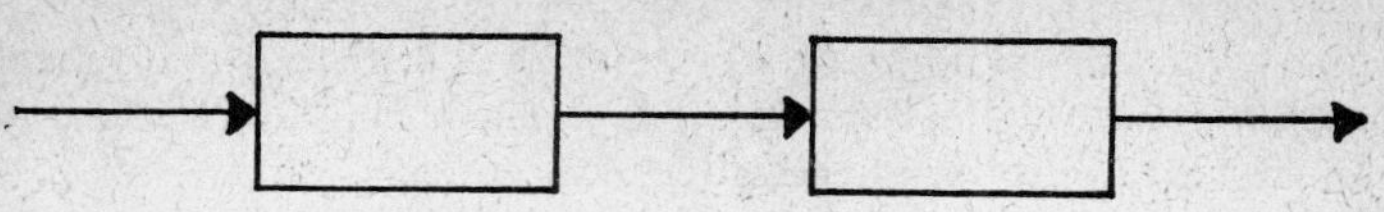

Bild 30: Kausalkette

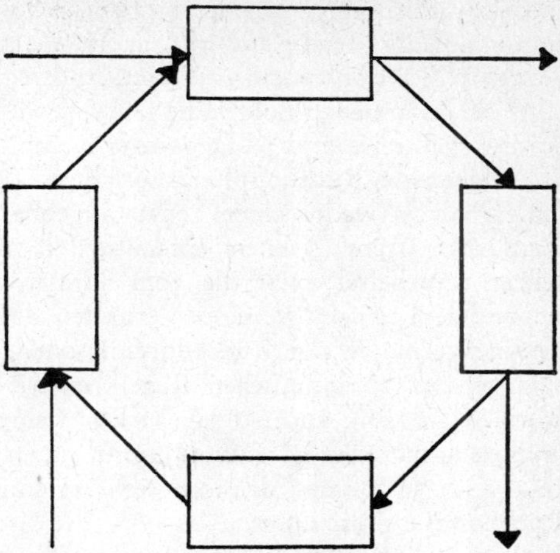

Bild 31: Rückkopplung

Im Lexikon der Kybernetik (1964) wird der Begriff der Rückkopplung folgendermaßen definiert:

»Ein System ist ein rückgekoppeltes System, wenn es aus zwei oder mehr Übertragungsgliedern besteht, die so zu einem Kreis geschaltet sind, daß eine Ausgangsgröße jedes Gliedes eine Eingangsgröße des folgenden ist. Es ist mindestens ein gerichtetes Glied, und zwar ein Verstärker, vorhanden, so daß in dem Kreis eine bestimmte Wirkungsrichtung besteht.«

Vergleicht man nun die Begriffe ›Regelung‹ und ›Rückkopplung‹, so erweist sich die Regelung unmittelbar als Spezialfall der Rückkopplung. Die Rückkopplungsprozesse im Regelkreis sind nämlich so determiniert, daß ein bestimmter SOLL-Wert oder eine jeweils eingestellte Führungsgröße konstant gehalten wird. Beim Regelkreis geschieht dies durch die sogenannte Gegenkopplung: Erfährt die Regelgröße durch Einwirkung der Störgröße eine positive Abweichung, so bewirkt der Regler über die Stellgröße eine Verkleinerung der Regelgröße und umgekehrt.

Wie schon angedeutet, gibt es neben den einfachen Regelkreisen auch vermaschte Regelsysteme, bei denen die SOLL-Werte des einen Regelkreises zur Regelgröße eines anderen werden.
Die drei Formen der Rückkopplung (einfache Regelkreise, vermaschte Regelkreise und allgemeine Rückkopplung) müssen nicht nur theoretisch sorgfältig unterschieden werden, sondern auch in der Anwendung auf die einzelnen Wirklichkeitsbereiche.
So lassen sich z. B. Thermostat oder Wasserstandsregler als einfache Regelkreise beschreiben, biologische Gleichgewichtsprozesse als vermaschte Regelkreise und pädagogische Kommunikationsprozesse als allgemeine Rückkopplungsvorgänge. Das System Lehrer—Schüler hält ja weder einen genau angebbaren SOLL-Wert aufrecht, noch strebt es einem eindeutig festgelegten Ziel zu. Der Lehrer verarbeitet zwar die vom Schüler ausgehende Information und richtet sein weiteres Verhalten danach ein – das Übertragungsverhalten der Rückkopplungsglieder ist dabei jedoch (im Gegensatz zu technischen Regelkreisen) keineswegs unveränderlich. Man kann auch so sagen: Der Lehrer ist nicht nur Lotse und Steuermann, er ist – zumindest in einem beschränkten Bereich – auch ›Kapitän‹; dennoch steht er innerhalb des gesamten Rückkopplungsprozesses.
Rückkopplung und Regelung sind Strukturbegriffe, die in verschiedenen Wirklichkeitsbereichen realisiert sind. Im folgenden wollen wir einen Überblick über konkrete Rückkopplungsvorgänge geben – wobei freilich nicht im einzelnen untersucht werden kann, welche Formen der Rückkopplung zu einer exakten Beschreibung jeweils herangezogen werden müßten.

### 2.23 *Regelung und Rückkopplung in verschiedenen Wirklichkeitsbereichen*

Bei der Ausweitung des Regelungsprinzips handelt es sich nicht nur um das schlichte Aufzeigen von Regelungs- und Rückkopplungsvorgängen in verschiedenen Disziplinen – wobei die Brücke zwischen diesen Disziplinen immer über die mathematisch formulierten Strukturen und Prozesse führt –, sondern um ein echtes Forschungsprinzip:
Die Kenntnis der allgemeinen Theorie der Rückkopplung er-

leichtert nämlich das Auffinden konkreter Rückkopplungsprozesse beträchtlich; man weiß sozusagen schon, wo man die einzelnen Glieder und Größen zu suchen hat. So führte z. B. die Vermutung, daß es sich bei der Aufrechterhaltung der Körpertemperatur um einen Regelkreis handeln könnte, zu einem gezielten Aufsuchen der betreffenden Meßfühler und Stellgrößen.
Insbesondere erweist sich die allgemeine Theorie der Rückkopplung auch bei systematischen Eingriffen in konkrete Prozesse von Nutzen, so z. B. in der Medizin. W. D. Moissejew (1963, S. 108) schreibt hierzu:

> »Wenn man berücksichtigt, daß die Rückkopplung beim Menschen auch verschiedene Teile des Zentralnervensystems miteinander verbindet, so kann man auf der Grundlage kybernetischer Parallelen begründen, daß viele neurotische und psychische Erkrankungen mit der Störung der Rückkopplungsmechanismen verbunden sind ... Bei der Störung von Rückkopplungsmechanismen entarten vernünftige und zweckmäßige Handlungen zu einem krankhaften anomalen Verhalten des Menschen, d. h. zu ihrer sinnlosen Kopie. Die funktionelle Ähnlichkeit der Rückkopplungsmechanismen in Automaten mit sich selbst regulierenden Prozessen in lebenden Organismen gibt die Möglichkeit, sowohl aus ihrer normalen als auch ihrer gestörten Funktion neue Kenntnisse über das Funktionieren des Nervensystems des lebenden Organismus zu gewinnen.«

Die gelegentlich zu hörende Bemerkung, daß viele Rückkopplungsprozesse schon vor dem Auftreten der Kybernetik bekannt gewesen seien und die Kybernetik außer deren abstrakter Behandlung nichts Neues hinzugefügt habe, beruht somit auf einem grundsätzlichen Irrtum: die allgemeine Theorie der Rückkopplung macht die einzelnen Erscheinungen nicht nur in exakter Weise darstellbar, sie dient zugleich auch als Basis neuerer Erfindungen, Entdeckungen und Anwendungen.
Im folgenden seien weitere Beispiele von Regelungs- und Rückkopplungsprozessen angeführt; die Beispiele sollen dabei nicht nur einen Überblick über verschiedene konkrete Rückkopplungsvorgänge geben, sondern auch die Problematik dieser Vorgänge deutlich machen.
Am klarsten zu durchschauen sind die technischen Regelkreise, da sie auf Grund ihrer Konstruktion in ihren Bestandteilen und in ihrem Funktionszusammenhang vollständig bekannt sind; im Bereich der biologischen Regelung stoßen wir schon öfter auf

unerforschte Sachverhalte, und in den anderen Wirklichkeitsbereichen kann man die Rückkopplungsvorgänge oft nur mehr oder weniger präzise beschreiben. Im Bereich der Psychologie, Pädagogik, Ästhetik etc. exakte Aussagen über Rückkopplungsvorgänge zu machen, ist deswegen so schwierig, weil die einzelnen Prozesse eng miteinander verflochten sind und zu wenig genaue Meßmethoden existieren.

Da wir über technische und biologische Regelkreise schon mehrfach berichtet haben, seien nunmehr einige problematische Rückkopplungs- oder Regelvorgänge in anderen Disziplinen angeführt. (Bezüglich der Reihenfolge sei dabei auf Bild 7 in 1.16 verwiesen.)

Ein interessanter Regelvorgang, bei dem gleichzeitig physiologische und psychologische Faktoren beteiligt sind, ist die Kaudruckregelung: Der Kaudruck wird bekanntlich in sehr fein abgestimmter Weise der Härte des Bissens angepaßt. Dies kann nur dadurch erreicht werden, daß Meßfühler die Härte des Bissens genau registrieren, die jeweilige Härte an das Nervensystem weiterleiten und von dort her der richtige Kaudruck eingestellt wird. Wir haben also offenbar einen Regelkreis mit allen bekannten Teilgliedern (Meßfühler, Rückmeldung, Stellwerk etc.) vor uns. Dennoch ist dieser Fall nach Rohracher (1961, S. 12) ›problematisch‹. Zunächst stellt nämlich Rohracher fest, daß beim Kauvorgang eine psychische Komponente beteiligt ist:

> »Der Meßfühler besteht aus Empfindungen und Erfahrungen, kurz gesagt, in der Härtewahrnehmung – also in einer *Wahrnehmung*, einem *psychischen* Vorgang und nicht in einem physiologischen Prozeß.«

Rohracher folgert daraus, daß beim Kauen kein echter Regelkreis vorliegt (S. 12):

> »Weil man spürt, daß der Bissen hart ist, stellt man den Kaudruck auf ›stark‹ ein; würde man die Härte des Bissens nicht empfinden, so käme keine entsprechende Druckregelung zustande – es fehlte dann ja der ›Meßfühler‹. Die ›Information‹ über die Konsistenz der im Munde befindlichen Nahrung besteht in der Empfindung seiner Härte. Durch diese Feststellung ist auch schon entschieden, daß hier kein echter Regelkreis vorliegt. Die absichtliche Druckregulierung ist eine Handlungsweise, die man nur als ›Fremdregelung‹, d. h. als ein willentliches, zielgerichtetes Verhalten zur Erreichung eines bestimmten Zustandes, betrachten kann: sie ist im Prinzip

dasselbe wie im Beispiel der elektrischen Raumheizung das Anstecken oder Herausziehen des Steckkontaktes.«

Das Beispiel zeigt, wie sorgfältig man die Begriffe ›selbständige Regelung‹, ›Fremdregelung‹ oder ›allgemeine Rückkopplung‹ in konkreten Fällen zu verwenden hat. Zweifellos unterscheidet sich die Kaudruckregelung von völlig unbewußt verlaufenden Regelkreisen, wie z. B. die Aufrechterhaltung der Körpertemperatur; es erhebt sich indessen die Frage, ob man deshalb den Begriff ›Fremdregelung‹ benützen soll. Schließlich macht man mit dieser Bezeichnung die Voraussetzung, daß zwei eindeutig voneinander trennbare Systeme existieren: in diesem Falle das automatische physiologische und das bewußte psychische System.

Auf ebenfalls problematische Regelkreise stoßen wir auch beim Erlernen des Gehens, des Schwimmens, des Schlittschuhlaufens usw. W. D. Moissejew berichtet hierüber (1963, S. 103):

»Aus der Psychologie ist bekannt, daß viele Rückkopplungsmechanismen erst im Laufe des Lebens erworben werden ... Wenn ein Kind geboren wird, kann es nicht laufen. Beim Gehenlernen bilden sich im Nervensystem allmählich zyklische Verbindungen von den Muskeln zum Gehirn und zurück, die nichts anderes darstellen als vom Organismus neu erworbene Rückkopplungen. Ähnliche Prozesse des Lernens und Erwerbens neuer Rückkopplungen macht bekanntlich auch der erwachsene Mensch durch, wenn er neue Gewohnheiten erwirbt. Diese Frage stellte z. B. L. E. Makkol, indem er von diesem Standpunkt aus die Prozesse charakterisiert, die ein Mensch durchmacht, wenn er Schlittschuhlaufen lernt, und die eine interessante Folge sich im Organismus neu herausbildender Rückkopplungsmechanismen darstellen. Anfangs bemüht sich der Schlittschuhläufer, den Körper in einer möglichst unbeweglichen (starren) Haltung zu bewahren. Dabei reagiert er ziemlich langsam auf die Gefahr des Fallens, aber er beachtet sie und versucht, ihr auszuweichen. Oft lehnt er sich zurück, wobei sich das Gleichgewicht seines Organismus noch mehr verringert. Aber er lernt es allmählich, immer besser der Gefahr des Fallens zu entgehen und sie durch angepaßte Bewegungen abzuwenden. Wenn schließlich nach mehrfach wiederholter Erfahrung die neu entstandenen Rückkopplungen von den Muskeln zum Gehirn stabil geworden sind, beherrscht der Schlittschuhläufer das Schlittschuhlaufen.«

Moissejew benützt hier den Ausdruck Rückkopplungsmechanis-

men, während andere Autoren das Lernen am Erfolg auch als Regelvorgang bezeichnen. Nun gibt es zweifellos Fälle, bei denen das Erreichen eines gegebenen Zieles durch trial-and-error-Verhalten als Regelprozeß beschrieben werden kann; bei sehr vielen Lernprozessen, die sich am Erfolg oder Mißerfolg orientieren, gibt es jedoch weder ein genau angebbares Ziel noch eine gleichbleibende Lernsituation. Beispiele für solche allgemeineren Lernvorgänge lassen sich überall da finden, wo die Aktivität des Lernenden veränderliche Gegenreaktionen auslöst (z. B. beim Tennisspielen, beim Autofahren oder bei sozialen Verhaltensweisen).
Ein bisher wenig beachteter Rückkopplungsvorgang aus dem Grenzgebiet von Psychologie und Soziologie beschreibt H. Sacher in seiner Untersuchung ›Begegnung als Regelkreisphänomen‹ (1964). Interessant ist dabei, daß nach Sacher (S. 483) die Störgröße ein notwendiges Element einer solchen Regelung darstellt:

> »Hierbei (beim Zustandekommen einer optimal fruchtbaren Begegnung) gilt für alle Beteiligten, daß diese stets sowohl Bestätigung, Unterstützung, Entlastung als auch Beunruhigung, Widerspruch, Belastung usw. fordern können bzw. zu ertragen haben, wie sie es andererseits auch von sich selbst her bieten müssen.«

Besonders problematisch sind Rückkopplungsprozesse im Bereich der Ästhetik. Zunächst sind nämlich hier auch rein lineare Prozesse denkbar; es ist indessen die Frage, ob man derartige ›blinde‹ Erzeugnisse als ästhetische Produkte bezeichnen kann (z. B. Klecksbilder oder Computergedichte, die nur durch Zufall entstehen). Zweifellos sind bei ›echter‹ ästhetischer Realisation Rückkopplungsprozesse vorhanden – ebenso sicher aber handelt es sich dabei nicht um Regelungsvorgänge. So wird zwar auf Grund ästhetischer Theorien (vgl. 3.62) der Freiheitsgrad ästhetischer Prozesse eingeschränkt (z. B. durch bestimmte Ordnungsbedingungen), von genau angebbaren Zuständen oder Zielen kann jedoch im Rahmen der ästhetischen Produktion noch nicht gesprochen werden. Das Problem der ästhetischen Rückkopplung besteht somit vor allem in den Kriterien, die den Rückwirkungsprozessen zugrunde liegen.
Schließlich sei noch einmal auf den ausgedehntesten Anwendungsbereich der allgemeinen Rückkopplung hingewiesen: auf sämtliche empirischen Wissenschaften. Wie schon (in 1.34) ausgeführt, handelt es sich beim wissenschaftlichen Verfahren um die Darstellung begrenzter Wirklichkeitsbereiche durch möglichst

exakte Theorien. Da jedoch ein Vergleich mit einer ›an sich gegebenen‹ Wirklichkeit nicht möglich ist, besteht die Rückkopplung darin, mit Hilfe einer Theorie eine ›Frage‹ an die Wirklichkeit zu stellen, deren ›Beantwortung‹ die Weiterführung oder Verwerfung der Theorie zur Folge hat.
Im folgenden sei noch ein besonders interessantes Beispiel der Regelung betrachtet: das Regelkreismodell der Erziehung. Weitere Beispiele von Regelungs- und Rückkopplungsprozessen finden sich im dritten Teil dieses Buches.

### 2.24 *Das Regelkreismodell der Erziehung*

Ein Regelprozeß dient dazu, den Zustand eines Systems aufrechtzuerhalten (z. B. eine bestimmte Temperatur) oder ein Ziel zu erreichen (z. B. einen Gegenstand zu ergreifen oder einen Hafen anzusteuern). In diesem zweiten Sinne kann der Regelkreis zur Beschreibung von Erziehungsprozessen verwendet werden: In der Erziehung handelt es sich ja genau darum, einen Lernenden (den heute noch vielfach so genannten Zögling) derart zu steuern, daß er ein gegebenes Erziehungsziel erreicht. Erziehung wird hier also ganz allgemein – unter bewußtem Verzicht auf inhaltliche Interpretationen – als absichtliche Veränderung von Menschen auf ein bestimmtes Ziel hin definiert.
Im einzelnen verläuft ein Erziehungsprozeß folgendermaßen: Gegeben sei das Erziehungsziel, oder – da es sich ja auf seiten des zu Erziehenden um Lernprozesse handelt – das Lernziel. Dieses Ziel (z. B. der christliche oder der sozialistische Mensch) wird dabei nicht vom Erzieher als solchem aufgestellt, sondern von der Gesellschaft oder deren Repräsentanten. Formal gesehen muß das Lernziel lediglich die Bedingung der prinzipiellen Realisation erfüllen.
Der Erzieher stellt nun mit Hilfe des Psychologen den augenblicklichen Zustand des Lernenden fest; dann vergleicht er diesen »IST-Wert« mit dem Lernziel und entwickelt – auf Grund seiner ebenfalls der Psychologie entstammenden Kenntnis des Lernenden – ein Verfahren, das in seiner Verwirklichung den Lernenden so beeinflußt, daß er sich in Richtung des Ziels verändert;

mit Hilfe der Psychologie kontrolliert er dann wieder den Erfolg seiner Maßnahmen.
Dieser Prozeß kann sehr klar und detailliert am Modell des Regelkreises dargestellt werden (vgl. 2.22, Bild 29).
Der SOLL-Wert oder die Führungsgröße ist *das Lernziel;* es ist dem Erziehungsprozeß vorgegeben. Der Erzieher kann einmal die Rolle des Reglers übernehmen und zum anderen die Rolle des Stellglieds: Als Regler übernimmt er (auf Grund des Vergleichs von IST-Wert und SOLL-Wert) die Lernplanung, als Stellglied vollzieht er mittels bestimmter Verfahren, Medien oder Lehrobjektivationen die Steuerung des Lernenden. Der durch Steuerung und Störungen veränderte Zustand des Lernenden (der neue IST-Wert) wird dann wieder – auf Grund beobachtbarer oder meßbarer Verhaltensweisen – durch »Meßfühler« ermittelt.
Die durch das Regelkreismodell gegebene operationale Definition der Erziehung führt zu der Frage, inwieweit in der Wirklichkeit ablaufende, umgangssprachlich so genannte Erziehungsvorgänge diese Definition erfüllen.
Hier muß zunächst festgestellt werden, daß es sich bei der Darstellung der Erziehung als Regelkreis um ein Rollenschema handelt und nicht um ein Personenschema. So ist es beispielsweise möglich, daß jede Instanz durch eine andere Person vertreten wird, es ist aber auch möglich, daß eine einzige Person sämtliche Rollen (außer der Regelgröße) übernimmt. Dies gilt weitgehend für den Lehrer, der im Unterricht sowohl in der Zielsetzung als auch in der Lernplanung, -steuerung und -kontrolle tätig ist.
Weiterhin muß beachtet werden, daß das Regelkreismodell selbstverständlich nur angewendet werden kann, wenn ein eindeutig vorgegebenes Erziehungsziel vorliegt und der »Zögling« tatsächlich steuerbar ist. Unter diesen Bedingungen sind – immer von der Voraussetzung ausgehend, daß es sich um eine absichtliche Steuerung handelt – m. E. zwei Fälle mit je zwei Unterfällen zu unterscheiden:
1. Der Lernende kennt das Erziehungsziel und weiß von seiner Rolle als Erziehungsobjekt, d. h. als zu Steuernder. Dabei können wieder zwei Fälle auftreten:
a) Der Lernende setzt selbst das Erziehungsziel oder ist mit einem gegebenen Ziel einverstanden. Dieser Fall tritt z. B. bei einem selbstgewählten Studium auf oder beim Besuch einer

Tanzschule. Man könnte vorschlagen, hier von einer »selbstbestimmenden Erziehung« zu sprechen.

b) Der Lernende ist mit dem Erziehungsziel, zu dem er gesteuert werden soll, nicht einverstanden. Dieser Fall tritt leider in unseren Schulen häufig auf, wo (durch Jahrgangsklassen und sog. Allgemeinbildung) viele Schüler zum Erlernen sie nicht interessierender Gegenstände und ungewollter Verhaltensweisen gezwungen werden. Dieser auch in vielen anderen Institutionen auftretende Fall von Erziehung wäre als »autoritäre Erziehung« zu kennzeichnen; eigene Absichten des Zöglings werden in einer solchen Erziehung als »Störung« betrachtet.

2. Der Lernende kennt das Erziehungsziel nicht und ist sich auch seiner Rolle als Gesteuerter nicht bewußt. Die beiden Unterfälle sind jetzt folgende:

a) Der SOLL-Wert-Setzer informiert den Lernenden bewußt nicht über seine Absicht, obwohl dieser prinzipiell in der Lage wäre, Ziele und Steuerungsvorgänge zu verstehen. Beispiele zu diesem Fall gibt es sehr viele: Man denke an bewußtes Vorenthalten von Information oder an falsche und einseitige Darstellungen in manchen Zeitungen, Lehrbüchern, Schulbüchern etc.; man denke ferner an Werturteile, falsche Schlußfolgerungen, verschiedene Verwendung von Begriffen (z. B. Sittlichkeit oder Freiheit) u.a.m. Hier wird deutlich, daß der zu Steuernde absichtlich nicht aufgeklärt und damit bewußt in einem Zustand schlichten Denkens belassen wird. Eine solche Form der Erziehung muß als »manipulative Erziehung« bezeichnet werden.

b) Der SOLL-Wert-Setzer kann den Lernenden über das Ziel und die Steuerung nicht informieren, da der Lernende nicht oder noch nicht in der Lage ist, diese Information zu begreifen. Beispiele hierfür sind vor allem Säuglinge und Kleinkinder. Hier kann der »Zögling«, selbst wenn der Erzieher es wollte, nicht über Ziele und Wege der Erziehung aufgeklärt werden. Man denke z. B. an die Einschränkung des Handlungsraums zum Schutze kleiner Kinder oder an die Erziehung zu bestimmten sozialen Verhaltensweisen. Diese Art der Erziehung könnte man als »konditionierende Erziehung« bezeichnen.

Die hier vorgenommene Differenzierung zeigt zunächst einmal deutlich, daß das Regelkreismodell zu einer schärferen Begriffsbestimmung zwingt, zugleich aber auch, daß die Anwendung dieses Modells auf wirkliche Erziehungsvorgänge sehr sorgfältig vorgenommen werden muß. Wir zeigen das an zwei Beispielen:

dem Unterricht und dem gesamt-gesellschaftlichen Erziehungsprozeß.

Daß sich der Unterricht im allgemeinen nur in Teilprozessen als Regelung darstellen läßt, erkennt man sofort an folgendem Sachverhalt:

Das Modell des Regelkreises gilt ja nur, wenn das Ziel festbleibt und der Regelprozeß auf dieses Ziel hin verläuft, d. h., wenn die Feststellung des IST-Wertes zu einer veränderten Steuerung führt; das Modell gilt nicht mehr, wenn die Feststellung des IST-Wertes eine Abänderung des SOLL-Wertes zur Folge hat. Genau das ist aber beim Unterricht sehr häufig der Fall. Anders ausgedrückt heißt das, daß der Lehrer meist nicht nur Regler und Steuermann ist, sondern auch »Kapitän«.

(Im übrigen braucht nicht betont zu werden, daß der Unterricht nach Möglichkeit selbstbestimmende Erziehung sein sollte; die autoritäre Form der Erziehung müßte sich – schon aus Gründen einer demokratischen Gesamtzielsetzung – auf die unumgänglichen Sachzwänge beschränken.)

Zu der Frage, ob ein gesamt-gesellschaftlicher Erziehungsvorgang (z. B. zum demokratischen oder sozialistischen Menschen) durch das Regelkreismodell beschrieben werden kann, seien zunächst einige Ausführungen von Knöchel (1966) zitiert (S. 71):

> »Mit der Reglerfunktion der Erziehung im gesellschaftlichen Tätigkeitsprozeß wird die große Bedeutung der Erziehung für die Gesellschaft erkannt. Diese Funktion kann die Erziehung aber nur dann optimal erfüllen, wenn nicht nur ihre eigenen Gesetzmäßigkeiten, sondern vor allem die des gesellschaftlichen Entwicklungsprozesses erkannt worden sind und dementsprechend angewendet werden können. Bekanntlich ist das erst in der sozialistischen und kommunistischen Gesellschaft der Fall. Jetzt wird auch deutlich, warum in der bürgerlichen Pädagogik eine Betrachtung der Erziehung als Ganzes, die auch von der Kybernetik insgesamt ausgeht, nicht möglich ist. Sie würde einer Entschleierung des Klassencharakters der bürgerlichen Erziehung gleichkommen. Die kybernetische Betrachtung des Erziehungsprozesses ist in aller Konsequenz nur in der sozialistischen Pädagogik durchführbar.«

Knöchel behauptet also, daß im Bereich der sozialistischen Pädagogik das Regelkreismodell eine adäquate und vollständige Beschreibung liefert. Zweifellos ist diese Aussage in Anbetracht des eindeutigen Zieles und der prinzipiellen Steuerbarkeit des

Menschen formal richtig – es wäre indessen zu klären, welche Formen der Erziehung dabei auftreten: die selbstbestimmende, die autoritäre oder die manipulative. Die Antwort auf sozialistischer Seite würde zweifellos »die selbstbestimmende« lauten, da ja der sozialistische Mensch als wissenschaftlich notwendig und daher zwangsläufig angesehen wird; autoritäre und manipulative Formen der Erziehung würden als Zwischenstufen bezeichnet werden, die sich mit erfolgter Einsicht erübrigten.
Wie sieht nun die Anwendung des Regelkreismodells auf die Erziehung in einer offenen, demokratisch-pluralistischen Gesellschaft aus?
Hier scheint sich zunächst eine auf dem Prinzip durchgehender Rückkopplung beruhende Pädagogik nicht durch das Regelkreismodell beschreiben zu lassen: Im Prinzip können ja alle Instanzen auf die pädagogischen Ziele Einfluß nehmen. Das bedeutet, daß die Feststellung eines IST-Wertes und der Vergleich mit einem gegebenen SOLL-Wert nicht unbedingt zur Veränderung der Steuerung führen muß, sondern auch eine Veränderung der Norm bewirken kann.
Sofern also die Ziele der Demokratie selbst einer Rückkopplung unterliegen, läßt sich das Regelkreismodell nicht anwenden. Das Modell zwingt indessen zur Beantwortung der Frage, ob nicht auch in einer freiheitlichen, demokratischen Gesellschaft bestimmte Ziele nicht mehr verändert werden können, ohne diese Gesellschaftsform selbst zu zerstören. Wird diese Frage mit ja beantwortet (und sie muß m. E. so beantwortet werden), so läßt sich auf die Gesamtheit der konstituierenden Elemente der Demokratie (z. B. Mitbestimmung und Kontrolle der Macht) das Regelkreismodell ebenfalls anwenden. Inwieweit dabei in westlichen Demokratien nur ein Zustand aufrechterhalten zu werden braucht oder ein Ziel angesteuert werden muß, ist eine Frage, die gegenwärtig sehr heftig diskutiert wird.

## 2.3 Die Ausweitung des Informationsbegriffes

### 2.31 *Die mathematische Definition des Informationsbegriffes*

Die Kybernetik beschränkt sich nicht auf die Beschreibung gemeinsamer Strukturen und Systeme in den verschiedenen Wirklichkeitsbereichen, sie erfaßt diese Strukturen und ihre Veränderungen auch in mathematischen Begriffen und Gesetzen. Erst durch den Prozeß der Mathematisierung gelingt es der Kybernetik, Vergleiche zu ziehen, Voraussagen zu machen, Theorien zu bilden und Konstruktionen durchzuführen.
Dabei spielt das mathematische Maß für Information eine fundamentale Rolle.
Wie schon in 1.14 ausgeführt, wird die Information einer Nachricht als die Minimalzahl der zur Codierung ihrer Zeichen erforderlichen Dualschritte definiert.
Betrachtet man von diesem Standpunkt aus zunächst ein System mit nur zwei verschiedenen Zeichen, so wird die Codierung durch die beiden Symbole ›0‹ und ›1‹ gegeben; bei einer Nachricht aus vier Zeichen sind (entsprechend dem ›Code-Baum‹ in 2.11) für jedes Zeichen zwei Dualschritte oder ›bit‹ (binary digit) erforderlich. Bei 8 voneinander verschiedenen Elementen erhöht sich die Anzahl der zur Codierung erforderlichen Dualzeichen auf 3 bit je Element. Allgemein sind für Systeme mit $n = 2^k$ verschiedenen Elementen für jedes Element minimal $k = \mathrm{ld}\, n$ bit erforderlich. Nach der obigen Definition wird somit (für diesen speziellen Fall) die Information durch die Formel

(1) $$I = \mathrm{ld}\, n$$

gegeben. (ld bedeutet Logarithmus dualis, d. h. Logarithmus zur Basis 2).
Nun ist das mathematische Maß für Information zwar sehr genau von der umgangssprachlichen Bedeutung dieses Wortes zu trennen, dennoch hängen beide Begriffe miteinander zusammen. So spielt z. B. für beide Begriffe das Merkmal der Innovation eine entscheidende Rolle. Im Falle von $n = 2^k$ Elementen braucht man nämlich k Antworten (ja oder nein), d. h. k-mal eine Innovation, bis ein Element eindeutig identifiziert werden kann.

Der nächste Schritt bei der Aufstellung des Informationsmaßes setzt den Begriff der relativen Häufigkeit voraus:
Unter der relativen Häufigkeit eines Elementes versteht man die absolute Häufigkeit dieses Elementes dividiert durch die Gesamtzahl der auftretenden Elemente. Zur Veranschaulichung des Begriffes diene folgendes Beispiel: Steht man an einer Straßenkreuzung und hat festgestellt, daß von 50 Autos 30 geradeausfuhren, 15 nach rechts abbogen und 5 nach links, so betrug die relative Häufigkeit der Geradeausfahrer $^{30}/_{50} = {}^{6}/_{10}$, der Rechtsabbieger $^{15}/_{50} = {}^{3}/_{10}$ und der Linksabbieger $^{5}/_{50} = {}^{1}/_{10}$. Die Summe der relativen Häufigkeiten ergibt immer den Wert 1.
Wir können nunmehr Systeme betrachten, bei denen die n verschiedenen Elemente nicht mehr mit derselben Häufigkeit auftreten. Als Beispiel diene zunächst der Text

a a a a b b c d

Untersucht man hier, wieviel Dualzeichen zur Codierung der 4 Elemente a, b, c, d jeweils erforderlich sind, so erhält man den in Bild 32 dargestellten Code-Baum.

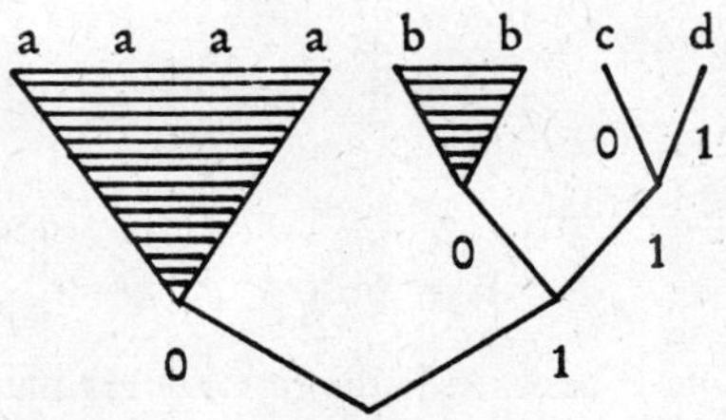


Bild 32: Code-Baum für den Text aaaabbcd
(Die nicht notwendigen Entscheidungen sind im Baum gestrichen)

Aus dem Code-Baum läßt sich folgende Codierung ablesen:

| | |
|---|---|
| a = 0 | c = 110 |
| b = 10 | d = 111 |

An dem Beispiel erkennt man schon, daß die einzelnen Elemente um so weniger Binärzeichen zu ihrer Codierung brauchen, je häufiger sie auftreten. Dieser schon von Morse benützte Sachverhalt bedeutet also – nach der allgemeinen Definition der

Information –, daß die Information eines Elementes um so geringer ist, je häufiger es auftritt.
Auch dieses Ergebnis stimmt mit der umgangssprachlichen Bedeutung von Information überein: Häufige Ereignisse bieten uns ›nichts Neues‹, überraschende und damit seltene Ereignisse hingegen sind besonders informativ. Auch in der Sprache werden häufige Wörter im allgemeinen kurz ›codiert‹, neu hinzukommende, aber häufig benutzte Ausdrücke werden abgekürzt.
Betrachtet man das obige Beispiel, so ergibt sich mathematisch folgender Zusammenhang zwischen relativer Häufigkeit und Information:

Das Zeichen a besitzt die relative Häufigkeit

$$h_a = \frac{1}{2} = 2^{-1},$$

die Information von a beträgt

$$I_a = 1 \text{ bit}.$$

Das Zeichen b hat die relative Häufigkeit

$$h_b = \frac{1}{4} = 2^{-2},$$

die Information beträgt

$$I_b = 2 \text{ bit}.$$

Die Zeichen c und d besitzen je die relative Häufigkeit

$$h_{c,d} = \frac{1}{8} = 2^{-3},$$

die Information beträgt je

$$I_{c,d} = 3 \text{ bit}.$$

Für das angegebene Beispiel gilt also die Formel

(2)
$$I = \text{ld}\,\frac{1}{h}$$

Wie sich leicht zeigen läßt, trifft diese Formel auch für den allgemeinen Fall ($h = 2^{-k}$, k : ganze Zahl) zu.

Die Formeln (1) und (2) – wobei übrigens Formel (1) nur den Spezialfall der Formel (2) für $h = \frac{1}{n}$ darstellt – werden nunmehr für den Fall erweitert, daß $n \neq 2^k$ ist, bzw. h keine ganzzahlige Potenz von 2. Eine solche Erweiterung wird in der Mathematik durch das sog. Permanenzprinzip vollzogen. Dieses Prinzip besteht darin, daß die in einem bestimmten Bereich geltenden Definitionen und Regeln auf einen erweiterten Bereich übertragen werden, wobei die Definitionen und Regeln des ursprünglichen Bereiches unverändert in dem erweiterten System enthalten sind. In unserem Falle bedeutet die Anwendung des Permanenzprinzips, daß für jedes System von n Elementen und für jede auftretende relative Häufigkeit die Information eines Zeichens (z) durch den Ausdruck

$$I_z = \mathrm{ld}\,\frac{1}{h_z}$$

definiert wird. Der Index z bedeutet hierbei, daß es sich um die Information eines Einzelzeichens handelt und nicht etwa um die (später einzuführende) durchschnittliche Information eines Zeichens.

Wir sind nun in der Lage, einige Beispiele für die Information bekannter Zeichen anzugeben: Die Information einer Ziffer (auf dem Repertoire aller 10 Ziffern) beträgt

$$I_z = \mathrm{ld}\,10 \approx 3{,}32 \text{ (bit)}.$$

Für die Information eines Buchstabens würde im Falle ihrer gleichhäufigen Verwendung der Informationsbetrag von $I = \mathrm{ld}\,26 \approx 4{,}7$ (bit) ›maß‹gebend sein; tatsächlich werden jedoch die Buchstaben mit verschiedenen Häufigkeiten verwendet. So beträgt z. B. in der deutschen Sprache die Information des Buchstabens A (auf zwei Dezimalstellen genau)

$$I_A = 4{,}53 \text{ bit},$$

die Information des Buchstaben E hingegen

$$I_E = 2{,}77 \text{ bit}.$$

Der Zusammenhang der Buchstaben in Wörtern und Sätzen ist hierbei nicht berücksichtigt.

Als nächste Erweiterung des Informationsmaßes betrachten wir den Informations*beitrag*, den ein Zeichen in einem Text aufweist. Hat ein Text die Gesamtlänge N, so treten darin die einzelnen

Zeichen $z_i$ mit der Gesamthäufigkeit $Nh_i$ auf; der Informationsbeitrag eines Zeichens wird also

$$Nh_i \operatorname{ld} \frac{1}{h_i}.$$

In dem Text aaaabbcd beispielsweise sind die Informationsbeiträge von

$$\text{a:} \quad 8 \cdot \frac{1}{2} \operatorname{ld} 2 = 4 \text{ (bit)}, \qquad \text{b:} \quad 8 \cdot \frac{1}{4} \operatorname{ld} 4 = 4 \text{ (bit)},$$

$$\text{c, d:} \quad \text{je } 8 \cdot \frac{1}{8} \operatorname{ld} 8 = 3 \text{ (bit)}.$$

Der Informations*beitrag* ist vom Informations*betrag* eines Zeichens genau zu unterscheiden. Im obigen Fall ist z. B. der Informations*betrag* des Zeichens a: $I_a = \operatorname{ld} 2 = 1$, der Informations*beitrag* jedoch 4 bit. Lediglich bei den nur *ein*mal auftretenden Elementen c und d sind Informationsbeitrag und Informationsbetrag identisch.

Vom Informationsbeitrag eines Zeichens bis zur Gesamtinformation eines Textes ist es nur ein kleiner Schritt: Die Gesamtinformation eines Textes ($I_T$) ergibt sich als Summe der Einzelbeiträge; es gilt also die Formel

$$I_T = \sum_{i=1}^{n} Nh_i \operatorname{ld} \frac{1}{h_i}, \qquad \sum_{i=1}^{n} h_i = 1$$

(die Information des Textes aaaabbcd beträgt also $I_T = 14$ bit). Möchte man schließlich die *durchschnittliche* Information eines Zeichens bestimmen, so braucht man diesen Ausdruck nur noch durch N zu dividieren; man erhält dann die bekannte Shannonsche Formel für die durchschnittliche Information eines Zeichens:

$$I = \sum_{i=1}^{n} h_i \operatorname{ld} \frac{1}{h_i}, \qquad \sum_{i=1}^{n} h_i = 1.$$

Es ist wichtig, sich die Voraussetzungen und den Geltungsbereich der Shannonschen Formel klar vor Augen zu halten:

Bei der Ableitung der Formel wurde nirgends von der Anordnung der Elemente Gebrauch gemacht, d. h., die Information bleibt bei jeder Umordnung der Elemente erhalten – anders ausgedrückt: für die Information sind nur Anzahl und relative Häufigkeiten der Elemente ›maß‹gebend. (Auf die bedingten Häufigkeiten, das heißt auf die Häufigkeiten, mit denen die einzelnen Elemente auf vorhergehende Elemente folgen, und auf die sich daraus ergebende Ergänzung der Shannonschen Formel sei hier nicht eingegangen). Man kann daher statt des Begriffes ›Nachricht‹ auch den allgemeineren Begriff des Häufigkeitsschemas verwenden. Ein solches Schema wird in folgender Form geschrieben:

$$\begin{pmatrix} z_1 & z_2 & \dots & z_n \\ h_1 & h_2 & \dots & h_n \end{pmatrix} \qquad \sum_{i=1}^{n} h_i = 1.$$

Beispiele für derartige Häufigkeitsschemata bilden Buchstaben, Silben oder Wörter mit ihren (ausgezählten) Häufigkeiten, insbesondere Texte von Wissenschaftlern oder Künstlern, Musikstücke, Bilder, soziale Gruppen usw. Im Falle der sozialen Gruppe muß dabei als ›relative Häufigkeit‹ die (normierte) Anzahl der auf ein Individuum entfallenen Wahlen genommen werden (vgl. 3.52).

Die Shannonsche Formel gibt also ein Maß für ein Häufigkeitsschema. Gewiß sind – da Maße bis zu einem gewissen Grade willkürlich sind – auch andere Maße denkbar; die Shannonsche Formel erfüllt jedoch die Grundbedingung jedes Maßes: die Vergleichsmöglichkeit der zu messenden Größen.

Zur Verdeutlichung eines solchen Vergleichs und zugleich als Beispiel für die Handhabung der Shannonschen Formel seien die folgenden Schemata (3) und (4) berechnet:

(3)
$$\begin{pmatrix} z_1 & z_2 & z_3 & z_4 \\ \frac{1}{2} & \frac{1}{4} & \frac{1}{8} & \frac{1}{8} \end{pmatrix}$$

(4)
$$\begin{pmatrix} z_1 & z_2 & z_3 & z_4 \\ \frac{3}{4} & \frac{1}{8} & \frac{1}{8} & 0 \end{pmatrix}$$

Für Schema (3) gilt:

$$I_{(3)} = \sum_{i=1}^{4} h_i \operatorname{ld} \frac{1}{h_i} = \frac{1}{2} \operatorname{ld} 2 + \frac{1}{4} \operatorname{ld} 4 + 2 \cdot \frac{1}{8} \operatorname{ld} 8$$

$$= \frac{1}{2} \cdot 1 + \frac{1}{4} \cdot 2 + 2 \cdot \frac{1}{8} \cdot 3$$

$$= 1{,}75 \text{ bit.}$$

Für Schema (4) gilt:

$$I_{(4)} = \sum_{i=1}^{4} h_i \operatorname{ld} \frac{1}{h_i} = \frac{3}{4} \operatorname{ld} \frac{4}{3} + 2 \cdot \frac{1}{8} \operatorname{ld} 8$$

$$= \frac{3}{4} (\operatorname{ld} 4 - \operatorname{ld} 3) + \frac{1}{4} \cdot 3$$

$$\approx 1{,}06 \text{ bit.}$$

## 2.32 *Information und Ordnung*

Das mathematische Maß für Information (2.31) ist außerordentlich universell: es läßt sich ›gleichermaßen‹ als Maß für Ordnung, für soziale Gruppenstrukturen und möglicherweise noch für andere Strukturen verwenden. Im folgenden seien seine Anwendungsmöglichkeiten als Informations- und Ordnungsmaß aufgezeigt. Um den Begriff der Wahrscheinlichkeit, den wir zu diesem Zweck benötigen, zu veranschaulichen, greifen wir noch einmal auf unser Beispiel mit den Autos (2.31) zurück.
Nehmen wir an, das Verhältnis der Geradeausfahrer, der Rechts- und Linksabbieger treffe auch bei 10 000 oder 100 000 ausgezählten Autos noch zu; dann könnte man mit einiger Berechtigung sagen, daß die ›Wahrscheinlichkeit‹, mit der ein ankommendes Auto geradeaus fährt, rechts oder links abbiegt, $^6/_{10}$, $^3/_{10}$ und $^1/_{10}$ beträgt. Theoretisch ließe sich die Wahrscheinlichkeit freilich nur dann genau angeben, wenn ›unendlich viele‹ Elemente ausgezählt werden könnten. Da dies nicht möglich ist,

sind alle aus der Erfahrung gewonnenen Wahrscheinlichkeiten Näherungswerte. Völlig exakt lassen sich die Wahrscheinlichkeiten nur im mathematischen Bereich angeben: so beträgt beispielsweise beim (mathematischen!) Würfel die Wahrscheinlichkeit für jede Zahl zwischen 1 und 6 gleichermaßen $^1/_6$. Die Wahrscheinlichkeiten werden übrigens mit $p_i$ ($i = 1, 2, 3, \ldots, n$) bezeichnet; für eine Wahrscheinlichkeitsverteilung gilt (dem Zusammenhang zwischen relativen Häufigkeiten entsprechend) die Beziehung

$$\sum_{i=1}^{n} p_i = 1 \qquad (i = 1, 2, 3, \ldots, n).$$

Es ist nun unmittelbar ersichtlich, daß die Shannonsche Formel auch auf einen Sender, d. h. auf ein Schema mit Wahrscheinlichkeitsverteilung, angewandt werden kann: man braucht dazu nur die relativen Häufigkeiten durch Wahrscheinlichkeiten zu ersetzen. Ein Wahrscheinlichkeitsschema hat also die Form

$$\begin{pmatrix} z_1 & z_2 & z_3 & \ldots & z_n \\ p_1 & p_2 & p_3 & \ldots & p_n \end{pmatrix} \qquad \sum_{i=1}^{n} p_i = 1.$$

Als Beispiel eines solchen Wahrscheinlichkeitsschemas diene noch einmal der Würfel; seine statistischen Eigenschaften sind jetzt folgendermaßen zu schreiben:

$$\begin{pmatrix} z_1 & z_2 & z_3 & z_4 & z_5 & z_6 \\ \frac{1}{6} & \frac{1}{6} & \frac{1}{6} & \frac{1}{6} & \frac{1}{6} & \frac{1}{6} \end{pmatrix}$$

Neben zahlreichen technischen Beispielen (Telegrafie, Fernsprech- und Fernschreibtechnik, Funk und Fernsehen etc.) kann auch (rein statistisch) ein Sprecher als Verwirklichung eines solchen Senders angesehen werden: Die Wahrscheinlichkeiten, mit denen der Sprecher die einzelnen Buchstaben oder Wörter verwendet, entsprächen dann näherungsweise den durchschnittlichen Buchstaben- bzw. Worthäufigkeiten. Ähnliche Überlegungen gelten für Klavierspieler, Maler, Pantomimen etc. (vgl. Frank, 1959).

Das mathematische Maß für Information erhält im Falle eines Senders die Form:

(1)
$$I = \sum_{i=1}^{n} p_i \operatorname{ld} \frac{1}{p_i}, \quad \sum_{i=1}^{n} p_i = 1.$$

Tatsächlich ging Shannon bei der Aufstellung des mathematischen Maßes für Information von einem Sender oder – wie er auch sagt – von einer diskreten Quelle mit den Elementen $z_i$ ($i = 1, 2, \ldots, n$) und deren Wahrscheinlichkeiten $p_i$ ($i = 1, 2, \ldots, n$) aus. Als ›Nachricht‹ bezeichnete Shannon dann eine zeitliche Folge der Elemente $z_i$, die – ihren Wahrscheinlichkeiten entsprechend – von der Quelle rein zufällig (stochastisch) ausgestoßen werden.

Shannon suchte nun nach einem mathematischen Maß für die einer Quelle (genauer: dem stochastischen Nachrichtenprozeß einer Quelle) eigentümliche ›Information‹, d. h., er suchte nach einem die statistische Beschaffenheit der Quelle charakterisierenden Maß für die Auswahl (selection) eines Ereignisses oder – wie Shannon auch sagt – nach einem Maß für die ›Unsicherheit‹ des Erscheinens eines Elements. Seine Überlegungen führten ihn dann auf die nach ihm benannte Formel (1).

Entscheidend bei der Shannonschen Definition von Information ist also der Begriff der *Auswahl*, weshalb man auch – im Zusammenhang mit der Shannonschen Auffassung – von ›selektiver Information‹ spricht.

Das mathematische Maß für Information kann somit in zwei verschiedenen, aber eng miteinander zusammenhängenden Fällen angewandt werden: Man kann einmal die Information einer *gegebenen* Nachricht messen, deren statistische Eigenschaften (Anzahl und Häufigkeit der Elemente) sich durch Auszählen feststellen lassen, und man kann zum andern die Information eines *Senders* messen, von dem die Anzahl der Elemente und deren Wahrscheinlichkeiten bekannt sind.

*Häufigkeitsschema* und *Wahrscheinlichkeitsschema*, die man nach einem Terminus von Chintschin (1957) unter dem Oberbegriff *endliches Schema* zusammenfassen kann, sind insofern eng miteinander verbunden, als man einen gegebenen Text immer als eine von einem Sender ausgestoßene Nachricht ansehen kann, wobei der Sender die Nachrichtenelemente entsprechend den Wahrscheinlichkeiten ausliest. Dennoch sind die beiden Formen des endlichen Schemas begrifflich scharf zu trennen, da oftmals bei einem bekannten Sender und einer aus diesem Sender stammenden bekannten Nachricht die Wahrscheinlichkeiten bzw. die relativen Häufigkeiten nicht übereinstimmen. In diesem Falle müssen bei der Bestimmung der Information sowohl die Wahr-

scheinlichkeiten des Senders als auch die Häufigkeiten der Textelemente berücksichtigt werden.
Wir haben bisher gezeigt, wie das mathematische Maß für Information zur Messung endlicher Schemata benützt werden kann; wir gehen jetzt einen Schritt weiter und zeigen an Hand der Wienerschen Auffassung von Information, inwiefern sich die Shannonsche Formel auch als Ordnungsmaß erweist.
Shannon untersuchte die stochastischen Prozesse einer bestimmten (konstanten) Quelle; Wiener betrachtet vor allem die *Veränderung eines endlichen Schemas*. Zur Verdeutlichung dieses Sachverhalts betrachten wir die beiden Schemata:

(1) $$\begin{pmatrix} z_1 & z_2 & z_3 & z_4 \\ \frac{1}{4} & \frac{1}{4} & \frac{1}{4} & \frac{1}{4} \end{pmatrix} \quad \text{mit} \quad I_1 = 2 \text{ bit}$$

und

(2) $$\begin{pmatrix} z_1 & z_2 & z_3 & z_4 \\ \frac{1}{2} & \frac{1}{4} & \frac{1}{8} & \frac{1}{8} \end{pmatrix} \quad \text{mit} \quad I_2 = 1{,}75 \text{ bit}$$

Nach der Auffassung Shannons handelt es sich bei beiden Schemata um zwei verschiedene Quellen, die mit einer durchschnittlichen Information von 2 bit bzw. 1,75 bit je Zeichen Nachrichten aussenden; nach der Auffassung Wieners handelt es sich um zwei zusammengehörige Systeme, die in der Reihenfolge von (1) nach (2) einen Prozeß des Informationsgewinnes oder der Abnahme von Entropie bedeuten.
Der Begriff Entropie stammt ursprünglich aus dem Bereich der Thermodynamik: In einem abgeschlossenen thermodynamischen System gibt die Entropie ein Maß für die Mischung oder Ordnung der Elemente, wobei die höchste Entropie die Gleichverteilung der Elemente bedeutet, d. h. die größte Mischung oder maximale ›Unordnung‹.
Der Zusammenhang zwischen ›Information‹ und ›Ordnung‹ ist damit leicht zu erkennen: Ein Sender, bei dem die Elemente mit gleicher Wahrscheinlichkeit ausgesendet werden, ist ›ungeordnet‹, eine Vorhersage ist nicht möglich; ein Sender mit stark differenzierten Wahrscheinlichkeiten hingegen ist auch stärker determiniert, er hat einen höheren Ordnungsgrad. Wir veranschaulichen dies an folgendem Beispiel:

Endliche Schemata: Information (Entropie):

(a)
$$\begin{pmatrix} z_1 & z_2 & z_3 & z_4 \\ \frac{1}{4} & \frac{1}{4} & \frac{1}{4} & \frac{1}{4} \end{pmatrix}, \qquad I_{(a)} = 2{,}00 \text{ bit}$$

(b)
$$\begin{pmatrix} z_1 & z_2 & z_3 & z_4 \\ \frac{1}{2} & \frac{1}{4} & \frac{1}{8} & \frac{1}{8} \end{pmatrix}, \qquad I_{(b)} = 1{,}75 \text{ bit}$$

(c)
$$\begin{pmatrix} z_1 & z_2 & z_3 & z_4 \\ \frac{3}{4} & \frac{1}{8} & \frac{1}{8} & 0 \end{pmatrix}, \qquad I_{(c)} = 1{,}06 \text{ bit}$$

(d)
$$\begin{pmatrix} z_1 & z_2 & z_3 & z_4 \\ 1 & 0 & 0 & 0 \end{pmatrix}, \qquad I_{(d)} = 0{,}00 \text{ bit}$$

Das nach der Shannonschen Formel berechnete Maß für Information oder Entropie zeigt den Übergang von der maximalen Ordnung (d) (dem höchsten Ordnungsgrad) zur maximalen Unordnung (a) (dem niedrigsten Ordnungsgrad) bzw. den umgekehrten Vorgang. Zur Veranschaulichung dieser gegenläufigen Vorgänge läßt sich ein physikalischer Prozeß (die Verteilung von Gasmolekülen in einem abgeschlossenen Raum) und ein Denkprozeß (die Aufstellung und Auswahl von Hypothesen) heranziehen:

Der Prozeß der Verteilung der Moleküle vollzieht sich gemäß dem 2. Hauptsatz der Thermodynamik in Richtung abnehmender Ordnung, d. h. in der Reihenfolge von (d) nach (a); der Denkprozeß hingegen beginnt mit einem System ungeordneter, d. h. also gleichwahrscheinlicher Hypothesen, die im weiteren Verlaufe bezüglich ihrer Wahrscheinlichkeit so lange differenziert werden, bis eine bestimmte Hypothese zum Ziele führt. Dieser Vorgang wird strukturell durch die Systemfolge von (a) nach (d) beschrieben. Das Ziel ist dabei informationstheoretisch und lernpsychologisch der Abbau der Information beziehungsweise der Aufbau von Ordnung: das Problem ist gelöst, wenn es für den Lernenden keine Information mehr enthält ($I = 0$).

Der Begriff der Ordnung eines endlichen Schemas läßt sich auf die verschiedenste Weise veranschaulichen: So kann man z. B.

im Zusammenhang mit der ›maximalen Unordnung‹ an einen Haushalt denken, in dem die Wahrscheinlichkeit dafür, daß an irgendeiner Stelle der Kamm liegt, ebenso groß ist wie die Wahrscheinlichkeit dafür, daß an dieser Stelle die Butter liegt; oder man kann das Kennenlernen eines Menschen betrachten – ein Vorgang, der von der ursprünglich maximalen ›Unordnung‹ der zu erwartenden Verhaltensweisen zu einem geordneten und damit vorhersehbaren System führt.
Erweist sich somit das Maß für Information zugleich auch als ein Maß für Ordnung, so gilt dies zunächst nur mit einer Einschränkung: Mit der Shannonschen Formel lassen sich nur die Ordnungszustände endlicher Schemata mit gleicher Elementenanzahl vergleichen. Eine Aufhebung dieser Einschränkung wird durch den Begriff der Redundanz erreicht.

## 2.33 *Der Begriff der Redundanz*

Mit der Shannonschen Formel lassen sich nur die Ordnungszustände endlicher Schemata mit gleicher Elementenanzahl vergleichen. Der Ordnungszustand eines endlichen Schemas ist indessen nicht von der Anzahl der zugrunde liegenden Elemente abhängig. So besitzt z. B. das Schema

(1)
$$\begin{pmatrix} z_1 & z_2 \\ \frac{1}{2} & \frac{1}{2} \end{pmatrix}$$

eine Information von 1 bit und das Schema

(2)
$$\begin{pmatrix} z_1 & z_2 & z_3 & z_4 \\ \frac{1}{4} & \frac{1}{4} & \frac{1}{4} & \frac{1}{4} \end{pmatrix}$$

eine Information von 2 bit; der Ordnungszustand ist jedoch in beiden Fällen derselbe, nämlich die maximale ›Unordnung‹.
Um endliche Schemata mit verschiedener Elementenanzahl hinsichtlich ihres Ordnungsgrades vergleichen zu können, muß also ein von der Anzahl der Elemente unabhängiges Maß geschaffen werden. Ein solches Maß wird durch die Formel für ›Redundanz‹

$$R = 1 - \frac{I}{I\,max}$$

oder – da die Information ihr Maximum bei Gleichverteilung der Elemente erreicht – durch

$$R = 1 - \frac{I}{ld\,n}$$

gegeben. Die Formel für Redundanz entsteht also durch die Normierung der Shannonschen Formel auf eine reine Zahlengröße zwischen den Werten 0 und 1; $R = 0$ bedeutet dabei Gleichverteilung oder Gleichwahrscheinlichkeit der Elemente; $R = 1$ bedeutet alleiniges Auftreten eines Elementes. So gelten z. B. für die in 2.32 angegebenen Schemata (a)–(d) folgende Werte:

$$R_{(a)} = 1 - \frac{2}{2} = 0$$

$$R_{(b)} = 1 - \frac{1{,}75}{2} = 0{,}125$$

$$R_{(c)} = 1 - \frac{1{,}06}{2} = 0{,}47$$

$$R_{(d)} = 1 - \frac{0}{2} = 1$$

Die oben angegebenen Schemata (1) und (2) mit den Informationen 1 bit bzw. 2 bit erweisen sich jetzt als gleichermaßen geordnet (bzw. ungeordnet): in beiden Fällen gilt nämlich $R = 0$.

Weist ein endliches Schema Redundanz auf, d. h. also: ist die mittlere Information eines Zeichens kleiner als die bei gleichem Repertoire mögliche, so braucht man, um eine bestimmte Nachricht auszusenden, mehr Zeichen als eigentlich nötig wären. Betrachtet man beispielsweise die Schemata

(3)
$$\begin{pmatrix} z_1 & z_2 & z_3 & z_4 \\ \frac{1}{4} & \frac{1}{4} & \frac{1}{4} & \frac{1}{4} \end{pmatrix}, \quad \begin{array}{l} I_{(3)} = 2 \text{ bit} \\ R_{(3)} = 0 \end{array}$$

und

(4)
$$\begin{pmatrix} z_1 & z_2 & z_3 & z_4 \\ \frac{3}{4} & \frac{1}{8} & \frac{1}{8} & 0 \end{pmatrix}, \quad \begin{array}{l} I_{(4)} \approx 1 \text{ bit} \\ R_{(4)} \approx 0{,}5 \end{array}$$

so braucht man zur Formulierung einer Nachricht (aus den Zeichen $z_1$ bis $z_4$) mit Schema (4) rund doppelt soviel Zeichen wie mit Schema (3). Man kann auch so sagen: Bedient man sich eines redundanten Schemas, so braucht man mehr Zeit, eine bestimmte Nachricht auszusenden, als eigentlich (bei einem nichtredundanten Schema) nötig wäre.

Aus diesem Grund wird Redundanz oft auch als ›Weitschweifigkeit‹ bezeichnet.

So ist z. B. die deutsche Sprache bezüglich ihres Buchstabenschemas ›weitschweifig‹, die Redundanz beträgt etwa (ohne Berücksichtigung der redundanzverstärkenden bedingten Häufigkeiten) 16%. Es könnten also bei der Formulierung von Nachrichten etwa 16% eingespart werden, wenn alle Buchstaben gleichhäufig verwendet würden. Auf dem Repertoire der Wörter beträgt die Redundanz sogar 30–40%.

Eine interessante Veranschaulichung zunehmender Redundanzerzeugung, wie sie im Prinzip auf Shannon zurückgeht, beschreibt Max Bense (1962, S. 20):

»Man geht von einem ersten Repertoire aus, in dem alle Buchstaben gleichwahrscheinlich verteilt sind, und wählt daraus eine erste Buchstabenfolge aus, wobei der Zwischenraum zwischen je zwei Worten wie ein Buchstabe, nämlich als Leerstelle, zählt. Dann macht man einen zweiten Versuch mit einem Repertoire, in dem die Buchstaben in der gleichen Häufigkeit vorkommen, wie das in der deutschen Sprache oder in einer anderen, in der man den wirklichen Text statistisch aufbauen will, tatsächlich der Fall ist. Schließlich geht man von einem weiteren Repertoire aus, in dem die Buchstaben paarweise in der gleichen Häufigkeit vorhanden sind, wie sie wiederum in der betrachteten Sprache vorkommen, und macht sich eine Folge. Natürlich kann man das Experiment in ähnlicher Weise mit Dreiergruppen und Vierergruppen von Buchstaben fortsetzen. Die vorgenommene Auswahl nähert sich auf diese Weise mehr und mehr einer Folge sinnvoller Buchstaben bzw. Worte an, die man als Worte bzw. Sätze identifizieren kann.

Ich gebe im folgenden das Beispiel, das Meyer-Eppler für die statistische Annäherung eines deutschen Textes in seinem bereits genannten Werk anführt:

0. Ordnung, d. h. Auswahl bei völliger Ungeordnetheit der Informationsquelle:

aibnin.tarsfneonlpiitdregedcoa,ds.e.dbieastnreleeucdkait.dnurl ars.omn.keu.svdleeoieei ...

1. Ordnung, d. h. Auswahl, wenn die Buchstaben im Repertoire im Verhältnis ihrer Häufigkeit, wie sie in der deutschen Sprache vorkommen, vorhanden sind:

er.agepteprteininggeit.gerelen.re.unk.ves.mterone.hin.d.an.nze rurbom ...

2. Ordnung, d. h. Auswahl aus einem Repertoire von Zweiergruppen:

billunten.zugen.die.hin.se.sch.wel.war.gen.man.nichtleblant.die rtu.understimm ...

3. Ordnung, d. h. Auswahl aus einem Repertoire von Dreiergruppen:

eist.des.nich.in.den.plassen.kann.tragen.was.wiese.zufahr ...«

Oft wird der Begriff der Redundanz auch im Zusammenhang mit ›Wiederholung‹ benützt. Eine Rede ist z. B. redundant, wenn immer wieder dasselbe ›mit anderen Worten‹ gesagt wird; das ist unmittelbar klar, denn durch Wiederholungen entstehen hohe Häufigkeiten, durch hohe Häufigkeiten entsteht Redundanz.

Erfährt der Begriff ›Redundanz‹ durch die Ausdrücke ›Weitschweifigkeit‹, ›Wiederholung‹, ›Zeitvergeudung‹, ›unnützer Ballast‹ usw. eine etwas abwertende Beurteilung, so erweist er sich in der Praxis doch als äußerst notwendig:

In der Praxis sind nämlich die Nachrichten, die von irgendeiner Quelle ausgesandt werden, meistens gestört; es kommen gar nicht alle gesendeten Zeichen beim Empfänger an, oder es werden Zeichen vertauscht oder verstümmelt. Wir kennen solche Störungen von Unterhaltungen her, die bei Straßenlärm, im Auto, durchs Telefon oder bei Musik geführt werden. Daß wir trotz starker Verstümmelung der Texte die Nachrichten verstehen, ist allein auf die enthaltene Redundanz zurückzuführen. Dabei kann man leicht beobachten, daß informationsreiche Wörter und Sätze weniger Störungen vertragen als redundante. Für eine ›gehobene‹ Unterhaltung ist daher eine möglichst störungsfreie Umgebung zu empfehlen.

Bei der Erzeugung von Nachrichten ist also von der Redundanz ein überlegter und situationsangepaßter Gebrauch zu machen: Zu wenig Redundanz (auf seiten des Senders) bedeutet für den Empfänger oftmals, daß die Nachricht falsch oder gar nicht verstanden wird; zu viel Redundanz hingegen bedeutet für den Empfänger Banalität oder Langeweile. Um sich zwischen diesen

Extremen der ›richtigen‹ Redundanz zu bedienen – ein Problem, das für den Pädagogen besonders wichtig ist –, muß man über die Eigenschaften des Empfängers und über die verschiedenen eventuell auftretenden Störungen orientiert sein. Aber auch dann kennt man (als Sender) nur die *notwendigen* Voraussetzungen für einen optimalen Gebrauch der Redundanz – die Praxis zeigt, daß die hinreichenden Bedingungen dafür noch keineswegs erforscht sind.

Interessant ist in diesem Zusammenhang die Feststellung, daß die Nachrichtenverarbeitung bei Organismen offenbar mit sehr hoher Redundanz funktioniert. W. Wieser (1959, S. 106) bemerkt hierzu:

> »Was dem Nervensystem an Rasanz und logischer Exaktheit mangelt, das macht es durch Verläßlichkeit wett – eine Eigenschaft, die sich im Verlauf der Entwicklung der Lebewesen zweifellos als die weitaus wichtigere erwiesen hat.«

Eine wichtige Erweiterung des Redundanzbegriffes ergibt sich aus dem Begriff des Superzeichens. Durch Zusammenfassen der zugrunde liegenden Elemente zu neuen Informationseinheiten, d. h. durch den Übergang zu einem neuen Repertoire, kann u. U. Redundanz erzeugt werden. Die Redundanz, die durch einen solchen stufenweisen Aufstieg zu immer größeren Informationseinheiten (Buchstaben, Wörter, Sätze etc.) erzeugt wird und die wir im folgenden ›Stufenredundanz‹ nennen wollen, spielt bei Lern- und Denkprozessen eine entscheidende Rolle.

Die Superzeichen können auch noch zu einer anderen Art der Redundanzerzeugung verwendet werden, der sog. Superzeichenredundanz (Cube, 1965). Die Superzeichen werden hierbei lediglich als Zwischenstufe, die zu einer Herabsetzung der Information führt, verwendet; die Superzeichenredundanz selbst bezieht sich wieder auf das ursprüngliche Repertoire.

Für die kybernetischen Aspekte des Lernens und Lehrens spielt der Begriff der Redundanz eine entscheidende Rolle. Wir haben schon angedeutet, daß der Prozeß des Lernens (vom Lernenden her) in einem Prozeß der Verringerung von Informationen, d. h. also in einer Zunahme von Redundanz besteht.

## 2.34 *Anwendung des Informationsbegriffes in verschiedenen Wirklichkeitsbereichen*

Durch die Mathematisierung des Informationsbegriffes wurde eine Abstraktionsebene erzielt, die das Maß für Information zugleich auch als Maß für Ordnung brauchbar machte. Mit den universalen Begriffen Information und Ordnung reicht aber die Anwendung der Shannonschen Formel in die verschiedensten Disziplinen hinein. Man denke beispielsweise an die Aufnahme und Übertragung von Information durch das Nervensystem, an die Informationskapazität des menschlichen Bewußtseins, an die Probleme der didaktischen ›Zubereitung‹ von Information, an den Informationsaustausch innerhalb einer sozialen Gruppe usw.

Im folgenden möchte ich (gemäß Bild 7 in 1.16) die Fülle der Anwendungsmöglichkeiten des mathematischen Maßes für Informationen bzw. Ordnung andeuten. Dabei brau hen wir die Bereiche der Technik und Biologie nicht mehr zu berücksichtigen (zumal einige Beispiele noch in 3.1 bzw. 3.2 angeführt werden), lediglich aus der Physiologie sei noch ein interessantes Ergebnis angeführt; über die Informationsdidaktik wissen wir schon aus 1.24 Bescheid, und über die Anwendung des Ordnungsmaßes in der Soziometrie wird in 3.52 berichtet. Es bleiben somit noch einige prinzipielle Bemerkungen zur Auswirkung des Informationsmaßes in der Psychologie, der Ästhetik und der Philosophie.

*Beispiel aus der Physiologie*

Zu einem bemerkenswerten Ergebnis führte die Anwendung der Shannonschen Formel bei der Bestimmung der Kanalkapazitäten unserer Sinnesorgane. Die Angaben hierzu schwanken zwar etwas, die Größenordnung der einzelnen Kapazitäten scheint indessen gesichert zu sein.

Frank (1962, S. 86) gibt für die Kanalkapazität der Sinnesorgane bis zu den Projektionszentren folgende Werte an:

für den Gesichtssinn bis zu $10^7$ bit/sec.
für das Gehör bis zu 1,5 $10^6$ bit/sec.
für den Tastsinn ca. 0,2 $10^6$ bit/sec.
für den Geruchsinn 15–46 bit/sec.
für den Geschmacksinn ca. 13 bit/sec.

Besonders interessant erscheint mir in diesem Zusammenhang die Tatsache, daß von der ungeheuer großen Information, die unsere Sinnesorgane wahrzunehmen vermögen, nur etwa 10 bis 16 bit/sec. ins Bewußtsein dringen. Das bedeutet, das unsere bewußte Wahrnehmung mit einer enormen Redundanz arbeitet.
Die Bewußtseinskapazität wird übrigens nicht (oder nur unwesentlich) erhöht, wenn wir auf mehreren Sinneskanälen gleichzeitig Information aufnehmen. Wir kennen diese Erscheinung aus eigener Erfahrung: Während wir konzentriert beobachten (horchen, riechen, tasten oder schmecken), nehmen wir durch andere Kanäle so gut wie gar keine Information auf.

*Ein grundsätzliches Problem der Informationspsychologie*

So einfach das Informationsmaß auf den menschlichen ›Sender‹ angewandt werden kann – die Abfolge der gesendeten Zeichen läßt sich ja ohne weiteres feststellen –, so schwierig wird die Anwendung dieses Maßes beim menschlichen ›Empfänger‹. Das hierbei auftretende Problem der subjektiven Information (des Empfängers) gliedert sich in vier Teilprobleme: das subjektive Repertoire, die subjektiven Wahrscheinlichkeiten, die subjektiv gespeicherte Information oder Vorinformation und die Invarianz der subjektiven Information.
Im folgenden seien diese vier Teilprobleme kurz angedeutet:

1. Unter den für die Anwendung der Shannonschen Formel auf den menschlichen Empfänger in Frage kommenden Repertoires gibt es einige, die man unter bestimmten Voraussetzungen als bekannt ansehen darf, beispielsweise die Buchstaben des Alphabets oder die zehn Ziffern unseres Dezimalsystems. Bei der Aufnahme von Sätzen, Figuren oder sonstigen Superzeichen ist das Repertoire des Empfängers jedoch weitgehend unbekannt, außerdem kann es sich durch den Übergang zu höheren Superzeichen auch ständig ändern.
2. Auch dann, wenn man die Voraussetzung der Identität von subjektivem und objektivem Repertoire machen darf, ist die Anwendung des Shannonschen Informationsmaßes auf einen Empfänger noch problematisch, da die Wahrscheinlichkeit, mit der der Empfänger ein Zeichen erwartet, keineswegs mit der tatsächlichen Wahrscheinlichkeit dieses Zeichens übereinzustimmen braucht. Dies gilt insbesondere für bestimmte Lernprozesse.

3. Selbstverständlich hängt die subjektive Information auch vom Betrag der schon im Gedächtnis gespeicherten Information ab. Dabei handelt es sich hier um die Speicherung eines *Textes,* die Zeichen selbst und die betreffenden Wahrscheinlichkeiten seien dem Empfänger ja schon bekannt.
4. Der Begriff der subjektiven Information muß noch in einer weiteren Hinsicht ergänzt werden: Es ist nämlich – selbst wenn man von einem bekannten Repertoire und einer bekannten Wahrscheinlichkeitsverteilung ausgeht und jegliche Vorinformation ausschließt – keineswegs selbstverständlich, daß man einfach von *der* subjektiven Information schlechthin sprechen kann. So ist zwar (bekanntlich) die objektive Information eines Senders vom Inhalt oder der Bedeutung der Elemente unabhängig, es ist indessen zu prüfen, ob für einen menschlichen Empfänger eine solche Invarianz gegenüber der Realisation der mathematischen Information ebenfalls zutrifft.

Zahlreiche Experimente, die zur Bestimmung der Informationsaufnahmekapazität des Menschen gemacht wurden, legen nun die Annahme nahe, daß die in der Zeiteinheit aufgenommene Information tatsächlich nicht von dem jeweiligen Repertoire abhängig ist. Das würde bedeuten, daß der Mensch sich in der Zeiteinheit stets denselben Betrag an Information aus seinem Wahrnehmungsfeld herausholt.

*Hinweis auf die Informationsdidaktik*

Auf die Anwendung des Informationsbegriffes in der Didaktik sind wir schon (in 1.24) eingegangen. Als Hauptproblem der Informationsdidaktik erwies sich dabei die Aufstellung von Verfahren, mit denen gegebene Informationen so abgebaut werden können, daß sie für einen Lernenden weniger subjektive Information besitzen als ohne diesen Abbau (vgl. 3.42).

*Hinweis auf die Gruppenentropie*

Die Anwendungen des Informationsbegriffes in der Soziometrie werden in 3.52 noch ausführlich dargestellt. Dabei wird sich zeigen, daß eine Modifizierung der Shannonschen Formel vorgenommen werden muß, damit sich der Ordnungsgrad sozialer Gruppen mathematisch erfassen läßt. Mit dieser ›Gruppenentropie‹ lassen sich dann nicht nur soziale Gruppenstrukturen messen, es lassen sich auch Gesetzmäßigkeiten erkennen und mathematisch formulieren.

*Grundsätzliche Bemerkungen zur Informationsästhetik*

In der Ästhetik ermöglicht die Shannonsche Formel als Maß für Information und Ordnung einen ganz neuen Ansatz: die Betrachtungsweise ästhetischer Gebilde als Anordnung von Zeichen. Die ›Informationsästhetik‹ basiert damit nicht mehr auf subjektiven Interpretationen im Bereich der Kategorien ›Bedeutung‹, ›Sinn‹, ›Erlebnis‹ etc., sondern auf den meßbaren Eigenschaften der materiellen Ebene. R. Gunzenhäuser (1963, S. 623) stellt diesen – von Max Bense stammenden – Ansatz der Informationsästhetik mit folgenden Worten dar:

»Ein ästhetischer Prozeß wird als *Zeichenprozeß* gekennzeichnet: Kunstwerke entstehen als Kombinationen von Zeichen aus einem vorgegebenen Vorrat von Zeichenelementen. Auf der Grundlage dieses Zeichenvorrats werden die Kunstwerke als Träger nachrichtentechnischer und ästhetischer Information angesehen.

Von Wichtigkeit ist hier die These Max Benses, daß die Zeichen als solche noch nicht die Träger ästhetischer Information sind. Sie besitzen nur die Möglichkeit, ›ästhetische Zeichen‹ zu sein, d. h., erst speziell hergestellte Zeichenzusammenhänge, bestimmte *Zeichenanordnungen* oder -auswahlen lösen deren ästhetische Funktion aus ...

... Das bedeutet aber, daß nicht jede beliebige Farbenzusammenstellung oder jede Aneinanderreihung von Wörtern schon ein Kunstwerk ergibt. Die Aufgabenstellung der Informationsästhetik ergibt sich gerade aus dem Problem, Bedingungen als Gesetzmäßigkeiten statistischer, mathematischer und kybernetischer Art dafür aufzuzeigen, daß gewissen Zeichenprozessen ästhetische Funktion zukommt. Die Informationsästhetik macht es sich zur Aufgabe, folgende Fragen zu beantworten: ›Wie müssen Zeichenstrukturen gewählt werden, um ästhetische Wirkungen hervorzurufen?‹ oder: ›Welche Gesetze beherrschen die Herstellung von Kunstwerken, welche anderen Gesetze die Wahrnehmung dieser Objekte als ästhetische Objekte?‹«

Schließlich seien noch neue, durch den Begriff der Information ausgelöste Überlegungen in der Erkenntnistheorie erwähnt. Dabei handelt es sich u. a. um die Stellung der ›Information‹ in bezug auf die traditionellen Kategorien ›Materie‹ und ›Geist‹. Schon Wiener vertrat hier die Ansicht, daß Information weder Materie noch Energie sei, und wandte sich damit gegen einen neuen Materialismus. Gotthard Günther (1957) ergänzte diese Überlegungen, indem er die Information auch gegen den Bereich der Subjektivität abgrenzt. In folgenden seien einige Sätze von Günther zitiert (S. 18):

> »Wir wiederholen noch einmal Wiener: Information ist Information und nicht Materie oder Energie. Jetzt aber müssen wir hinzufügen: es ist ebenso unmöglich, Information und den sie tragenden Kommunikationsprozeß mit ich-hafter Innerlichkeit, also Subjektivität zu identifizieren. Wir können also den eben zitierten Ausspruch des Verfassers der ›Cybernetics‹ umkehren und sagen: Information ist Information und nicht Geist oder Subjektivität.
> Mit dieser Trinität nicht ineinander überführbarer Begriffskomplexe werden aber letzte Grundvoraussetzungen unseres bisherigen Weltbildes erschüttert . . .«

Ob tatsächlich mit dem Begriff der Information eine dritte Seinsart – neben Materie und Bewußtsein – aufgedeckt wurde, kann hier nicht entschieden werden. Zum Studium dieser Probleme müssen wir auf die bereits zahlreichen Bücher zum Thema ›Kybernetik und Philosophie‹ verweisen (vgl. auch 3.7).

## 2.4 Der Begriff der Kybernetik

### 2.41 *Systematische Darstellung des Begriffs ›Kybernetik‹*

Gemäß unserer Vorbemerkung (2.0) über die exemplarische Methode haben wir nun den ersten Schritt der zweiten Superzeichenbildung – die ausführliche Darstellung der beiden fundamentalen Begriffe Regelung und Information – zurückgelegt; wir müssen nunmehr das gemeinsame Superzeichen dieser Begriffe, d. h. das höhere Superzeichen ›Kybernetik‹, herausarbeiten.

Die Begriffe Regelung und Information besitzen in ihrer mathematischen Abstraktion mindestens zwei Gemeinsamkeiten: Beide Begriffe charakterisieren eine Struktur, und beide Strukturen sind in vielfältiger Weise in gegebenen und konstruierten Wirklichkeitsbereichen realisiert.

Bevor wir jedoch auf diese Gemeinsamkeiten eingehen, sei noch eine Bemerkung vorweggenommen: Manche Autoren, die über Kybernetik geschrieben haben, richteten ihr Augenmerk auf eine anscheinend dritte Gemeinsamkeit: auf den ›informationellen‹ Charakter dieser Strukturen. Nun habe ich aber (in 2.32) ausgeführt, daß durch die Mathematisierung des Informationsbegriffes eine so hohe Abstraktion erzielt wurde, daß mit diesem Begriff nicht nur informationelle Systeme beschrieben werden können. Die Möglichkeit, mit der mathematischen Formel für ›Information‹ auch Ordnungszustände zu messen oder soziale Gruppenstrukturen, zeigt, daß die Bezeichnung ›informationelle Systeme‹ nicht abstrakt genug ist. Die folgenden Ausführungen werden diese Überlegung unterstützen.

Betrachten wir also zunächst die erstgenannte Gemeinsamkeit: das Superzeichen ›Struktur‹. Im Lexikon der Kybernetik wird dieser Begriff folgendermaßen definiert (1964, S. 159):

»Beziehungsnetz zwischen den Elementen eines Systems.«

Da in dieser Definition der Begriff ›System‹ auftaucht (der im Lexikon der Kybernetik nicht angeführt ist), müssen wir weiterhin definieren:

Unter System verstehen wir eine Menge von Elementen, zwischen denen ein Beziehungsnetz existiert.

Nun können wir feststellen, daß Regelung und Information tatsächlich die Bedingungen einer Struktur erfüllen: sie beschreiben Beziehungen zwischen den Elementen eines Systems.

Aber nicht nur Regelung und Information sind derartige Strukturbegriffe – dasselbe gilt für die Begriffe Rückkopplung, Steuerung, Ordnung, Organisation u. a. Selbstverständlich sind auch ganze Theorien gleichzeitig Strukturen, da sie ja Beziehungen zwischen Elementen herstellen. Das zentrale Anliegen der Kybernetik steckt jedoch in der Frage, inwieweit diese Begriffe und Theorien Strukturen darstellen, die verschiedenen Wirklichkeitsbereichen gemeinsam sind. (Ob unter diesen Wirklichkeitsbereichen die Technik unbedingt auftreten muß, können wir hier nicht entscheiden; ich meine allerdings, daß die Forderung, eine Struktur müsse in jedem Fall auch technisch realisiert werden können, den Bereich der Kybernetik zu sehr einengt.)

Die genannte Frage wurde bezüglich der Begriffe Regelung, Information, Steuerung, Ordnung und verschiedener Theorien hierüber hinreichend beantwortet; hier sei lediglich noch auf ein System aufmerksam gemacht, das der Kybernetik meist nicht zugerechnet wird, aber (nach der hier vertretenen Auffassung) ganz eindeutig dazugehört: das System der Logik. Zweifellos ist nämlich die Logik ein (strukturiertes) System, das in technischen und organischen Bereichen realisiert ist.

Es ist vielleicht (vom didaktischen Standpunkt aus) zweckmäßig, nach der im zweiten Teil des Leitfadens durchgeführten Präzisierung der Begriffe den Sachverhalt ›Kybernetik‹ noch einmal an Hand eines zusammenfassenden Schemas (Bild 33) darzustellen:

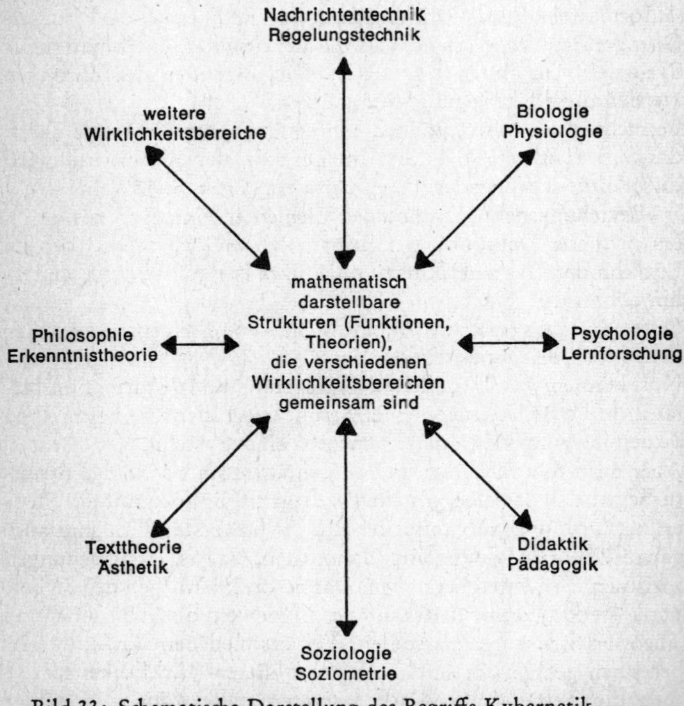


Bild 33: Schematische Darstellung des Begriffs Kybernetik

Zwischen den einzelnen Disziplinen, die durch gemeinsame Strukturen miteinander verbunden sind, besteht – wie man auch sagt – Isomorphie (wörtlich: gleiche Form oder gleiche Gestalt). Selbstverständlich bezieht sich die Isomorphie dabei nur auf bestimmte Teilbereiche der jeweiligen Disziplinen, keinesfalls auf die gesamten Forschungsbereiche schlechthin.

Wir wollen nun versuchen, den dargestellten Sachverhalt ›Kybernetik‹ durch folgende kurze Formulierung zu erfassen:

Die Kybernetik beschäftigt sich mit der Erforschung, der mathematischen Darstellung und der Anwendung von Strukturen (Funktionen, Theorien), die in verschiedenen Wirklichkeitsbereichen realisiert sind.

Noch kürzer läßt sich dieser Sachverhalt mit Hilfe des Modellbegriffs ausdrücken. Wir wollen daher zunächst diesen Begriff, der in der Kybernetik eine wichtige Rolle spielt, in erster Näherung definieren:

Im Lexikon der Kybernetik wird der Begriff Modell als ›Abbildung von Forschungsgegenständen‹ definiert (1964, S. 105). Dabei werden drei Bildebenen genannt: die physische, die anschauliche und die begriffliche. Demgemäß werden ›sinnlich wahrnehmbare‹, ›vorstellbare‹ und ›verbale‹ Modelle unterschieden.

In der technischen Kybernetik spielen vor allem die physischen Modelle eine Rolle: So gibt es beispielsweise Modelle, die bestimmte Funktionen des Menschen nachbilden (die Rechenautomaten); Modelle, die Verhaltensweisen von Tieren nachbilden (die kybernetische Schildkröte etc.), und Modelle, die physiologische Systeme nachbilden (Neuronenmodelle etc.).

Die hier angeführte Definition des Modellbegriffes muß m. E. noch präzisiert werden. Tatsächlich wird ja (in keiner der drei Ebenen) der jeweilige Forschungsgegenstand selbst abgebildet, sondern nur das Beziehungsnetz zwischen den Elementen dieses Gegenstandes, d. h. also die Struktur. Eine Struktur ist aber kein ›Abbild‹ des Originals mehr. Es ist daher m. E. besser, von exakt darstellbaren Strukturen auszugehen und als Modelle inhaltliche Realisationen solcher Strukturen zu definieren. Ein Modell in diesem Sinne ist damit nicht ein Abbild eines Forschungsgegenstandes, sondern eine in einem gegebenen oder konstruierten Wirklichkeitsbereich realisierte Struktur, wobei diese Struktur aus demselben oder auch einem anderen Wirklichkeitsbereich durch Abstraktion gewonnen wurde.

Es ist klar, daß mit dieser Formulierung auch biologische Regelkreise oder kybernetisch dargestellte menschliche Kommunikationsprozesse als ›Modelle‹ anzusehen sind. Tatsächlich halte ich eine solche Betrachtungsweise für notwendig. Was die Kybernetik erforscht oder konstruiert, sind nämlich immer nur Modelle im obigen Sinne. Zemanek (1964, S. 8) formuliert diesen Sachverhalt sehr anschaulich in folgender Notiz:

»In abstrakter Form kann die Kybernetik als Versuch gesehen werden, allgemeinste Funktions- und Verhaltensmodelle zu erarbeiten, die auf die verschiedensten Wissensgebiete angewendet werden können. Auch große Allgemeinheit hat ihren Preis: wo die Kybernetik streng ist, ist sie blutleer, so blutleer wie alle abstrakte Logik. Hier gilt das alte Bild von Eddington: der Tisch, der von der theoretischen Physik beschrieben wird, ist nicht mehr der Tisch, auf dem der Vortragende sein Manuskript liegen hat. Das von der Kybernetik beschriebene Lebewesen ist nicht mehr der freundliche Nachbarshund Treff, sondern ein Modell seiner Verhaltensweisen, von denen Treff abweicht, wenn er ein halbwegs origineller Hund ist.

Die Kybernetik macht den Modellaspekt in der Welt begreiflich; das ist viel, aber nicht alles.«

Das, was Zemanek hier durch sein ›Hundemodell‹ zum Ausdruck bringt, läßt sich allgemein vielleicht so formulieren:

Die Kybernetik geht von vornherein mit dem Instrument einer (unter Umständen auch aus anderen Disziplinen abstrahierten) Struktur an den Gegenstand ihrer Forschung heran. Dabei bekommt die Kybernetik genau das ›in den Griff‹, was dieser Struktur entspricht, d. h., was zu dieser Struktur isomorph ist.

Dies ist indessen kein Nachteil: Es gibt keine Universalmethode, die irgendeinen Wirklichkeitsbereich ›als Ganzes‹ erklären oder auch nur beschreiben könnte; jede Methode führt notwendig zu ihr adäquaten Ergebnissen, im Falle der kybernetischen Methode sind dies eben Modelle. Über den Wert der einzelnen Verfahren entscheiden letzten Endes pragmatische Kriterien (vgl. 2.42).

Definieren wir also den Begriff Modell als Realisation einer Struktur, so kann man sagen:

Die Kybernetik untersucht isomorphe Modelle in verschiedenen Wirklichkeitsbereichen.

Mit diesem Satz sind wir bereits auf dem Wege zum dritten Schritt des exemplarischen Verfahrens (und damit auch zum dritten Teil unseres Leitfadens); wir wollen lediglich noch eine

Ergänzung und eine Abgrenzung des Sachverhaltes Kybernetik vornehmen.

### 2.42 *Grenzen der Kybernetik*

Wenn wir uns abschließend über die Grenzen der Kybernetik Gedanken machen, so müssen wir zunächst einmal den Begriff ›Grenze‹ selbst betrachten. Oft wird nämlich von den Grenzen der Kybernetik so gesprochen, als ob der kybernetische Sachverhalt ›als Ganzes‹ überblickbar wäre und man diesen Sachverhalt daher genau eingrenzen könne. Tatsächlich beruht diese Auffassung jedoch auf einem Irrtum: Weder die Kybernetik noch irgendeine andere Wissenschaft oder Technik kann ›als Ganzes‹ gesehen werden; eine solche Betrachtungsweise widerspricht dem wissenschaftlichen Erkenntnisprozeß.

Jede wissenschaftliche Erkenntnis erweitert einen bisher bekannten Erkenntnisbereich; mehr als eine solche schrittweise Erweiterung kann kein wissenschaftliches Verfahren liefern. Das bedeutet, daß die Vorstellung eines ›Ganzen‹ auf keine wissenschaftliche Disziplin zutrifft – es bedeutet *nicht*, daß es im Rahmen bestimmter Forschungsbereiche, z. B. der Biologie, keine ganzheitlichen Systeme in einem genau definierten Sinne geben könne.

Es gibt indessen auch eine präzisere Auffassung von Grenze, die in der wissenschaftlichen Forschung durchaus sinnvoll ist: Es ist die Grenze, die einen Forschungsbereich auf Grund genau angebbarer Definitionen und Methoden von anderen (in sich unbegrenzten) Forschungsbereichen unterscheidet.

Betrachten wir als Beispiel hierfür die Mathematik. Innerhalb ihres eigenen Systems, das durch bestimmte Axiome und Regeln gegeben ist, lassen sich keine Grenzen der Mathematik angeben; es können immer neue Sätze und Theorien aufgestellt werden. Andererseits läßt sich die Mathematik jedoch sehr exakt gegenüber anderen Bereichen (z. B. Biologie, Psychologie, Pädagogik usw.) abgrenzen. Diese Abgrenzung ist z. B. durch den formalen Charakter der mathematischen Aussagen gegeben.

Nach diesen ›Grenzbetrachtungen‹ können wir die Frage nach den Grenzen der Kybernetik erneut aufwerfen. Wir untersuchen dabei – unserem bisherigen Verfahren entsprechend – kybernetische Maschinen und Methoden getrennt.

Innerhalb des Systems kybernetischer Maschinen lassen sich m. E. keine Grenzen der Leistungsfähigkeit angeben. Es gibt zwar eine ganze Reihe spekulativer Überlegungen, die irgendwelche Grenzen postulieren, doch sind derartige Spekulationen schon ausführlich widerlegt worden (vgl. Steinbuch, 1965).

Die bekannten Fragen, ob kybernetische Maschinen denken können, ob sie ein Bewußtsein haben können oder gar irgendwelche Gefühle, lassen sich nicht beantworten, solange man nicht eindeutig und objektiv überprüfbar sagen kann, was unter Denken, Bewußtsein oder Gefühl zu verstehen ist. Die Voraussetzung dafür, daß eine Maschine eine solche Funktion ausführen kann, ist ja bekanntlich die Darstellung dieser Funktion in einer formalisierten Sprache – eine Voraussetzung, die z. B. für die Aussagenlogik erfüllt ist. Doch selbst wenn wir annehmen, daß sich Funktionen wie Bewußtsein oder Gefühl in einer programmierbaren Sprache ausdrücken ließen, könnte die Maschine nur eine funktionelle Isomorphie hervorbringen; das geht ja schon aus ihrer Determiniertheit als technisches Gerät hervor.

Betrachten wir die Grenzen der Kybernetik hinsichtlich ihrer Methoden, so kann es sich auch hier nur um die Grenzen handeln, die durch die Definition dieser Methoden gegeben werden – die Entwicklungsmöglichkeiten des Systems selbst sind unbegrenzt.

Die (gemeinsame) Grenze der kybernetischen Methoden liegt in deren Abstraktion, d. h. in deren Loslösung von jedem konkreten Inhalt. Insofern bilden die kybernetischen Methoden einen besonderen Bereich im Rahmen der Mathematik: in der Kybernetik werden diejenigen mathematischen Begriffe und Theorien untersucht, die gleichzeitig in verschiedenen Wirklichkeitsbereichen realisiert sind.

Hier wird gelegentlich der Einwand geäußert, daß gerade durch die Abstraktion der kybernetischen Methoden die Wirklichkeit nicht beschrieben werden könne. Kybernetische Systeme sind dieser Auffassung nach rein formale Systeme, die zwar in sich widerspruchsfrei sind, mit der Wirklichkeit aber nichts (mehr) zu tun haben. Daß diese Auffassung falsch ist, zeigt schon die seit langem fruchtbare Anwendung mathematischer Methoden in zahlreichen Disziplinen. Ich kann daher gleich auf den speziellen Charakter der kybernetischen Methoden eingehen:

In der allgemeinen Kybernetik werden in verschiedenen Forschungsbereichen realisierte Strukturen und Theorien mathematisch dargestellt und untersucht. Die typische Anwendung kybernetischer Verfahren besteht nun darin, daß man mit diesen komplexen Strukturen als eine Art abstraktem Hypothesensystem an die jeweiligen Forschungsbereiche herangeht und es auf Zutreffen oder Nichtzutreffen überprüft. So hat man (wie schon in 2.21 erwähnt) mit dem Begriff der Regelung als komplexer Struktur biologische Sachverhalte untersucht und neue Ergebnisse erzielt. Ein ähnlicher Versuch wird mit der Redundanztheorie des Lernens unternommen: sie dient als strukturelles Hypothesensystem zur Erforschung von Lernvorgängen.

Zweifellos hat sich das eben beschriebene Verfahren schon in mehreren Forschungsbereichen bewährt, und ich halte es für sehr wahrscheinlich, daß man mit Hilfe solcher abstrakten Hypothesensysteme weitere Ergebnisse erzielen wird.

Freilich hört die Kybernetik selbst (definitionsgemäß) an der Stelle auf, an der die jeweiligen inhaltlichen Zuordnungen getroffen werden.

Die allgemeine Kybernetik entwickelt somit Verfahren, mit denen sich in ganz bestimmter Weise neue Erkenntnisse gewinnen lassen. In der ›bestimmten Weise‹ liegt dabei die Grenze der Kybernetik – eine Grenze, die jedes Verfahren der Erkenntnisgewinnung mit sich bringt.

H. Zemanek (1964, S. 9) bringt diesen Sachverhalt mit folgenden Worten zum Ausdruck:

> »Die Kybernetik ist nicht ein Weg zum vollständigen Verständnis der Natur, des Lebendigen oder des Menschen. Alle Naturwissenschaft hat Werkzeugcharakter, sie sichert den formellen Weg zwischen Beobachtung, Deutung, Vorhersage und technischer Verwendung: die logische Struktur, in welche der Weg eingebettet ist. Ursprung und Ziel des Weges aber liegen außerhalb der Naturwissenschaft, die auf das Wie antwortet, aber nicht auf das Warum. Man kann sich nicht allein an Tatsachen halten, weil es keine absoluten Tatsachen gibt: Tatsachen sind nur durch Informationsverarbeitung zugänglich und daher von den objektiven und subjektiven Verarbeitungsnetzwerken abhängig und von den darin enthaltenen a-priori-Konzepten. Vor dieser Tatsache kann man die Augen schließen – umgehen kann man sie nicht.
>
> In der Geschichte hat bisher jedes starke Ansteigen naturwissenschaftlich-technischen Wissens temporär dazu verführt, die erkannten Mechanismen nicht nur für faszinierend anzusehen

(was sie stets sind), sondern auch für erschöpfend (was sie nicht sind). Extrem verfolgt, bedeutet diese Verführung in der Kybernetik einen primitiven Vulgär-Materialismus, bei dem die historische Dimension Masse oder Energie um die ›kybernetische‹ Dimension der Information erweitert erscheint. Einer solchen Ansicht muß der Mensch ausschließlich als selbstproduzierender physikalischer Automat erscheinen, bei dem der Hersteller des ersten Prototyps unbekannt ist. Immerhin wäre das eine philosophische Betrachtungsweise, die in nichtkommunistischen Ländern nicht verboten ist. Es ist aber unberechtigt, diese Betrachtungsweise als durch die Kybernetik legitimiert hinzustellen.

Gewissen Kategorien gegenüber ist die Kybernetik so hilflos wie jede Naturwissenschaft. Insbesondere der Mensch als Einzelwesen, hier und jetzt, lebt in einer Zeit, die sich mit dem physikalischen Universum nicht deckt. Seine Wünsche und Motive haben ihre eigene Logik, die nicht einfach ein unsauberes Stiefkind der mathematischen Logik ist. Die Information, welche die Naturwissenschaft anbietet, kann irrelevant sein: Was hätte der Bräutigam vom exakten Schaltbild seiner Braut?

Außerhalb der Werkzeugwelt der Kybernetik wird es in aller Zukunft Sphären geben, die der Verwissenschaftlichung und der Technisierung spotten. Die perfekte kybernetische Informationsmaschine, die auf alle Fragen eine absolut richtige Antwort weiß, ist eine Utopie. Wir sind in eine imperfekte Welt gestellt und müssen unsere wichtigsten Entscheidungen im Dunkel der mangelhaften Information fällen. Dafür haben sie nicht die Trivialität eines mechanischen Programmablaufs, sondern das Risiko der Freiheit.«

Niemand, der sich über wissenschaftliche Verfahren allgemein und über die kybernetischen Methoden insbesondere Gedanken gemacht hat, wird auf die Idee kommen, die Kybernetik mit einem neuen Materialismus oder mit einer mechanistischen Deutung der Welt oder des Menschen in Verbindung zu bringen.

## 2.43 *Kybernetik als Technik des Lebendigen*

Die nachstehenden Überlegungen sind im Anschluß an die Ausführungen von S. Maser (1968) entstanden. Maser hat den dynamischen Aspekt der Kybernetik, den einige Autoren, z. B. Klaus (1961), Flechtner (1967), Frank (1966) u. a., schon seit längerem als das Charakteristische der Kybernetik herausgestellt haben, aufgegriffen und systematisch erweitert. Die interessanten Darstellungen Masers können indessen – ohne das dabei ein Widerspruch entstünde – noch unter einem anderen Aspekt gesehen werden: unter dem Aspekt der Kybernetik als Technik des Lebendigen. Im folgenden möchte ich versuchen, diese Sichtweise zu skizzieren.

Maser kennzeichnet zunächst den klassischen Begriff der Wissenschaft als einen statischen Begriff, »der als solcher abgeschlossene oder zumindest prinzipiell abschließbare vollständige Systeme ins Auge faßt« (S. 109). Ein solcher Wissenschaftsbegriff beschreibt die Welt als etwas »Abgeschlossenes«, »Begrenztes«, »Fertiges«; ihm liegt eine statische Weltauffassung zugrunde, die auf Parmenides zurückgeht.

Nach Maser genügt der heutigen Forschung diese Weltauffassung nicht mehr; sie wird durch eine dynamische Sichtweise ersetzt, die einen entsprechenden Wissenschaftsbegriff erforderlich macht. Eine solche dynamische Konzeption von Wissenschaft sieht Maser in der Kybernetik verwirklicht; im einzelnen schreibt er dazu folgendes (1968, S. 109):

> »Diesen klassischen, statischen Wissenschaften oder diesen Wissenschaften vom Parmenidesschen Typ treten nun in der heutigen Forschung auf ganzer Breite die transklassischen, kybernetischen oder dynamischen Wissenschaften oder die Wissenschaften vom Heraklitschen Typ (panta rhei = alles fließt) entgegen, in denen eine dynamische, eine offene Vorstellung der Welt zugrunde liegt: Die Welt besteht nicht aus Seiendem, aus Abgeschlossenem, aus Fertigem, sondern aus Werdendem, aus sich Veränderndem, aus Offenem, aus Prozessen. Nicht wie die Welt ist, sondern wie sie funktioniert und wie sie als Funktionierende beherrschbar ist, das ist in den heutigen Wissenschaften von Interesse. Die kybernetischen oder dynamischen Wissenschaften versuchen eine adäquate Beschreibung einer funktionalen, prozessualen, werdenden Welt zu geben, um diese

dadurch zu verstehen, nachzuahmen und zu beherrschen... Der Übergang von den klassischen zu den transklassischen Wissenschaften besteht demnach in dem Übergang von einer statischen zu einer dynamischen Auffassung der Welt.«

Zweifellos hat Maser recht, wenn er die Kybernetik als transklassische, eine dynamische Welt beschreibende Wissenschaft bezeichnet; ich meine jedoch, daß es sich bei der Kybernetik nicht um den dynamischen Aspekt schlechthin handelt, sondern um einen ganz bestimmten Teilbereich: den Bereich des Lebendigen.

Sehen wir uns zunächst die Grundbegriffe der Kybernetik an: Steuerung, Regelung, Information etc. sind ganz eindeutig Begriffe, die aus dem Bereich des Organischen stammen und zur Beschreibung biologischer Prozesse dienen. Steuerungs- und Regelungsprozesse zur Aufrechterhaltung bestimmter Zustände oder zur Erreichung von Zielen existieren – abgesehen von den jetzt vorliegenden technischen Konstruktionen – nur im Bereich des Organischen. Der Begriff der Information hat letztlich nur Sinn, wenn ein Empfänger existiert, für den die physikalischen Signale tatsächlich auch Information (im umgangssprachlichen Sinne) bedeuten.

So handelt es sich also bei Steuerung, Regelung oder Information zwar einerseits um etwas Dynamisches, andererseits aber um originäre Prozesse des Lebendigen. Der zweite Hauptsatz der Wärmelehre beschreibt auch einen dynamischen Prozeß; zu dieser Beschreibung braucht indessen das System der klassischen Wissenschaften nicht überschritten zu werden. Kybernetik taucht erst in Verbindung mit der organischen Welt auf – diesen Sachverhalt hat bereits Wiener deutlich hervorgehoben.

Betrachtet man die seit Wiener vorgenommenen Erweiterungen des Begriffs Kybernetik, so wird man feststellen, daß sie sich alle im Bereich des Lebendigen bewegen: in den Disziplinen Psychologie, Soziologie, Pädagogik, Ästhetik etc. Ein weiterer Aspekt wird damit deutlich: Die Kybernetik ist einmal die Wissenschaft, die Lebendiges beschreibt (und damit natürlich auch dynamische Prozesse), und sie ist die Technik, die Lebendiges simuliert. Die bisherige, klassische Technik beruht auf der Kenntnis und Nutzung der unbelebten Natur, die transklassische Technik der Kybernetik auf der Kenntnis organischer Strukturen und Funktionen. Thermostat und Computer haben ein funktionales Analogon im Organischen; lernende Automaten sind dem organischen Prozeß des Lernens nachgebaut.

Betrachtet man die Entwicklung der Kybernetik historisch, so wird man sagen können, daß der Mensch schon immer bestrebt war, auch Lebendiges technisch nachzuahmen oder neu zu konstruieren. Daß es lange nicht gelungen ist, Funktionen des Lebendigen wirkungsvoll zu realisieren, lag sicher nicht an der mangelnden Absicht, sondern an den unzureichenden Mitteln. Heute liegen diese Mittel (vor allem durch die Elektronik) vor, und so steht einer Vervollkommnung der Technik des Lebendigen nichts mehr im Wege.
Denkt man noch an die Erweiterung der Technik, die sich aus der Anwendung quantitativer Methoden in Human- und Sozialwissenschaften ergibt, lassen sich also insgesamt drei Aspekte der Kybernetik als Technik des Lebendigen unterscheiden: Beschreibung des Lebendigen durch kybernetische Modelle (z. B. den Regelkreis), maschinelle Nachahmung organischer Funktionen (z. B. lernende Automaten), Human- und Soziotechniken zum Zwecke der Erreichung bestimmter Ziele.
Unter den genannten Gesichtspunkten führt die häufig gestellte Frage nach den prinzipiellen Möglichkeiten und Grenzen der Kybernetik zu folgender Überlegung:
Charakteristisch für das Lebendige sind (in dem untersuchten Zusammenhang) drei Sachverhalte: einmal die Aufrechterhaltung und Optimierung bestimmter Zustände (das kann die Kybernetik bereits mit Erfolg simulieren), zum zweiten die Erreichung von Zielen (das scheint die Kybernetik prinzipiell realisieren zu können) und schließlich die Tatsache, daß überhaupt irgendwelche Ziele aufgestellt werden. Hier sind wir an einem entscheidenden Punkt angelangt: Die Setzung von Zielen (Glück, Macht, Prestige etc.) ist kein rationaler Vorgang.
Eine Maschine, die mit den gegenwärtigen Mitteln der Kybernetik gebaut ist, wird also immer nur gesetzte Ziele erreichen können (z. B. beim Schachspiel zu siegen), selbst aber keine Ziele setzen. Insofern ist also der Mensch nicht, wie Maser sagt, »der Lotse der Welt« (S. 109) – diese Funktion kann prinzipiell von der Kybernetik übernommen werden –, er ist vielmehr der Kapitän der Welt. Diese Auffassung steht im Einklang mit der von A. Ducrocq (1959) geäußerten, nach der das Programm der Kybernetik darin besteht, »uns systematisch zur Erreichung jedes beliebigen Zieles zu befähigen«.
Die Tätigkeit des Ziele-Setzens ist offenbar an emotionale oder, physiologisch gesprochen, hormonale Bedingungen geknüpft.

Gelänge es, auch diesen Bereich des Lebendigen exakt zu erforschen und technisch zu simulieren, so könnten auch zielsetzende Maschinen konstruiert werden. Dann allerdings ließe sich die Unterscheidung von belebter und unbelebter Natur in funktionaler Hinsicht nicht mehr treffen, und Maser hätte wieder recht, wenn er den gesamten dynamischen Aspekt der Welt als Kybernetik bezeichnete.

# 3. DIE KYBERNETIK IN VERSCHIEDENEN WIRKLICHKEITSBEREICHEN

## 3.0 Didaktische Vorbemerkungen zum dritten Teil

Obwohl im dritten Teil unseres Buches vorwiegend andere Autoren zu Wort kommen, bereitete er vom didaktischen Standpunkt aus besondere Schwierigkeiten. Das ist darauf zurückzuführen, daß in diesem Teil verschiedene, recht gegensätzliche Anforderungen erfüllt werden sollten:
Einerseits sollte ein umfassender Überblick über die Kybernetik gegeben werden, andererseits der Raum dafür in engen Grenzen bleiben; einerseits sollten viele verschiedene Gebiete und verschiedene Autoren herangezogen werden, andererseits kein verwirrendes Vielerlei entstehen; einerseits sollten nur wissenschaftlich einwandfreie Abhandlungen verwendet werden, andererseits sollten diese Darstellungen verständlich sein und möglichst wenig Fremdwörter oder Fachausdrücke enthalten.
Außer diesen Forderungen sollte mit der Auswahl auch eine repräsentative Darstellung der Kybernetik verbunden werden — und zwar sowohl hinsichtlich der einzelnen Disziplinen der Kybernetik als auch hinsichtlich der Abhandlungen innerhalb dieser Disziplinen.
Damit hatte ich also zwei komplexe Aufgaben zu lösen: die exemplarische Darstellung des Sachverhalts Kybernetik und die Erfüllung der obigen Forderungen.
Was die exemplarische Darstellung anbetrifft, so ist jede repräsentative Auswahl subjektiv, denn was ›das Wesentliche‹ ist oder ›das Repräsentative‹, läßt sich objektiv nicht eindeutig feststellen. So habe ich bei der Auswahl vor allem darauf geachtet, daß die einzelnen Abhandlungen neue Informationen enthalten und verschiedene Auffassungen widerspiegeln. Selbstverständlich stimme ich mit diesen Auffassungen (insbesondere im Bereich der Pädagogik und der Philosophie) nicht immer überein; ich habe indessen nur an *den* Stellen einige kritische Bemerkungen hinzugefügt, die m. E. zu Mißverständnissen Anlaß geben könnten.
Was die oben genannten Forderungen anbetrifft, so habe ich nur

solche Darstellungen herangezogen, die auf Grund der vorangegangenen Ausführungen ohne Schwierigkeiten zu lesen sind und die aus verschiedenen Gründen besonderes Interesse beanspruchen können.

Auf alle Fälle bleibt dem Leser ein doppelter Trost:

Einmal erlaubt ihm das im zweiten Teil dieses Buches durchgeführte exemplarische Verfahren ein selbständiges Weiterarbeiten im Bereich der Kybernetik, und zum andern gibt es zu jeder einzelnen Disziplin der Kybernetik bereits eine umfangreiche Fachliteratur.

## 3.1 Kybernetik in Technik und Industrie

Vorbemerkung:

Der in 3.11 abgedruckte Radioessay über ›Beginn und Aufstieg der Kybernetik‹ (unkorrigiertes Manuskript des RIAS-Berlin, 1963) wurde von dem Konstrukteur der ersten programmgesteuerten Rechenanlage, Konrad Zuse, verfaßt. Zuse entwickelt in diesem Essay den Begriff der Kybernetik in großen Zügen, umreißt in verständlicher Weise den technischen Bereich der Kybernetik und gibt einige Ausblicke in die Zukunft.

Die in 3.12 folgende Abhandlung über die Entwicklung der Roboter habe ich (in ähnlicher Form) anläßlich einer Reihe des Westdeutschen Fernsehens verfaßt. Die Thematik scheint mir in den Rahmen dieses Buches gut hineinzupassen, da man noch häufig auf falsche Vorstellungen von kybernetischen Robotern stößt.

Die in 3.13 angeführte Darstellung von V. Kussl über ›Die Organisation eines automatisierten Betriebes‹ habe ich einem umfassenderen Artikel (in Frank, 1964, S. 251–255) entnommen. Die Ausführungen Kussls scheinen mir aus zwei Gründen für einen Leitfaden besonders geeignet zu sein: Einmal ist die Organisation eines automatisierten Betriebes einer der wichtigsten Anwendungsbereiche der technischen Kybernetik; zum andern stellt Kussl diese komplizierten technischen Vorgänge so anschaulich dar, daß auch ein Nichttechniker seinen Ausführungen zu folgen vermag.

## 3.11 *K. Zuse: Beginn und Aufstieg der Kybernetik*

Die Kybernetik ist eine verhältnismäßig junge Wissenschaft. In den zwanzig Jahren ihrer Entwicklung hat sie aber schon erhebliche Bedeutung erlangt. Spürt man dem Ursprung dieser neuen Wissenschaft nach, so muß man verschiedene Wurzeln betrachten.

Als der eigentliche Begründer der Kybernetik gilt allgemein *Norbert Wiener*, der etwa während des Zweiten Weltkrieges den Grundstein hierfür legte, angeregt durch regeltechnische Probleme. Zwar gab es schon lange eine Regelungstechnik, und es war auch schon üblich, daß spezielle Regelungsprobleme im engeren Sinne mathematisch behandelt wurden, wie etwa die Dampfzufuhr für eine Dampfmaschine zur Regelung der Geschwindigkeit. In vielen Fällen erwiesen sich solche Lösungen des Regelungsproblems jedoch nicht als ausreichend, und man war gezwungen, nach neuen Gesichtspunkten zu verfahren. Das Studium komplizierter technischer Systeme führte bald zu Analogien mit den lebenden Organismen. So sind z. B. in einem großen chemischen Betrieb zahlreiche Faktoren miteinander verknüpft, die einen bestimmten chemischen Prozeß richtig ablaufen lassen. Und man konnte Analogien finden zu lebenden Organismen wie beispielsweise dem menschlichen Körper, bei dem ebenfalls sehr komplizierte Regelungsvorgänge ablaufen, die die Mediziner mit ihren eigenen Fachwörtern wie Hormone, Enzyme usw. theoretisch zu erklären versuchen. Es entstand so in wenigen Jahren ein neues Gebäude von Anschauungen, Modellen, Formeln usw., das wir heute unter dem Namen ›Kybernetik‹ zusammenfassen.

Etwa parallel hiermit, aber im wesentlichen unabhängig davon, liefen in Deutschland und in den USA verschiedene Entwicklungen, welche den Bau von programmgesteuerten Rechenmaschinen zum Ziele hatten. Auch hier ergaben sich eine Reihe von neuen Gesichtspunkten, Verfahren und Lösungsmethoden. Konstruktiv führte diese Entwicklung zu den heute so bekannten elektronischen Rechengeräten, wenn auch die ersten Geräte mechanisch bzw. elektromechanisch arbeiteten. Mathematisch wurde weitgehend eine besondere Disziplin – die Logistik – herangezogen. Dieser Zweig der mathematischen Wissenschaft war bis dahin wenig bekannt und hatte eigentlich nur wenig praktische Bedeutung erlangt, dafür aber um so größere theoretische Anwendung gefunden. Die Logistik war geschaffen worden, um mathematische Sätze formelmäßig und lückenlos aus Axiomen ableiten zu können. Die Entwicklung der programmgesteuerten Rechenmaschine zeigte, daß sich die so geschaffenen Formelgebäude, z. B. der Aussagenkalkül, sehr gut für den Entwurf und die Anwendung dieser Geräte verwenden ließen. Sehr bald ergaben sich zwischen diesen Entwicklungszweigen und der Kybernetik, hervorgegangen aus der Elektrotechnik einerseits und der Regelungstechnik andererseits, enge Beziehungen. Mit der Entwicklung zu komplizierteren Formen kamen beide Zweige mit ähnlichen Problemen in Berührung, und man kann als das gemeinsame Bindeglied wohl die Informationsübertragung und -verarbeitung ansehen. Bei der Aufdeckung von Analogien zwischen technischen und biologischen Regelvorgängen zeigte sich die Nervenfaser als Mittel zur Informationsübertragung, und entsprechende Analogien zur gesamten Nachrichtentechnik konnten entwickelt werden. Auf der anderen Seite zeigte die theoretische Untersuchung der elektronischen Rechenmaschinen, daß hier der Begriff der Information von entscheidender Bedeutung ist. Der Begriff des ›bit‹, des Ja-Nein-Wertes, wurde eingeführt, der die kleinste Informationseinheit darstellt. Das Interesse dieser Richtung zielte allerdings mehr auf die Informationsverarbeitung. Hierbei leistete die Logistik gute Hilfe bei der Festlegung der Gesetze, nach denen einzelne Informationseinheiten miteinander verknüpft werden können. Es war daher ganz natürlich, daß diese beiden Zweige der modernen Entwicklung die Tendenz hatten, sich zu vereinigen. So hat es sich heute eingebürgert, ungeachtet der ursprünglich getrennten Quellen, den Gesamtkomplex der theoretischen Untersuchungen und ihre Ergebnisse auf diesem Gebiet als ›Kybernetik‹ zu bezeichnen. Ich selbst gebe gern zu, daß ich mehr aus dem Lager der programmgesteuerten Rechenmaschine komme und daher eigentlich nicht die Voraussetzungen mitbringe, um einen Einführungsvortrag über ein so umfangreiches Gebiet zu halten. Ich bin mir der Gefahr bewußt, daß vielleicht die ursprünglichen Quellen der Kybernetik in der Darstellung *Wieners* etwas zu kurz kommen und dafür die Belange der programmgesteuerten elektronischen Rechengeräte zu stark betont werden. Ich hoffe aber zuversichtlich, daß im Laufe der folgenden Vorträge auch die andere Richtung gebührend gewürdigt wird. In diesem Sinne möchte ich

mich darauf beschränken, die Kybernetik aus der Perspektive des Rechenmaschinenbauers zu betrachten.
Wir Rechenmaschinenbauer sind im allgemeinen durch unsere tägliche Arbeit vor sehr nüchterne praktische Aufgaben gestellt. Es handelt sich stets um die Lösung konkreter Probleme. So sollen etwa komplizierte wissenschaftliche Rechnungen mit der Maschine in bestimmtem Umfang und in festgesetzter Zeit durchgeführt werden können oder eine Menge von Daten nach bestimmten Gesichtspunkten verarbeitet werden. Dies führt zu Gedanken über Auslegungen der Maschine, der Ein- und Ausgabegeräte, der Rechenwerke, Speicherwerke usw. Unsere theoretische Arbeit besteht dabei in der Auflösung der zu behandelnden Informationen in einzelne Gruppen und diese möglichst in einzelne bits. Konstruktiv benötigen wir dann Elemente, die solche bits repräsentieren, sie über eine Leitung übertragen oder sie speichern. Aus diesen Konstruktionselementen entsteht dann eine datenverarbeitende Anlage, und das Geschick des Konstrukteurs besteht in erster Linie darin, für die verschiedenen Anforderungen die richtigen Konstruktionselemente herauszusuchen. Das Problem der Speicherung von Daten hat dabei eine besondere Bedeutung; so ist z. B. die Frage der Speicherkapazität, der Zugriffszeit und des Aufwandes oder des Preises einer Anlage sehr wichtig, und in jedem Falle stehen dem Konstrukteur verschiedene konstruktive Lösungen zur Verfügung, z. B. Magnettrommeln, Ferritkernspeicher, Scheibenspeicher, Magnetbänder und so fort. In dieser Sicht ist das Gedächtnis das konstruktive Element zur Informationsübertragung in Zeitrichtung, d. h. die Aufbewahrung von Informationen von dem Zeitpunkt ihrer Entstehung bis zu einer späteren Wiederverwendung. Die von der anderen Seite her kommenden Kybernetiker sehen das Problem des Gedächtnisses etwas anders: Sie setzen Formeln für eine Vergessenskurve und dergleichen an. Dazu können Rechenmaschinenbauer nur sagen: »Sehr interessant, so kann man es auch machen.« Aber in unserer täglichen Arbeit nützt uns ein solches Gedächtnis mit automatischem Schwund nichts. Ein magnetischer Speicher ist nur brauchbar, solange die ihm aufgetragene Information einwandfrei zur Verfügung steht. Läßt die Magnetisierung nach, so muß die Information rechtzeitig regeneriert oder umgeschrieben werden. Das ist ein klarer Entweder-Oder-Prozeß, kein durch Formeln erfaßbarer Informationsschwund. Hier zeigt sich vielleicht einer der wesentlichen

Unterschiede der beiden Betrachtungsweisen. Aber die praktische Arbeit des Rechenmaschinenbauers besteht nicht nur darin, brauchbare Rechenmaschinen zu entwerfen, sondern diese auch zu benutzen. Schon der Oberbegriff ›Programmgesteuerte Rechenmaschine‹ sagt, daß diese Maschine nach Programmen arbeitet, d. h., sie verarbeitet Informationseinheiten nach bestimmten Regeln, die zu einem Programm zusammengefaßt sind. Das Aufsetzen dieser Programme hat heute die größte Bedeutung erlangt. Es ist sicher interessant, zu hören, daß auch hier Brücken zur Kybernetik bestehen. Von den Kybernetikern wird gern die berühmte Turing-Maschine (mathematisches Modell eines Rechenautomaten; Anm. d. Verf.) als typisch kybernetische Maschine zitiert. *Turing* war ein englischer Logistiker, der sich schon lange, bevor die elektronischen Rechenmaschinen ihre heutige Bedeutung erlangten, mit dieser Frage befaßt hat. Für ihn diente aber umgekehrt das Modell der Rechenmaschine lediglich als Modell für bestimmte mathematische Beweise. Ihn interessierte die Frage, welche Funktionen überhaupt berechnet werden können, im theoretischen Sinne. Er hatte nicht im geringsten die Absicht, eine für praktische Zwecke brauchbare Rechenmaschine zu konstruieren. Seine interessanten Gedanken werden sicher in den folgenden Vorträgen noch aufgegriffen werden. Auch hier zeigt sich ein Unterschied in der Betrachtungsweise. Die Überlegungen und Resultate von *Turing* sind zwar auch für den Rechenmaschinenbauer von großem Interesse, aber die Frage, wie man praktisch brauchbare Minimalformen von programmgesteuerten Rechenmaschinen entwickeln kann, harrt nach wie vor einer systematischen Beantwortung. Erst die Zukunft muß erweisen, ob eine über das Gesamtgebiet gespannte allgemeine Kybernetik hier befruchtend wirken kann. Ebenso ist noch zu klären, ob für spezielle Probleme spezielle Maschinen gebaut werden sollen oder ob eine Universalmaschine möglichst alle Aufgaben lösen kann. Die Amerikaner haben hierfür die Ausdrücke ›hard ware‹ und ›soft ware‹ eingeführt. D. h., man kann ein Problem schaltungsmäßig mit geschickter Verknüpfung von konstruktiven, also harten Elementen oder auf dem Wege der Programmierung lösen.

So kann für den Rechenmaschinenbauer die Frage lauten: Brauchen wir für verschiedene Zwecke, wie z. B. die Lösung von linearen Gleichungen, die Lohnberechnung für eine Fabrik, die Steuerung einer Werkzeugmaschine, verschiedene Rechengeräte –

oder kann *ein* Gerät *alles*? Die allgemeine Tendenz geht heute dahin, die Rechengeräte möglichst vielseitig einsetzbar zu bauen, so daß die verschiedenen Anwendungsmöglichkeiten durch Programmierung erschlossen werden können. Man sollte daher auch nicht sagen, es gibt Maschinen, die das Wetter berechnen, andere, die eine chemische Fabrik steuern, oder andere, die vielleicht Schach spielen. Es wäre richtiger, zu sagen, wir verfügen über Programme für die Wetterberechnung, die Prozeßsteuerung oder das Schachspiel. Moderne Rechner sind im allgemeinen in der Lage, derartige Probleme durchzurechnen, wobei allerdings die Gesamtauslegung der Maschine und insbesondere die spezielle Programmsprache Beschränkungen auferlegt. Die Kybernetiker gehen bei ihren Überlegungen gern von Modellen aus. Man entwickelt z. B. Modelle für lernende Maschinen. Hierbei spielt der Begriff der Lernmatrix eine wichtige Rolle. So interessant diese Modelle einerseits sind, so setzt sich doch andererseits die Erkenntnis mehr und mehr durch, daß im Prinzip die gleichen Untersuchungen auch durch geschickte Programmierung vorhandener elektronischer Rechenmaschinen durchgeführt werden können und daß diese zu gleichen Ergebnissen führen müssen. Es wird aufschlußreich sein, in den folgenden Vorträgen gerade zu diesem Thema verschiedene Ansichten zu hören. Selbstverständlich wird auch der praktische Rechenmaschinenbauer aufmerksam verfolgen, zu welchen Ergebnissen die Kybernetiker bei ihren grundsätzlichen theoretischen Untersuchungen über die Möglichkeiten der Maschinen überhaupt gekommen sind. Über die Frage der künstlichen Intelligenz des Lernens usw. sind von Kybernetikern sehr umfangreiche Untersuchungen angestellt worden.

Eine ebenfalls junge Wissenschaft, die Unternehmungsforschung, steht zwischen beiden Richtungen, sie ist einerseits klar auf praktische Aufgaben der Unternehmungsführung ausgerichtet und benützt hierfür programmgesteuerte Rechenmaschinen, andererseits befaßt sie sich mit der Kybernetik, um Analogien zwischen einem Unternehmen und einem lebenden Organismus aufzudekken. Die Kybernetiker sprechen von Modellen einer kybernetischen Fabrik, die Rechenmaschinenleute von organisatorischen Programmen zur Fertigungsplanung und Fertigungssteuerung usw. Im Endeffekt folgen sie zwar bei der Bearbeitung eines Problems verschiedenen Wegen, jedoch vereinigen sich diese logisch in dem gleichen Gesamtgebiet; somit mag es berechtigt sein, diese Zweige von Wissenschaft und Forschung mit dem gemeinsamen Namen Kybernetik zusammenzufassen.

Ein typisch kybernetisches Problem, das mich persönlich besonders interessiert, ist das der sich selbst produzierenden Maschine. Der berühmte Mathematiker *Neumann* hat diese Frage vom theoretischen Standpunkt aus untersucht. Er gelangte zu dem hochinteressanten Ergebnis, daß Maschinen, die in der Lage sind, sich selbst nachzubauen, grundsätzlich möglich sind. Allerdings ist diese Aufgabe zunächst nur theoretisch gelöst, nämlich für solche Maschinen bzw. Geräte, die sich aus vorfabrizierten Teilen durch einfaches Zusammensetzen aufbauen lassen. Mich selbst beschäftigt die Frage aber nicht so sehr als Mathematiker, sondern vor allem auch als Ingenieur. Hier bekommt das Ganze natürlich ein anderes Gesicht. Sich selbst nachbauen heißt natürlich nicht, nur Bausteine in Form von sogenannten Einschüben zu kombinieren, sondern auch die Baueinheiten selbst zu fertigen. Hier wird sofort das Gesamtproblem der automatischen Fabrik aufgeworfen. Bei dessen Lösung stehen wir aber heute noch am Anfang. Wohl kann man eine Reihe von Fertigungsprozessen schon vollautomatisch ablaufen lassen, jedoch kann noch keine Rede davon sein, daß etwa die einzelnen Fertigungsvorgänge, die zur wirklichen Fabrikation beispielsweise einer automatischen Werkzeugmaschine selbst erforderlich sind, vollautomatisch durchgeführt werden können. Hier ist mindestens die Arbeit einer ganzen Generation von Ingenieuren und Theoretikern erforderlich. Allerdings kann man schon heute absehen, daß uns die Entwicklung Schritt für Schritt in dieser Richtung weiterführen wird. Ist z. B. diese Arbeit der automatischen Fertigung auf breiter Basis erst einmal geleistet, so können hieran wieder interessante theoretische Erwägungen angeschlossen werden. Hat man die Voraussetzung geschaffen, daß eine bestimmte Fabrik sich selbst reproduzieren kann, so ließe sie sich vielleicht auch so entwickeln, daß sie fähig wäre, sich selbst im halben Maßstab nachzubauen. Setzt man dies Verfahren fort, so würde eine Reihe von stetig kleiner werdenden Fabriken entstehen, die schließlich so klein würden, daß man sie unter dem Mikroskop betrachten müßte. Selbstverständlich sind in jeder Stufe die physikalischen und technischen Bedingungen wieder anders, so daß die einfache Verkleinerung allein nicht zum Ziele führen würde. Im Prinzip ist dieser Weg aber durchaus denkbar. Ebenso könnte man aus der verkleinerten Form wiederum eine sich vergrößernde Reihe von Fabriken ableiten. Hieraus ergibt sich das Problem der technischen Keimzelle. Es liegt nahe, die Analogie zur biologischen Keimzelle theoretisch zu untersuchen. Die Kybernetiker wissen bereits, daß die Gene Träger von Programmen sind, nach denen ein biologischer Organismus aus einer Keimzelle aufgebaut wird. Hier entstehen also weitere Verbindungen zwischen den verschiedenen Zweigen der Forschung und Wissenschaft, welche sich heute in dem Gesamtgebiet der Kybernetik vereinen. Gerade diese Frage der Keimzellen wird in den nächsten Jahren, vielleicht Jahrzehnten, eine ganz erhebliche Bedeutung erlangen. Wir sind leider heute noch nicht so weit, daß die Biologen uns das in den Genen enthaltene Programm gewissermaßen auf Lochstreifen reproduzieren können. Es wird aber intensiv daran gearbeitet, und es sprechen Anzeichen dafür, daß dieses Problem einmal gelöst werden wird. In Analogie hierzu werden wir die Programmierungstechnik der automatischen Fertigung weiter verfeinern, und es wird eines Tages eine Wissenschaft für sich sein, die Keimzelle oder das mathematische Grundprogramm für ein Hydrierwerk z. B. so zu entwickeln, daß hieraus nach einem bestimmten Programm bestimmte technische Gebilde, kleinere Fabriken oder größere Anlagen, entstehen können. Rein theoretisch gesehen hat man heute schon solche Untersuchungen durchgeführt. Man kann beispielsweise mit einer elektronischen Rechenmaschine, die einen noch unbeschriebenen Speicher hat, sagen wir eine Magnettrommel, die zunächst nicht magnetisiert ist, im allgemeinen nichts anfangen. Man braucht gewisse Anfangsbefehle, um die Maschine überhaupt zum Laufen zu bringen, die schon in gewisser Hinsicht eine Keimzelle darstellen. Allerdings muß dann diese Keimzelle von außen zum Arbeiten angeregt werden. Es wird ihr im allgemeinen dann ein vorgearbeitetes Grundprogramm eingegeben, was man wiederum als eine Art Information, die den Genen vergleichbar ist, darstellen kann. Und man kann dann Programme entwickeln, die auf dieser Trommel sich weiter und weiter ausbauen, ausbreiten, und erhält so ein Gebilde, das zunächst aus wenigen Keimelementen aufgebaut ist. Das ist zunächst eine rein mathematische Arbeit, und ihre Übertragung auf konstruktive Probleme ist durchaus denkbar und wird in der Zukunft erhebliche Bedeutung bekommen. Eine interessante Analogie ist z. B. die Frage: Wie sieht der Kybernetiker oder der Ingenieur das Krebsproblem? Für den Ingenieur und den Kybernetiker ist der Krebs ein Fehler im Programmablauf, irgend etwas hat im Programmablauf nicht funktioniert, und es kommt zu Wucherungen. Und das Wunderbare bei dieser Frage ist eigentlich nicht: Wie ist Krebs möglich?, sondern umgekehrt: Wie ist es möglich, oder wie macht es die Natur, daß Krebs so selten auftritt? Denn wir Ingenieure sind noch lange nicht so weit wie die Natur, unsere Programme laufen keineswegs immer so einwandfrei und fehlerfrei ab, wie es in der Natur geschieht. Und bei den ungeheuer komplizierten Vorgängen, die bei dem Aufbau eines Organismus ablaufen müssen, müßte die Wahrscheinlichkeit für einen Fehler im Programmablauf viel größer sein. Hier kommen wir zu einem Problem der Fehlerkompensation. Auch die Kybernetiker haben sich hiermit intensiv befaßt; nämlich: Wie ist es möglich, Organismen, die mit fehlerhaften Elementen arbeiten, trotzdem fehlerfrei arbeitend zu gestalten? Hier sind ebenfalls Analogien zur Natur denkbar, wenn sie auch noch nicht restlos gelöst sind. Wahrscheinlich arbeitet die Natur mit einem ungeheuren Überfluß an Mitteln und macht alles nicht nur zweimal oder dreimal, sondern noch weit häufiger, und setzt für die Lösung einer wichtigen Entscheidung eben eine ungeheure Zahl von Elementen ein, was sich schon daraus ergibt, daß wir es mit einer ungeheuren Zahl von Ganglien-Zellen, die in viele Milliarden geht, in unserem menschlichen Gehirn zu tun haben. Die Kybernetiker haben Theorien entwickelt, wie man Rechengeräte mit ähnlichem Überfluß von Informationsverarbeitung aufbauen kann und auch Formen entwickelt, wie man dann zu einer beliebig kleinen Fehlerhäufigkeit gelangen kann.

Es ist also zu wünschen, daß die Zusammenarbeit der mehr praktischen Rechenmaschinenbauer und der mehr theoretischen Kybernetiker in Zukunft noch intensiver wird. Durch gegenseitige Befruchtung werden Probleme von weittragendster Bedeutung gelöst werden können. Es ist nur zu wünschen, daß in den folgenden Vorträgen aus dem umfangreichen Gebiet Ansichten aus möglichst verschiedenen Lagern vorgetragen werden. Ich bin überzeugt, daß auf diese Weise das Bild einer neuen umfassenden Wissenschaft in weite Bevölkerungskreise eindringen wird.

Die Technik ist so alt wie der Mensch selbst, denn sie stellt eine sehr wesentliche Eigenschaft des Menschen dar. Im Gegensatz zum Tier war nämlich der Mensch schon immer bestrebt, seine Umwelt zu verändern und zu gestalten. Dabei hat er sehr nützliche Dinge erfunden, ohne die wir uns ein modernes Leben gar nicht mehr vorstellen können.
Der Mensch benützte seine technischen Fähigkeiten jedoch nicht nur für zweckorientierte Konstruktionen, sondern auch mehr oder weniger ausgiebig zum Spielen. Dabei versuchte er auch Tier und Mensch technisch nachzuahmen. Jeder kennt die pickenden Hühner, springenden Frösche, tanzenden Puppen und was es sonst noch an solchen Dingen auf dem Spielzeugmarkt gibt. So nett ein solches Spielzeug sein mag, es wird bald langweilig, da es rein mechanisch dasselbe Verhalten ständig wiederholt.
Die Nachahmung von Tier und Mensch geht in ihrer einfachsten Form als rein äußere Nachbildung in Stein oder Ton bis in die Urzeit zurück. Aber erst im 18. Jahrhundert kam zu der äußeren Nachbildung die funktionelle Nachahmung hinzu: Die Mechaniker beschränkten sich nicht mehr auf die Darstellung der äußeren Form, sie wollten auch die Bewegungen von Tieren und Menschen durch die Technik nachahmen.
Ein berühmtes historisches Beispiel gibt die von Vaucanson um 1738 konstruierte künstliche Ente (Bild 34). Diese technische Ente

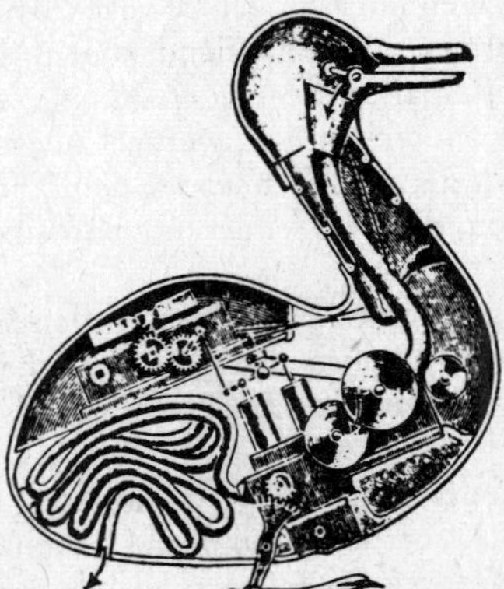

Bild 34: Künstliche Ente von Vaucanson (1738)

konnte nicht nur die Bewegungen einer wirklichen Ente vortrefflich nachahmen, sie konnte auch ›fressen‹ und ›trinken‹ und war mit einem ›Magen‹ versehen, der die Körner chemisch verdaute. Lange Zeit konnte man diese künstliche Ente im Museum bestaunen, sie ging erst im letzten Krieg (wahrscheinlich endgültig) verloren.

Ein anderes historisches Beispiel ist die um 1760 von Knaus konstruierte ›Schreibende Puppe‹. Dieses sehr komplizierte und sinnvoll konstruierte Spielzeug wäre beinahe zur ersten Schreibmaschine geworden: Hätte Knaus seinen Schreiber nicht als Puppe konstruiert, sondern als Maschine mit einer Buchstabentastatur, so wäre die Schreibmaschine hundert Jahre früher erfunden worden. So aber hatte er von vornherein ein Spielzeug konstruieren wollen, das zum Ergötzen des Kaisers und seines Hofstaates eine hochgeachtete menschliche Tätigkeit möglichst naturgetreu nachahmen sollte.

Die Weiterentwicklung der Technik führte auch zu neuen Nachahmungen von Organismen. Um die dreißiger Jahre entstanden die sogenannten Roboter. Das Wort ›roboten‹ stammt aus dem Tschechischen und bedeutet wörtlich ›schwerarbeiten‹. Die Bezeichnung ›Roboter‹ für den Maschinenmenschen läßt also zugleich den Wunsch erkennen, der Roboter möge dem Menschen die harte Fron der Arbeit abnehmen. Die Roboter wurden mit Absicht äußerlich dem Menschen nachgebaut und ahmten auch gewisse menschliche Tätigkeiten nach: So gab es beispielsweise (und gibt es noch) Roboter, die den Kopf drehen können, Sätze sprechen, Gliedmaßen oder Finger bewegen usw.

Die Roboter wurden zu einer Fundgrube für Karikaturisten. Dabei besteht der Spaß entweder darin, die rein mechanischen Funktionen des Roboters sinnlos werden zu lassen, wie z. B. in Chaplins Film ›Moderne Zeiten‹, oder den Roboter Tätigkeiten ausführen zu lassen, die über seine rein mechanischen Fähigkeiten hinausgehen.

Die Karikaturisten nehmen damit genau die schwache Stelle der Roboter aufs Korn, nämlich ihre starre Verhaltensweise, d. h. ihre Unfähigkeit, sich einer veränderten Situation sinnvoll anzupassen.

Dieser Mangel bei der technischen Nachahmung von Organismen wurde durch die Kybernetik behoben. Bekanntlich hat ja die Kybernetik der Technik einen ganz neuen Bereich erschlossen, den Bereich der Übertragung, Speicherung und Verarbeitung von

Information. Es ist daher nicht verwunderlich, daß kybernetische Spielzeuge, die Verhaltensweisen von Organismen nachzuahmen versuchen, darin wesentlich erfolgreicher sind als rein mechanische Geräte – man denke z. B. an die kybernetische Schildkröte und die Shannonsche Maus.
Die kybernetischen Modelle haben übrigens nur oberflächliche Ähnlichkeit mit ihren natürlichen Namensvettern; die Apparate wollen ja auch kein Abbild der äußeren Form darstellen, sondern bestimmte Verhaltensweisen nachahmen.
Vergleicht man die kybernetische Maus und die kybernetische Schildkröte mit den vorhergenannten technischen Nachahmungen von Organismen, so fällt einem zweierlei auf: Einmal können die kybernetischen Spielzeuge ein wesentlich komplizierteres Verhalten von Organismen, insbesondere auch einfachere Lernprozesse, technisch nachahmen, zum anderen aber verlieren diese Apparate ihren Spielzeugcharakter, indem sie zugleich der technischen und biologischen Forschung dienen. Durch diesen Sachverhalt wird eine ganz neue Entwicklung in der Beziehung von Organismus und Automat eingeleitet (vgl. Bild 35).
Teilt man die technischen Konstruktionen in zwei Bereiche ein, in die zweckgerichteten, nützlichen Konstruktionen einerseits (symbolisch dargestellt durch das Rad) und in die spielerische

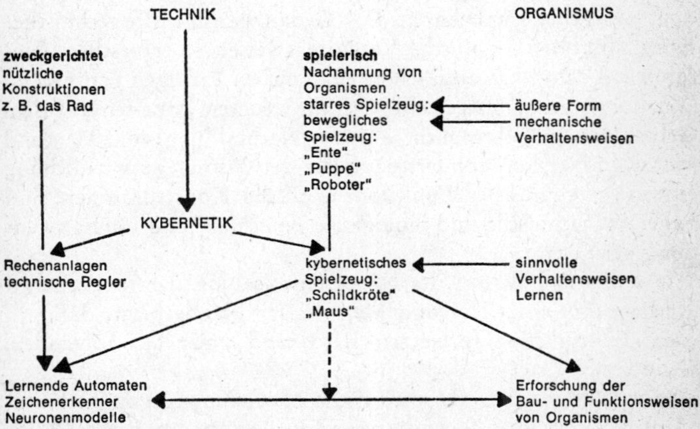


Bild 35: Entwicklung der Roboter

Nachahmung von Organismen andererseits, so lassen sich hier drei Phasen unterscheiden: die Nachahmung der äußeren Form durch starres Spielzeug, die Nachahmung mechanischer Verhaltensweisen durch bewegliches Spielzeug (wie z. B. die künstliche ›Ente‹ oder der ›Schreiber‹), die Nachahmung sinnvoller, insbesondere lernender Verhaltensweisen durch kybernetische Apparate wie die ›Schildkröte‹ und die ›Maus‹. Durch die Kybernetik ändert sich dabei die Beziehung von Organismus und Automat grundlegend:

Auf der einen Seite übernimmt die Kybernetik die Aufgabe, Funktionsweisen von Organismen technisch zu verwirklichen und zu verbessern, was ihr mit der Konstruktion informationsverarbeitender Maschinen (insbesondere lernender Automaten wie Zeichenerkenner, Homöostaten, Neuronenmodelle etc.) auch weitgehend gelungen ist. Solche Konstruktionen haben aber mit einer spielerischen Nachahmung von Organismen nichts mehr zu tun, der organische Bereich dient hier lediglich zur Anregung und Herausforderung.

Auf der anderen Seite wirken die technischen Errungenschaften der Kybernetik (ausgehend von der technischen Nachahmung organischer Verhaltensweisen) auf die Erforschung der Bau- und Funktionsweisen von Organismen zurück:

Wie im technischen Bereich Lernvorgänge verwirklicht werden, kann man genau angeben, da sie ja konstruiert werden müssen; wie sich Lernvorgänge im Organismus abspielen, ist hingegen noch weitgehend unbekannt. Der Gedanke, mit Hilfe technischer Konstruktionen organische Verhaltensweisen zu erforschen, liegt somit nahe und hat auch schon zu manchen Erfolgen geführt.

Wir haben somit festgestellt, daß die neueren Arbeiten auf dem Gebiet der ›Roboter‹ nicht auf die Nachbildung von Tier und Mensch hinzielen, sondern auf die technische Verwirklichung einzelner organischer Funktionen. Solche Konstruktionen sind dabei auf technische und biologische Forschung und Nutzanwendung gerichtet.

Wie aber steht es mit der Weiterentwicklung der spielerischen Nachahmung von Tier und Mensch? Ich glaube nicht, daß sich diese Entwicklung fortsetzen wird, und zwar aus folgendem Grund:

Das, was wir bisher als spielerische Nachahmung von Tier und Mensch durch die Technik bezeichnet haben, war tatsächlich nicht nur Spiel.

Der Mensch fühlte sich wohl schon immer in seiner Ehre als ›Homo faber‹, d. h. als Mensch, der sich seine Umwelt selbst herstellt, von der gegebenen Welt des Lebendigen herausgefordert. Schließlich sind ihm die kühnsten technischen Konstruktionen gelungen, nicht aber die Konstruktion des Lebendigen. Ich bin nun der Meinung, daß der moderne Mensch nüchterner und sachlicher geworden ist; mystische und dämonische Vorstellungen von Robotern oder der Belebung von Automaten gehören vorwiegend zum Privileg einiger Gruselfilmhersteller.
Selbst wenn es dem Menschen gelänge, Lebendiges zu konstruieren, würde er wohl kaum den Menschen selbst nachahmen wollen: Die technische Nachbildung und Verbesserung einzelner Funktionen (z. B. des Denkens und Lernens) ist entschieden nützlicher als die Nachahmung eines gesamten Menschen, die auf natürlichem Wege ohnehin einfacher zu erreichen ist.

## 3.13 *V. Kussl: Die Organisation eines automatisierten Betriebes*

. . .

Unter einem Fertigungsprozeß sei im folgenden ein Vorgang verstanden, bei dem man entweder Rohstoffe verarbeitet oder veredelt oder – im erweiterten Sinne – Energien aus Brennstoffen oder Naturkräften in eine höherwertige Form umwandelt.
In der Verfahrenstechnik bestimmen die stofflichen Eigenschaften, in der Fertigungstechnik die geometrischen Formen und in der Energietechnik die erzeugte Menge, Frequenz, Spannung, der Dampfdruck usw., also die Übergabebedingungen der Erzeuger und die Übernahmebedingungen der Verbraucher, den Prozeß. Der Prozeßablauf wird aber auch noch von Nebenbedingungen, wie Sicherheitsbestimmungen, Wirtschaftlichkeitsfaktoren und ähnlichen Größen, beeinflußt.
Die selbsttätige Lenkung von Fertigungsprozessen, in die der Mensch also nicht mehr eingreift, wird Automatisierung genannt.
Die Automatisierung bietet folgende Vorteile:
a) Die menschlichen Fehlerquellen und Leistungsgrenzen (Reaktionsgeschwindigkeit, Aufmerksamkeit, Ermüdung usw.) werden weitgehend ausgeschaltet.

b) Die Qualität und Homogenität des Fertigproduktes wird verbessert.
c) Belastungsgrenzen, Sicherheitsgrenzen und die Arbeitszeit werden besser ausgenutzt; Rentabilität und Produktivität steigen.

Automatisierte Anlagen, gelenkte Prozesse sind überdies leichter umstellbar, sie lassen sich besser an die gerade vorliegenden Bedingungen anpassen. Dies ist z. B. beim Bau von kleinen Serien vorteilhaft. Die Fertigungseinrichtung kann laufend in kürzester Zeit auf die verschiedensten zu fertigenden Teile umgestellt werden: Die Lagerkosten verringern sich, die Wettbewerbsfähigkeit steigt. Die Voraussetzungen zur (selbsttätigen) Prozeßlenkung sind:

a) Die Fertigungseinrichtung muß ausreichend mechanisiert sein.
b) Die zu beeinflussenden Betriebsgrößen müssen durch Stellglieder veränderbar sein. Stellglieder sind z. B. Motoren, Stromrichter, Ventile, Leitbleche usw.
c) Meßfühler müssen mit ausreichender Genauigkeit den Betriebszustand ermitteln und sodann an die Automatisierungseinrichtungen in geeigneter Form weitergeben. Vor allem die Leistungsfähigkeit der Meßfühler, wie Temperaturmesser, Spannungs- und Stromwandler, elektronische Waagen, Ortsmeßeinrichtungen, Dickenmesser, Füllstandsmesser usw., bestimmt im wesentlichen den Grad der möglichen Automatisierung: Wo wir nicht messen können, da können wir auch nicht automatisieren.

Eine Einrichtung zur Lenkung von Prozessen, eine Automatisierungseinrichtung besteht nun aus Steuerungseinrichtungen, Regelkreisen oder Prozeßrechnern (s. u.).

In einer Automatisierungseinrichtung können diese Arten einzeln oder gemeinsam auftreten.

Die Steuerungseinrichtung schreibt einen bestimmten Programmablauf vor, der in Stufen unterteilbar ist. Steuerungseinrichtungen können zum Teil aus sehr umfangreichen Anlagen bestehen, vor allem dann, wenn (z. B. beim Anfahren von Turbinen) Rückschübe im Programm notwendig sind oder sich Verkürzungen des Programms als zulässig erwiesen.

Steuerungseinrichtungen liefern an den Prozeß Stellgrößen oder Führungsgrößen und erhalten von ihm Entscheidungszeichen. Die Entscheidungszeichen veranlassen, daß der nächste im Programm anstehende Befehl ausgeführt wird. Das Programm, das

den Ablauf des Geschehens steuert, ist in einem Speicher (Lochschablone, Lochkarte, Magnetband usw.) untergebracht.
Durch Störgrößen gefährdete Betriebsgrößen müssen geregelt werden. Regelkreise verringern weitgehend den Einfluß von Störgrößen (wie Belastungsschwankungen, Temperaturänderungen usw.). Diese einfachen, aber äußerst wirksamen Einrichtungen zwingen die zu regelnde Größe – die Regelgröße –, ihren vorgeschriebenen Wert einzunehmen. Im Programm vorgesehene Änderungen der Regelgröße lassen sich schnell erreichen.
Die Regelkreise erhalten die vorgeschriebenen Werte der Regelgrößen, ihre Führungsgrößen, von den vorgeschalteten Steuerungseinrichtungen oder in der vollkommensten Form vom Prozeßrechner.
(Der Prozeßrechner liefert seine Ergebnisse in Form von Führungsgrößen in dem Zeitpunkt an die Fertigungseinrichtung, in dem sie gebraucht werden.)
Sind Führungsgrößen von Regelkreisen aus Meßgrößen, Zustandsgrößen und Eingabegrößen über arithmetische Beziehungen zu ermitteln oder andere logische Operationen größeren Umfangs zu erledigen oder schließlich Entscheidungen zu fällen, so wird man im automatisierten Betrieb Prozeßrechner benutzen.
Ein Industriewerk besteht im allgemeinen aus einer Kette von Fertigungsstätten, deren Glieder das Arbeitsgut aufnehmen und in veränderter Form oder Zusammensetzung an das nächste Kettenglied weiterreichen. Von den vielen Organisationsformen der Fabrikationsstätten seien hier nur einige der wichtigsten erwähnt.

In der Verfahrenstechnik sind es:
a) der kontinuierliche Betrieb;
b) der Chargenbetrieb (diskontinuierliche Betrieb).

In der Fertigungstechnik sind es:
a) Fertigungsstraßen mit durchlaufendem Arbeitsgut;
b) Taktstraßen;
c) Montagebetriebe.

Der kontinuierliche Betrieb ist durch einen ständigen Zufluß von Material und Energie gekennzeichnet. Im Chargenbetrieb ist ein bestimmter Algorithmus (ein eindeutiges automatisches Verfahren) abzuwickeln. Fertigung mit durchlaufendem Arbeitsgut (Kunststoffmaschinen, Oberflächenbehandlungswerke, Papiermaschinen) sind durch den zeitlichen Gleichlauf der Antriebe und Werkzeuge gekennzeichnet, der allen beteiligten Fertigungsstätten durch das gemeinsame Arbeitsgut aufgezwungen wird. In Taktstraßen und in Montagebetrieben trifft sich eine Menge von Einzelteilen an einem bestimmten Ort. Sie werden dort bearbeitet (Taktstraße) oder zu einem Ganzen zusammengestellt (Montagebetrieb).

Betrachten wir zunächst Fertigung mit durchlaufendem Arbeitsgut: Jedes einzelne Kettenglied, welches das durchlaufende Arbeitsgut behandelt, wird von einer lokalen zugeordneten Automatisierungseinrichtung gesteuert. Die Automatisierungseinrichtungen dieser ersten Zone bestehen im wesentlichen aus Regelkreisen und einigen Programmsteuerungen, die an die Glieder der Fertigungskette Stellgrößen verteilen.

Die Arbeiten der einzelnen Glieder in der Fertigungskette dienen einem gemeinsamen Ziel. Sie müssen sich daher einer übergeordneten Gesetzmäßigkeit unterordnen. Die Automatisierungseinrichtungen der ersten Zone bekommen ihre Informationen von einer übergeordneten Zone von Automatisierungseinrichtungen, die wiederum von vorgegliederten Geräten ihre Leitwerte erhalten.

Die Automatisierungseinrichtungen sind also pyramidenartig gestaffelt. Die Basis dieses hierarchischen Aufbaus sind die Glieder der Fertigungskette. Die Spitze bildet eine zentrale Automatisierungseinrichtung, die mit dem Rechenzentrum verbunden sein kann. Diese Aufteilung trennt natürlich nur Funktionsgruppen voneinander. Es ist durchaus möglich, daß mehrere Funktionsgruppen baulich in einer Einheit zusammengefaßt werden.

Diese Pyramide von Automatisierungseinrichtungen kann nur funktionieren, wenn sie mit Informationen über den Zustand des Arbeitsgutes, der Arbeitsmaschine, des Rohstoffes und der beteiligten Umwelt versorgt wird. Die Automatisierungseinrichtungen der ersten Zone arbeiten zeitsynchron mit dem Fertigungsprozeß: Alle Führungsgrößen müssen in dem Zeitpunkt geliefert werden, in dem man sie benötigt. Werden die Automatisierungseinrichtungen der ersten Zone durch Prozeßrechner unterstützt oder ergänzt, dann müssen auch diese zeitsynchron ihre Rechenergebnisse liefern (z. B. der Inneninterpolator der Bahnsteuerung bei der numerischen Steuerung von Werkzeugmaschinen).

Die Fertigungseinrichtung bestimmt also den Zeitpunkt, in dem

ein neues Resultat vom Rechner benötigt wird. Sie liefert an ihn Entscheidungszeichen und erhält dann neue Führungsgrößen. Man sagt dann, der Prozeßrechner arbeitet im closed-loop-Betrieb. Im open-loop-Betrieb werden z. B. Betriebsberichte erstellt, die über Stillstandszeiten, Grenzwertüberschreitungen, Fertigungszahlen usw. Auskunft erteilen. Diese Berichte können zu beliebigen oder festgelegten Zeitpunkten angefordert werden. Im open-loop-Betrieb werden auch Meßwerte vorverarbeitet, man bildet z. B. Mittelwerte, Summen, Extremwerte usw.
Bei Taktstraßen und in Montagebetrieben wird ein Dispositionsrechner dafür sorgen, daß die richtigen Teile zur richtigen Zeit am richtigen Ort erscheinen. Die Automatisierungseinrichtungen der ersten Zone haben dann die geeigneten Montagehandlungen oder Bearbeitungsvorgänge zu veranlassen.
Ein Fertigungsprozeß läßt sich nicht von heute auf morgen automatisieren. Jede Ausbaustufe setzt die Automatisierung lokaler Aufgaben voraus. Die lokalen Abschnitte sind aber im Hinblick auf das Ganze so zu gestalten, daß sie sich änderungsfrei jederzeit in eine zentral gelenkte uneingeschränkte Automatisierung eingliedern lassen. Voraussetzung und Beginn einer Automatisierung sind aber sehr oft die Regelkreise, die unmittelbar an den Fertigungsgeräten angebracht sind.

. . .

## 3.2 Kybernetik in Biologie und Medizin

Vorbemerkung:
Die in 3.21 angeführte Abhandlung über ›Ultrastabilität‹ von W. Wieser ist seinem Buch ›Organismen, Strukturen, Maschinen‹, 1959, S. 52–60, entnommen; dennoch handelt es sich um eine relativ abgeschlossene Darstellung, die sich als Ergänzung bisher genannter bio-kybernetischer Sachverhalte ausgezeichnet eignet. (Bei der Lektüre ist allerdings zu beachten, daß Wieser gelegentlich nicht exakt genug zwischen Regelung und Rückkopplung unterscheidet.)
Das in 3.22 abgedruckte Kapitel über ›Möglichkeiten und Grenzen der Kybernetik in der Biologie‹ von B. Hassenstein findet sich in seinem Buch ›Biologische Kybernetik‹, 1965, S. 123–127.

Im Zusammenhang mit unserem Leitfaden erweisen sich die Betrachtungen Hassensteins als eine wertvolle Erweiterung des bisher Gesagten.
Auch die in 3.23 folgenden Ausführungen über Kybernetik in der Medizin (genauer müßte man sagen: über kybernetische Methoden in der Medizin) sind dem genannten Buch von Hassenstein entnommen (S. 128/129). Ich habe auf diesen Artikel zurückgegriffen, weil die medizinische Fachliteratur so viele Fremdwörter benutzt, daß eine Lektüre sehr erschwert wird.

### 3.21 *W. Wieser: Ultrastabilität*

...
Wie schon erwähnt, bezeichnet Homöostasis die Fähigkeit von Organismen, ihr inneres Milieu innerhalb gewisser Grenzen stabil zu erhalten.
Rückkopplung ist zweifellos ein notwendiger Bestandteil aller homöostatischer Mechanismen; aber kann ein so einfaches Rückkopplungssystem wie z. B. der Thermostat die Homöostasis von Lebewesen erklären – oder vielmehr mit genügender Genauigkeit abbilden? Um diese Frage zu beantworten, müssen wir uns darüber klar werden, daß die bisher zitierten Beispiele für technische Rückkopplungssysteme: Flugabwehrkanone und Thermostat, sehr starre Systeme mit genau determinierter Anpassungsfähigkeit sind. Ihr Fortschritt gegenüber linearen Reaktionen besteht darin, daß ein ganz bestimmter Aspekt der Umwelt (also ein feindliches Flugzeug oder die Temperatur eines Raumes) in das Schaltnetz miteinbezogen ist. Während lineare Reaktionen ganz unabhängig von der Umwelt ablaufen, sind Reaktionen mit Rückkopplung, wie sie bisher betrachtet wurden, von jenem Aspekt der Umwelt, für den sie gebaut wurden, abhängig, aber von keinem anderen. Ist der Zustand an diesem bestimmten Punkt gegeben, sind sie ebenso starr und determiniert wie lineare Reaktionen. Störungen ihres Schaltnetzes können in keinem Fall ausgeglichen werden. Damit ist aber auch schon gesagt, daß derartige Systeme keine zureichende Analogie der Homöostasis von Lebewesen darstellen können. Deren Charakteristikum ist vielmehr, daß sie sich an eine große Vielzahl von Umweltände-

rungen anpassen und daß sie – in gewissen Grenzen – Verletzungen ohne wesentlichen Verlust ihrer Funktionstüchtigkeit kompensieren können.
Es sei nun gleich vorweggenommen, daß in den letzten zehn Jahren technische Modelle bekanntgeworden sind, die diese Fähigkeit von Lebewesen – nennen wir sie ›pluripotente Anpassung‹ und Regeneration – ebenfalls besitzen. Das Verdienst für diesen Fortschritt gebührt vor allem dem englischen Physiologen W. Ross Ashby. Dieser hat einen Apparat, den Homöostaten, gebaut, der sein ›inneres Milieu‹, also einen bestimmten Zustand, trotz vielfältiger innerer und äußerer Störungen aufrechterhält. Diese Fähigkeit, die derselben Fähigkeit von Lebewesen – wenn auch nur in ganz abstrakter Weise – analog ist, wurde von Ashby Ultrastabilität genannt.
Wenn wir einfache Rückkopplungssysteme als ›stabil‹ bezeichnen, dann läßt sich der Fortschritt von linearen Reaktionen zu stabilen Systemen mit der Einführung eines einzigen grundsätzlichen Prinzips – eben dem der Rückkopplung – verknüpfen. Gleichermaßen läßt sich der Fortschritt von stabilen zu ultrastabilen Systemen mit einem einzigen Prinzip: dem der Stufenfunktion, in Verbindung bringen. Rückkopplung ist das einfachste materielle Korrelat jenes Verhaltensphänomens, das wir Anpassung nennen. Stufenfunktionen repräsentieren das Korrelat der Anpassung, verknüpft mit einem weiteren, komplizierteren Prinzip: dem des Wahlvermögens oder der Spontaneität – beides augenscheinlich eminent wichtige Charakteristika des Lebens.
Die Definition der Stufenfunktion ist – ebenso wie die der Rückkopplung – sehr einfach. Nehmen wir ein System, das sich durch Veränderung einer einzigen Variablen an bestimmte Umweltsänderungen anpaßt, also z. B. den Thermostaten, der sich durch Erhöhung oder Verringern der Wärmezufuhr an Temperaturschwankungen anpaßt. Falls nun die Umweltänderungen dergestalt sind, daß kein einziger Wert der betreffenden Variablen einen stabilen Zustand herbeiführen kann, dann tritt eine neue Schaltung in Funktion, das System macht gleichsam einen Sprung und sucht nun entlang einer neuen Variablen seinen alten stabilen Zustand. Falls auch diese Variable nicht zum gewünschten Ergebnis führt, dann folgt ein weiterer Sprung usw., bis Stabilität endlich erreicht ist. Der Bereich, in dem jede der Hauptvariablen wirksam ist, wird auch ›Feld‹ genannt. Stufenfunktionen sind also jene Schaltprinzipien, die einem System erlau-

ben, von einem Feld in ein anderes überzugehen. Ein ultrastabiles System muß die weitere Eigenschaft haben, alle jene Felder zu verlassen, die es in kritische (unstabile) Zustände versetzen, und jenes beizubehalten, in dem ein stabiler Zustand erreicht werden kann (s. Ashby, ›Design for a Brain‹, S. 91).

Ashbys Homöostat besteht aus vier Schalteinheiten oder Untersystemen, die miteinander verbunden sind und zusammen ein absolutes (von der Umwelt unabhängiges) System darstellen. Jede Einheit besitzt einen beweglichen Magneten, dessen Abweichungen von einer zentralen Position auf einer Skala abgelesen werden können. Stehen alle vier Magneten in zentraler Position, dann zeigt dies an, daß sich das ganze System in einem stabilen Zustand befindet. Die Stabilität des Systems wird durch eine bestimmte Kombination von Variablen (Parameter-Werten) bedingt. Die Schaltung des Systems ist nun dergestalt, daß die vier Magneten durch jede Störung zuerst aus ihrer stabilen Position gebracht werden, dann aber aktiv versuchen, diese wieder zu erreichen. Ist die Störung nur gering, dann erfolgt die Rückkehr in den stabilen Zustand durch eine einfache Rückkopplung innerhalb der alten Parameter-Werte; überschreitet die Störung jedoch ein kritisches Niveau, d. h. weichen die Magneten von der zentralen Position um mehr als einen gegebenen Betrag ab, dann kann Stabilität nicht mehr innerhalb der alten Parameter-Werte erreicht werden, und das System beginnt zu oszillieren. Dieser Zustand wirkt als ein Signal, und ein neues Element: ein Stufenschalter, tritt in Funktion. Jede der vier Einheiten besitzt einen Stufenschalter, der sich auf 25 verschiedene Parameter-Werte einstellen kann. Da die vier Stufenschalter miteinander verbunden sind, können sich die 4 mal 25 Parameter-Werte beliebig miteinander kombinieren, was 390 625 verschiedenen Werten oder ›Stufen‹ entspricht. Jeder kritisch gestörte Zustand des Systems veranlaßt nun den Stufenschalter, die Parameter-Werte zu ändern, also von einem Feld in ein anderes überzugehen. Kann in diesem neuen Feld Stabilität erreicht werden, dann kehren die Magneten in ihre zentrale Position zurück, wenn nicht, dann folgt eine neuerliche Änderung der Parameter-Werte usw., bis schließlich ein Feld erreicht wird, in dem Stabilität möglich ist.

Halten wir fest, daß der Homöostat zwei Prinzipien miteinander verbindet: das der Rückkopplung, die Stabilität innerhalb gewisser Parameter-Werte ermöglicht, und das der Stufenfunktion, die Stabilität in kritischen Situtationen anstrebt, indem sie die Parameter-Werte oder das Feld des Systems ändert. Von Bedeutung ist, daß die Wahl der neuen Parameter-Werte rein zufällig erfolgt. Die Stellungen des Stufenschalters sind nur von diesem selbst und nicht vom Rest des Systems abhängig – und bei der Konstruktion des Schalters wurde darauf geachtet, die möglichen Stellungen in völlig regelloser Weise aufeinanderfolgen zu lassen. Dieses Prinzip bildet am besten die Versuch-und-Irrtum-Methode ab, die vor allem niedere, aber auch höhere Lebewesen anwenden, um sich kritischen Situationen zu entziehen. Z. B. wird ein schwimmendes Pantoffeltierchen, das sich in eine sauerstoffarme Region seines Wohnwassers hineinmanövriert hat, versuchen, aus dieser herauszukommen, indem es aufs Geratewohl seine Schwimmrichtung ändert. Bleibt trotz Richtungsänderung die Situation gleich unangenehm, dann folgt Änderung auf Änderung, bis ein Weg aus der Kalamität gefunden ist. Diese Richtung wird beibehalten; sie entspricht einem temporären stabilen Zustand.

Die Regulationsfähigkeit des Homöostaten ist natürlich begrenzt, geht aber doch weit über das hinaus, was wir von den einfachen Rückkopplungssystemen wie dem Thermostaten kennen. Störungen können vielfältiger Art sein. Besonders instruktiv ist die Tatsache, daß der Apparat so etwas wie ›Wundheilung‹ kennt. Es kann nämlich ein Teil (allerdings nicht jeder Teil) der Leitung einfach herausgenommen werden, und das System wird sich trotzdem nach mehreren Versuchen wieder auf einen stabilen Zustand einstellen. Dies zeigt erneut die Bedeutung des Begriffs der Komplexität, denn es bedarf eines bereits recht komplexen Schaltapparates mit vielen Leitungen, um ein so unerwartetes Phänomen wie das der Regeneration in einer Maschine demonstrieren zu können. Quantitativ einfacheren Systemen ist dieses – qualitativ – neue Stadium der Regulation nicht erschlossen.

Wie weit man mit den Störungen gehen kann, ohne die Regulationsfähigkeit zu beeinträchtigen, hängt natürlich von der Gesamtstruktur des Systems ab – wie das ja auch für Lebewesen zutrifft.

Ein weiteres Phänomen, das mit dem Reichtum der Schaltmöglichkeiten in den vier Stufenschaltern zusammenhängt, ist bemerkenswert. Da die Änderung der Parameter-Werte regellos aufeinanderfolgen, kann in jedem Moment eine der 390 625 Schalt-

möglichkeiten verwirklicht sein – welche, ist jedoch erst feststellbar, wenn das System auseinandergenommen und sein Schaltbild studiert worden ist, also erst nach ›Dissektion‹ des Apparates.
Für den naiven Beobachter zeigt der Homöostat zweifellos die Eigenschaft der Spontaneität. Er versucht, sich mit Hilfe einer bestimmten Methode (dem jeweiligen Parameter-Wert) an eine Umweltstörung anzupassen.
Führt diese Methode nicht zum gewünschten Erfolg, dann wird eine andere versucht (d. h. ein anderer Parameter-Wert gewählt). Dies ist die Beschreibung spontaner Handlung, wie wir sie auch auf Grund der Beobachtung von Tieren gewinnen können. Besonders an niederen Tieren läßt sich der Übergang von einer Verhaltensweise in eine andere, mit dem Zweck, einen stabilen inneren Zustand zu erreichen, leicht studieren. Vielleicht das bekannteste Beispiel dafür ist das Verhalten des Einzellers Stentor, das von Jennigs genau untersucht wurde. Wird Stentor gereizt, indem man einen Regen feiner Körnchen, z. B. Karmin oder Tusche, auf seine Mundscheibe rieseln läßt, so ändert sich zunächst nichts am Verhalten des Tieres. Die Körnchen werden in das Protoplasma aufgenommen. Wird der Körnchenregen fortgesetzt, dann erfolgt eine genau definierte Reaktion: Das Tier biegt sich nach mehreren Richtungen und versucht auf diese Weise, der Störung in seinem Lebensraum zu entgehen. Führt dies zu keinem Erfolg, dann wird etwas Neues ausprobiert, nämlich die Richtung des Wimperschlages wird umgekehrt, so daß das Wasser nun von der Mundscheibe weg- anstatt auf sie zuströmt. Ist auch dies vergeblich, dann kontrahiert sich Stentor in seinem Gehäuse. Und schließlich, als letzter, äußerster Schritt, wird das Tier sein Gehäuse verlassen und davonschwimmen. Dasselbe Prinzip läßt sich in subtiler Weise auch an der Aufrechterhaltung harmonischer Bewegungsformen bei höheren Organismen nachweisen. v. Holst zeigte, daß die Schwingungen der Flossen eines Fisches miteinander gekoppelt sind, d. h. die Rhythmen der einzelnen Flossen stehen in bestimmten – meist einfachen – Verhältniszahlen zueinander und bauen auf diese Weise höhere Ordnungsformen, Perioden auf. Jede Periode hat nun das Bestreben, sich unabhängig von äußeren oder inneren Reizeinflüssen stabil zu erhalten. Erst wenn die äußersten Bedingungen ihrer Stabilität überschritten werden (z. B. durch radikale Umweltänderungen wie Sauerstoffmangel), erfolgt der sprunghafte Übergang in eine neue

Periode. Die Ursache für diesen Sprung ist die Änderung der Sauerstoffzufuhr in das Wohnwasser des Fisches.
Ebenso läßt sich bei Landtieren beobachten, wie die operative Entfernung von Extremitäten die Rhythmik der Bewegung sprunghaft verändert. Besonders deutlich ist dies bei vielbeinigen Insekten, z. B. dem Hundertfuß Lithobius, der seine Bewegungsweise der Anzahl der noch vorhandenen Beinpaare anpaßt. Mit vier Beinpaaren läuft er wie eine Eidechse. Jeder dieser neuen Rhythmen ist die bestmögliche Anpassung an die gegebenen mechanischen Verhältnisse, um eine geradlinige Fortbewegung so effektiv wie möglich aufrechtzuerhalten.
Wir sehen also, wie in all diesen Fällen – vom Verhalten Stentors bis zu den Bewegungen des Hundertfußes – eine Reihe von Reaktionen mit dem einzigen Zweck ausprobiert werden, den ursprünglichen, ungestörten Zustand des Tieres (den wir als ›stabil‹ bezeichnen können) wiederherzustellen. Es muß betont werden, daß die Phänomenologie dieses Vorganges dem entsprechenden Verhalten des Homöostaten durchaus gleicht, wenn dieser sie auch nur in rein abstrakter Form abbildet. Ashby fand es auf Grund dessen berechtigt, die Hypothese aufzustellen, daß Stufenfunktionen auch im Bereich des Lebendigen eine dominierende Rolle in der Anpassung der Organismen an ihre Umwelt spielen müssen.

### 3.22 *B. Hassenstein: Kybernetik in der Biologie: Möglichkeiten und Grenzen*

Im Mittelpunkt der Kybernetik stehen Begriffe wie Regelkreis, Informationsmenge in bit, Redundanz, Code usw. Diese muß man logisch und an Hand anschaulicher Beispiele beherrschen, wenn man sich ein Bild von den Grenzen und Möglichkeiten der Kybernetik in der Biologie machen will.
Wissenschaftliche Aussagen der Kybernetik, die mit Begriffen wie den eben genannten arbeiten, haben gewöhnlich folgende Form: »Unter diesen oder jenen Voraussetzungen verhält sich ein System bestimmter Art folgendermaßen ...« Ein Beispiel dafür: »Bei zunehmender innerer Verstärkung wird ein Regelkreis, anstatt seinen Sollwert konstant zu halten, instabil und

erzeugt Schwingungen zunehmender Schwingungsweite.« In der biologischen Kybernetik geht es nun nicht um die Herleitung solcher allgemeingültiger Sätze – dies ist Sache der mathematischen oder technischen Kybernetik –, sondern um ihre Anwendung auf biologische Vorgänge. Diese aber ist nur dort sinnvoll, wo es Systeme, die sich durch Begriffe und Gesetze der Kybernetik erfassen lassen, im Bereich der Lebewesen auch wirklich gibt. Wo die wissenschaftlichen Möglichkeiten der biologischen Kybernetik liegen, ist demnach nicht von der Willkür und den Plänen der Wissenschaftler abhängig, sondern liegt im Gegenstand der Forschung begründet. Alle Versuche, kybernetisch beschreibbare Zusammenhänge dort aufzudecken, wo sie nicht vorliegen, führen zu unfruchtbaren Spekulationen und sind über kurz oder lang zum Scheitern verurteilt. Die biologische Kybernetik ist also an ihren Forschungsbestand gebunden und durch ihn begrenzt.

Wie aber kann man im einzelnen diese Grenze finden und abstecken? Jeder biologische Vorgang, so z. B. der Gesang der Nachtigall, wirft für die Biologie eine Fülle von Fragen auf, die alle mit den Mitteln verschiedener Wissenschaftsrichtungen zu untersuchen und zu beantworten sind: Physikalische Methoden werden in diesem Beispiel anzuwenden sein, um die Entstehung der verschiedenartigen Töne verständlich zu machen; anatomische Untersuchungen müssen uns den Aufbau des Stimmorgans lehren; die Verhaltensforschung muß mit ihren Methoden klären, welche Rolle der Gesang im Leben der Nachtigallen spielt. Wo liegt hier ein Problem für die biologische Kybernetik? Es ist keineswegs ausgemacht, daß jeder Forschungsgegenstand ein Problem bietet, das zu seiner Lösung kybernetischer Untersuchungsmethoden bedarf; hier jedoch könnte folgende Spezialfrage in ihr Gebiet fallen: Auf welche Weise bestimmt das Gehirn des singenden Vogels die Reihenfolge, in der die verschiedenen Strophen aufeinanderfolgen? Ist die Reihenfolge völlig unregelmäßig, oder lassen sich Zwischensymboleinflüsse erkennen? Wenn das Wort ›Zwischensymboleinfluß‹ hier sachgerecht anwendbar ist, so deutet dies darauf hin, daß hier wirklich ein kybernetisches Problem stecken könnte. An dieser Stelle könnte also die Kybernetik vielleicht zum Verständnis eines biologischen Vorganges beitragen, wenn es sich auch – wie in vielen Fällen – nur um einen unter vielen Aspekten des Vorganges handelt.

Manchmal wird die Meinung laut, in der biologischen Kybernetik handle es sich im wesentlichen um eine mathematische Beschreibung biologischer Fakten, und darin liege das Besondere dieser Wissenschaftsrichtung. Das ist jedoch nicht richtig: Grundsätzlich ist jeder beliebige biologische Vorgang einer mathematischen Beschreibung zugänglich, und sei es in Begriffen der Statistik. Die Profillinie eines jeden menschlichen Gesichts läßt sich in mathematische Formeln fassen; ein solches Unternehmen in größerem Maßstab wäre allerdings eine recht fragwürdige Anwendung der Mathematik auf biologische Fakten und erst recht keine biologische Kybernetik. Jeder einzelne biophysikalische und biochemische Vorgang (Beispiele: Muskelkontraktion, Synthese von Salzsäure im Magen) ist mathematisch beschreibbar und wird auch vielfach – zur Erfassung der Gesetzmäßigkeiten und damit zu seinem wissenschaftlichen Verständnis – mathematisch formuliert. Eine solche mathematische Formulierung hat aber nur dann einen biologisch-kybernetischen Sinn, wenn der betreffende Vorgang infolge seiner speziellen mathematischen Form eine bestimmte Rolle in einem Prozeß der Regelung, Steuerung, Informationsübertragung oder Datenverarbeitung spielt. Sonst handelt es sich allein um Biophysik oder um Biochemie.

Wir kommen damit aber auf die vorangegangene Formulierung zurück: Kybernetische Probleme liegen in der Biologie nur dort, wo die Begriffe dieser Forschungsrichtung sinnvoll auf biologische Vorgänge anzuwenden sind. Hierin liegt denn auch die beste Abwehr gegen Scheinprobleme: Wenn jemand behauptet, ein kybernetisches Problem gefunden zu haben, so muß es möglich sein, dieses – zumindest hypothetisch – in Fachausdrücken dieser Wissenschaft oder einem Blockschaltbild darzustellen. Gelingt das nicht, so handelt es sich gewöhnlich um Spekulationen ohne wissenschaftlichen Wert.

Man kann sich jedoch – mit aller Vorsicht – Gedanken darüber machen, welche heute noch ungelösten Probleme der Biologie vielleicht einmal durch Methoden der biologisch-kybernetischen Forschung geklärt werden können. Hier kommen u. a. folgende drei Lebensvorgänge in Frage:

1. Die Fähigkeit des Formensehens. Man betrachte z. B. die bekannten geometrisch-optischen Täuschungen und frage sich: Weisen diese auffälligen Phänomene auf Mängel unseres Form-Auswertungssystems hin? Oder kommen in den Täu-

schungen gerade Sonderleistungen der Formwahrnehmung zum Ausdruck, welchen diese ihre Präzision und Leistungsfähigkeit verdankt?

2. Das Gedächtnis und sein Abruf-Mechanismus. Hier wäre beispielsweise zu klären, womit es zusammenhängt, daß ein Gedächtnisinhalt um so schneller und besser haftet (›eingespeichert wird‹), je mehr Assoziationen er bildet (man würde ja eher vermuten, dies könne die Lernarbeit nur erschweren). Hängt damit zusammen, daß die ›Ganzwortmethode‹ im Schulunterricht nicht nur möglich ist, sondern sogar bestimmte Vorteile gegenüber der synthetischen Methode besitzt? Ferner verstehen wir beispielsweise noch nicht, warum das Neuerlernen z. B. von Namen manche ähnliche Namen aus dem Gedächtnis verdrängen kann, andere dagegen nicht zu berühren scheint usf.
3. Die ›innere Uhr‹ der Organismen. Diese Instanz läßt die Tiere und den Menschen auch unter Ausschaltung sämtlicher Zeitgeber (Sonnenaufgang und -untergang, periodische Geräusche u. ä.) einen rund 24stündigen Rhythmus vieler Lebenserscheinungen einhalten (Schlafen und Wachen, Schwankungen der Körpertemperatur u. ä.).

An der Aufklärung aller drei Probleme wird zur Zeit an vielen Stellen der Welt intensiv gearbeitet.

Jetzt sei noch die Frage aufgeworfen, welchen Einfluß die Entwicklung der Kybernetik auf Grundanschauungen der Biologie ausgeübt hat oder ausüben könnte. Hierzu läßt sich in wenigen Stichworten folgendes sagen: Mit der Kybernetik haben Begriffe, Denkweisen und Methoden in der Biologie Eingang gefunden, die zum großen Teil in der Technik und Mathematik entwickelt wurden, so z. B. die Hauptbegriffe des Regelkreises und der Information. Man hat manchmal gemeint, dadurch würde ein der Biologie wesensfremdes Element in sie hineingetragen. In Wirklichkeit ist es aber eine Bereicherung für die Biologie, wenn die Forschung auch in diejenigen Bereiche eindringt, in denen nun einmal Gesetzmäßigkeiten herrschen, die den aus der Technik bekannten entsprechen. Es ist – vom Standpunkt der Biologie her betrachtet – gewiß ein historischer Zufall, daß manche Gesetzmäßigkeiten früher von Technikern entwickelt als von Biologen entdeckt wurden; die Folge davon ist natürlich die, daß die entsprechenden wissenschaftlichen Begriffe zunächst in der Technik gebildet wurden. Man könnte in der Biologie natürlich versuchen, nachträglich eine von der Technik unabhängige Sonderterminologie auszubilden; aber diese würde sich niemals durchsetzen, weil die Wissenschaften stets dazu neigen, gleiches mit demselben Begriff zu erfassen; und ein biologischer Regelkreis unterscheidet sich nach allen bisherigen Kenntnissen in seinem Wesen nicht von den in der Technik bekannten. – Wo ein in der Technik verwendbarer Begriff einmal zuerst von Biologen gebildet wurde, übernimmt ihn ja bisweilen auch die Technik in ihre Fremdsprache. So wird bei Lernmatrizen, also im Bereich der Nachrichtentechnik, von ›bedingten Verknüpfungen‹ gesprochen und damit die Wortbildung eines Biologen *(Pawlow)* verwendet.

Die Kybernetik bringt nun, wenn man sie recht versteht, nicht nur nichts Wesensfremdes in die Biologie hinein, sondern sie fördert sogar die Rehabilitierung zweier zutiefst biologischer Begriffe: Den der Ganzheit und den der Spontaneität. Beide waren ins ideologische Kampffeld des Mechanismus-Vitalismus-Streites geraten. Die Vitalisten führten ganzheitsbezogenes Verhalten als mechanistisch nicht erklärbar ins Feld und forderten zu seiner Deutung einen nicht physikalisch-chemischen ›ganzmachenden Faktor‹; die Mechanisten ihrerseits verdächtigen diejenigen, die ganzheitsbezogene Lebensvorgänge anerkannten und beschrieben, der vitalistischen Spekulation. Ähnliches widerfuhr dem Begriff der Spontaneität des ZNS; wer damit rechnete, daß das ZNS Signale bildet, welche nicht von Außenreizen ausgelöst werden, verfiel damit der Ablehnung aus dem einzigen Grund, weil dies einer mechanistischen Anschauung der Lebensprozesse zu widersprechen schien. So kam es, daß diese Begriffe jahrzehntelang nicht zum Gegenstand vorurteilsloser Forschung und Lehre gemacht wurden. Mit der Kenntnis der selbsttätigen Regelung, die inzwischen zum Allgemeingut aller Biologen wurde, hat jedoch die Verdächtigung des Begriffes der Ganzheit aufgehört; denn auch Regelsysteme halten einerseits, als seien sie ›zielstrebig‹, ihren Zustand gegen Abweichungen beliebiger Richtungen aufrecht und verhalten sich dadurch ›ganzheitlich‹; andererseits sind sie aber kausal völlig durchsichtig und determiniert. Ebenso hat man inzwischen eingesehen (und ist zudem durch zahlreiche experimentelle Befunde davon überzeugt worden), daß Nervenzellen, ohne Meldung von außen zu empfangen, Aktionspotentiale abgeben können; dies verstößt weder gegen das Energieprinzip noch gegen das Kausalprinzip (sie

verbrauchen dabei Stoffwechselenergie!). – Der für die Biologie entscheidend wichtige Vorstellungsbereich des Ganzheitscharakters der Organismen und der Spontaneität des ZNS ist also durch das funktionelle Denken von hemmenden Fesseln befreit worden. Die Kybernetik fördert dabei das biologische Denken.
Biologischen Phänomenen ist man erst dann vollständig wissenschaftlich gerecht geworden, wenn man sie nach Form und Funktion erfaßt hat. Daraus geht einerseits hervor, daß kybernetische Analysen stets nur die eine Seite der biologischen Wirklichkeit erfassen, nämlich die funktionelle (und auch von dieser nur einen, den kybernetischen Aspekt); die anatomische Untersuchung muß hinzukommen, will man eine Untersuchung als abgeschlossen ansehen können. Andererseits ist in einer bestimmten Fachrichtung, der Histologie des Nervensystems, die Erforschung der Form weit vorangetrieben, ohne daß die Erforschung der Funktion folgen konnte: Manche Hirnteile z. B. haben eine überaus auffällige Architektonik (z. B. das Kleinhirn), andere zeigen keine solche, ohne daß wir dies bislang funktionell verstehen können. Hier wird kaum eine andere Methode als die biologische Kybernetik dazu fähig sein, die funktionelle Bedeutung der Strukturen aufzuklären.

## 3.23 *B. Hassenstein: Kybernetik in der Medizin*

Überall, wo sich biologische Forschung an Mikroorganismen, Pflanzen und Tieren mit Lebenserscheinungen beschäftigt, die in ähnlicher Form auch beim Menschen vorkommen, besteht die Möglichkeit, daß ihre Ergebnisse auch der Medizin fruchtbar gemacht werden können. Dies gilt auch für die biologische Kybernetik. Besonders wichtig für den Arzt ist folgender, der biologischen Regelungslehre entstammende Gesichtspunkt:
Der Arzt steht häufig vor der Aufgabe, bestimmte Zustände, in denen sich der Körper gerade befindet (z. B. Fieber, zu hoher Blutdruck), abzuändern. An diese Aufgabe muß er in ganz verschiedener Weise herangehen, je nachdem, ob das Symptom von einem Regelmechanismus abhängig ist oder nicht. Durch Aderlaß kann man z. B. den Blutdruck nicht verringern, und zwar weil dieser durch eine Regelung konstant gehalten wird.

Ist er zu hoch und beschwört dadurch die Gefahr des Schlaganfalls herauf, so muß dies an einer fehlerhaften Regelung liegen. Man hat daher Erfolg mit Medikamenten, welche auf das ZNS wirken und den Regelmechanismus (z. B. die Führungsgröße) beeinflussen.
Ein ähnliches Problem kann das Schielen aufwerfen: Wenn man die Augenmuskeln des schielenden Auges chirurgisch verkürzt und dadurch das Auge richtig stellt, so kcmmt es vor, daß der Organismus paradoxerweise im Laufe der Zeit das Erreichte rückgängig macht und den ursprünglichen krankhaften Zustand wiederherstellt. Man sieht daran, daß in diesem Fall die Führungsgröße eines Regelkreises krankhaft verändert war, nämlich desjenigen, der die Augenachsen je nach der Entfernung des Gesehenen parallel oder konvergent einstellt. Durch die Operation war hier wohl ein Symptom, nicht aber die Wurzel des Übels beeinflußt worden; oder in der Sprache der Regelkunde: Der fehlerhafte Sollwert blieb erhalten, nur eine Störgröße wurde neu eingeführt, und diese wurde vom Regelsystem wieder auskorrigiert. Auch hier ist es also wesentlich, am Sollwert des Systems anzugreifen, was hier jedoch nicht mit Medikamenten, sondern durch Übungsbehandlung geschieht. Durch diese werden bedingte Reaktionen geschaffen, welche den Sollwert des Systems verändern.
Eine besondere Chance hat die kybernetische Forschung natürlich bei denjenigen Erkrankungen, deren Wesen eine Störung biologisch-kybernetischer Systeme ist. Hierzu gehört das Stottern. Es beruht auf einer Fehlschaltung innerhalb des Nervensystems. Die rhythmische Wiederholung von Lauten und Silben erinnert an die Fehlleistung von Regelkreisen, die bei Verlängerung der Totzeit in selbsttätiges Schwingen geraten. Hierzu paßt folgende Erscheinung: Man kann jeden gesunden Menschen künstlich zu einem gänzlich unvermeidbaren Stottern zwingen, wenn man ihm mittels einer Tonbandapparatur sein eigenes Sprechen mit einer Verzögerung von Bruchteilen einer Sekunde wieder zu hören gibt; hierdurch scheint ein Regelkreis mit einer zu langen Totzeit geschlossen zu werden, so daß dieser instabil wird.
Eine noch viel schlimmere ›Schaltkatastrophe‹ scheint bei der Schizophrenie vorzuliegen; sie kann davon ihren Ausgang nehmen, daß der Patient eine Art Echo seiner eigenen Gedanken zu vernehmen meint – sicherlich ein Ausdruck davon, daß

funktionelle Verbindungen anders funktionieren als im Normalfall.
Bei allen genannten und vielen anderen funktionellen Störungen des Nervensystems ist zu hoffen, daß die Einsicht in den Mechanismus der Störung die Handhabe zur Beherrschung der Krankheit liefern wird; diese Einsicht wäre, falls es sich um die Störung kybernetischer Funktionssysteme handelt, von biologisch-kybernetischer Forschung zu erwarten.

## 3.3 Kybernetik in Psychologie und Lernforschung

Vorbemerkung:
Die in 3.31 ausgesuchte Darstellung von H. Rohracher über ›psychische Regelkreise‹ sind seiner Broschüre ›Regelprozesse im psychischen Geschehen‹, 1961, S. 16—18, entnommen. So interessant die Anwendung des Regelkreismodells auf psychische Vorgänge ist, so schwierig ist die Zuordnung der einzelnen Teilfunktionen zu den jeweiligen psychischen Prozessen. Dies kann sowohl an den unzulänglichen Meßmethoden liegen als auch an dem eventuell unergiebigen Ansatz überhaupt. Rohracher beschreibt die psychischen Regelkreise verständlich und mit aller gebotenen Vorsicht.
Die in 3.32 zitierten Passagen aus dem Artikel ›Informationspsychologie‹ von H. Frank entstammen dem (von ihm herausgegebenen) Buch ›Brücke zwischen den Wissenschaften‹, 1964, S. 205—212. Frank faßt hier die wichtigsten Ergebnisse über die Kanalkapazität des menschlichen Bewußtseins und Gedächtnisses zusammen und führt fundamentale Experimente an. (Bei der Auswahl der Passagen habe ich mich u. a. von den Erfordernissen des nachfolgenden Artikels leiten lassen.)
Das in 3.33 dargestellte Redundanzprinzip bei Lern- und Denkprozessen habe ich ausführlich in meinem Buch ›Kybernetische Grundlagen des Lernens und Lehrens‹, 1965, abgehandelt. Die hier formulierten Ausführungen bringen die wichtigsten Ergebnisse in vereinfachter und verkürzter Form.

Entscheidend für ›innerpsychische‹ selbsttätige Regelungen ist das Merkmal des ›Automatismus‹: Die Regelung muß ohne aktives, willentliches Eingreifen zustande kommen. Wenn es solche Fälle gibt, so müßte dabei das automatische Auftreten von bestimmten Bewußtseinsinhalten klar erlebt werden; man müßte in der Selbstbeobachtung feststellen können, daß diese Inhalte ›von selbst‹, ohne bewußtes Zutun, in das Bewußtsein treten, und ebenso müßte ihr Zweck oder ihre Wirkung erlebnismäßig festgestellt werden können.
Es ist überraschend, daß es tatsächlich einen Fall gibt, der die geforderten Merkmale aufweist: die Erlebnisse zur Wiederherstellung des Selbstgefühls (im Sinne von Selbstbewußtsein) nach einer ›Frustration‹, d. h. nach einem Versagen in einer Situation, deren Bewältigung man sich zugetraut hätte, oder nach einem Ereignis, bei dem man in Verlegenheit geriet. Das Selbstbewußtsein im wertenden Sinne ist eine Komponente der menschlichen Persönlichkeit, deren Konstanthaltung von großer Bedeutung für den seelischen Gesamtzustand ist; jede noch so geringfügige Minderung des Selbstgefühls durch eigenes Versagen oder durch das Verhalten anderer Menschen führt zu starken Unlustgefühlen, zu Depressionen, Ärger, Zorn und schließlich auch zu Unsicherheit. Die hohe Empfindlichkeit, mit der die meisten Menschen auf solche ›Minderungsinsulte‹ reagieren, beweist, wie wichtig die Konstanthaltung des Selbstgefühls für die Persönlichkeit ist. Kommt es durch verletzendes Verhalten der Mitmenschen, durch herabsetzende Bemerkungen oder direkte Beleidigungen oder auch durch eigenes Versagen gegenüber einer Situation, die man entgegen der eigenen Erwartung nicht bewältigte, zu solchen Erlebnissen der Selbstwertminderung, so treten automatisch, ganz von selbst, ohne Wille und Absicht charakteristische Erlebnisse auf, deren Aufgabe offenbar darin besteht, die Reduktion des Selbstgefühls zu beseitigen und sein früheres Niveau wiederherzustellen; man kann diese Erlebnisse geradezu als Maßnahmen zur Hebung des gesunkenen Selbstbewußtseins, als Einrichtung zur Kompensation der Selbstwertminderung bezeichnen. Die häufigsten kompensierenden Erlebniswirkungen einer Frustration sind die ›Rationalisierung‹, die ›Aggression‹ und die ›Ersatzbefriedigung‹. Ein Beispiel: Man ist in einer

Gesellschaft durch ungeschicktes Verhalten in eine peinliche Situation geraten (man hat z. B. ein Glas Wein umgestoßen oder konnte eine Denkaufgabe, die jemand stellte und die besonders leicht war, nicht lösen); dann treten fast in jedem Menschen zum mindesten ansatzweise charakteristische Erlebnisse auf: Gedanken, wie ›ich bin heute schon sehr müde, jedem anderen könnte dies auch passieren‹ (Rationalisierung) oder ›man hätte mir das Weinglas nicht gerade so hinstellen dürfen‹, ›diese Denkaufgabe war besonders listig formuliert, man wollte mich offenbar bloßstellen‹ (Aggression) oder ›mein Benehmen ist trotzdem besser als dasjenige der meisten anderen‹, ›in Wirklichkeit bin ich geistig den meisten Anwesenden überlegen, obwohl ich diese dumme Aufgabe gerade nicht lösen konnte‹ (Ersatzbefriedigung). Diese Erlebnisse entstehen ganz von selbst, automatisch im vollen Sinne des Wortes; sie werden nicht mit Absicht hervorgerufen, sie werden kompensatorischer Art (oder soll es wenigstens sein); die erlittene Minderung des Selbstgefühls soll beseitigt werden.

Obwohl man für diesen Fall nicht genau sagen kann, wie in diesem Fall der ›Meßfühler‹ und das ›Schaltwerk‹ funktionieren (sie liegen in den Gangliensystemen des Gehirns), und, obwohl man ebensowenig feststellen kann, woher die Energien stammen, aus denen der Erlebniskomplex ›Selbstgefühl‹ entsteht, kann man doch mit Sicherheit behaupten, daß eine psychische Größe (eben das Selbstgefühl) beim Auftreten einer Störung durch automatisch einsetzende, bewußt erlebte Maßnahmen ›geregelt‹ wird; ausgelöst wird diese Regelung durch das Erlebnis der Selbstwertminderung, das auf die psychischen Kräfte, aus denen das Selbstgefühl hervorgeht, irgendwie ›zurückwirkt‹. Regeltechnisch formuliert: Es liegt eine Größe vor, die konstant gehalten werden soll; tritt eine Minderung auf, so werden durch Rückwirkung auf die psychischen Kräfte Erlebnisabläufe erzeugt, die geeignet sind, die Abweichung vom ›Sollwert‹ zu beseitigen. Allerdings gilt dies nur für den Fall der Verminderung des Sollwertes; im Falle der Vergrößerung (z. B. bei einem großen, unerwarteten Erfolg) steigt das Selbstbewußtsein, ohne daß Maßnahmen zur Rückführung auf den früheren, niederen Wert einsetzen. Es scheint ein einseitig wirkender psychischer Regelkreis vorzuliegen.

Liegt hier wirklich ein echter Regelkreis vor oder wieder nur ein Vergleich? Um diese Frage mit voller Sicherheit beantworten zu können, müßte man Genaueres über die Einzelheiten der beteiligten Vorgänge wissen. Worin bestehen die Grundlagen des Selbstgefühls, von denen seine Größe abhängt? Liegt bei einem Minderungserlebnis wirklich eine Rückwirkung auf diese Grundlagen vor? Hängen diese Grundlagen wirklich mit den Triebregungen zur Aggression oder Ersatzhandlung oder mit der Tendenz zur Rationalisierung zusammen? Darüber wissen wir nichts Sicheres; aber es besteht kein empirisches Hindernis und kein theoretisches Bedenken, alle diese Fragen hypothetisch zu bejahen und anzunehmen, daß diese Beziehungen tatsächlich bestehen. Zweifellos gegeben ist das Merkmal der Automatik; und ebenso sicher ist es, daß der Zweck der automatisch einsetzenden Erlebnisse in der Beseitigung der Selbstwertreduktion besteht. Menschen mit einiger Selbstkritik sind sich darüber vollkommen klar und durchschauen den trügerischen Charakter der Rationalisierung oder der Aggression; sie sagen sich, daß der Gedanke ›ich bin heute schon sehr müde‹ nur ein Vorwand ist, um die eigene Ungeschicklichkeit zu entschuldigen, und daß die Vermutung ›man wollte mich bloßstellen‹ ein ganz unbegründeter Verdacht ist, der dazu dienen soll, die Schuld am eigenen Versagen auf jemanden anderen abzuschieben. Trotz dieser Einsicht treten aber diese Erlebnisinhalte auf – auch bei sehr klugen, überlegenden Menschen, die sie allerdings nicht zur Auswirkung kommen lassen und sie sofort nach ihrem Bewußtwerden zurückweisen.

Man kann also die geschilderten Erlebnisabläufe als echte ›Selbstregelung‹ zur Konstanthaltung des Selbstwertgefühls auffassen. Das Selbstgefühl bringt bei Minderungen sich selbst durch Rückwirkung auf seine Grundlagen mit Hilfe von Kompensationsmaßnahmen, wie Ersatzhandlung, Rationalisierung usw., automatisch wieder auf seinen früheren Stand; es liegt ein ›innerpsychischer selbsttätiger Regelkreis‹ vor, der gewiß nicht immer zu einem vollen Erfolg führt, jedoch zweifellos die Konstanthaltung des Selbstbewußtseins zum Ziele hat. Es ist überraschend, eine solche selbsttätige Konstanthaltungs-Regelung in einem seelischen Bereich zu finden, der in engster Beziehung zur menschlichen Persönlichkeit steht, also zu einer Region, die man den ›höheren‹ seelisch-geistigen Tatsachen zuzuzählen pflegt. Biologisch ist es sehr zweckmäßig, daß gerade die empfindlichste Erlebnisregion der Persönlichkeit – die Einschätzung des eigenen Wertes – durch ein automatisch einsetzendes und funktionierendes Regelsystem geschützt ist, so daß bei einer Minderung sofort Kompensationsmaßnahmen eingeleitet werden, die das Selbstgefühl dem ›Sollwert‹ wieder nahe bringen. In Wahrheit besteht nicht der geringste Anlaß, diesen Regelkreisprozeß als eine ›höhere‹ seelische Erscheinung zu betrachten; er ist eine primitive Einrichtung, die auf dem Wege der Selbsttäuschung oder des unbegründeten Angriffs zu ersetzen sucht, was man durch eigenes Versagen oder durch äußere Ereignisse verloren hat.

Für den Menschen, der den täuschenden Charakter dieser psychischen Vorgänge durchschaut (trotzdem treten sie auch weiterhin bei ihm auf), sind sie biologisch wertlos. Ihre Wirkung bleibt aus; er weiß, daß sein eigenes Verhalten oder äußere Umstände, an denen niemand schuld ist, zu der ›Frustration‹ geführt haben. Sie sind fast schon atavistische Einrichtungen wie die Schweißabsonderung in der Angst oder das Haaresträuben im Schreck – Maßnahmen, die ursprünglich den Zweck hatten, einen Feind abzuwehren.

...

Die geschilderten Beispiele (das zweite Beispiel ist die Spannungsreduktion durch das Weinen) zeigen, worin der Wert des Regelmodells für die Psychologie liegt: Es läßt Zusammenhänge klarer hervortreten und stellt den biologischen Sinn und die Funktionsweise der beteiligten Prozesse schärfer heraus. Regelprozesse sind sicher ein wichtiger Faktor bei der Herstellung und Aufrechterhaltung der Ordnung des seelisch-geistigen Geschehens; sie bilden in Bereichen, in denen es auf Konstanthaltungen oder auf Beseitigung von Störungen ankommt, einen automatisch einsetzenden wirksamen Schutz von biologisch ungünstigen, psychisch belastenden Zuständen. Wissenschaftlich wertvoll ist die Übertragung des Regelmodells auf psychische und psychophysische Prozesse aber nur dann, wenn dabei der technische Begriff ›selbsttätiger Regelkreis‹ im strengen Sinne gefaßt und nicht nur vergleichsweise verwendet wird.

### 3.32 *H. Frank: Informationspsychologie*

...

Experimentelle Grundlagen

Jeder weiß, daß etwas Seltenes, also Informationsreiches, uns mehr überrascht, und daß seine Aufnahme ins Bewußtsein (seine ›Apperzeption‹, wie wir sagen) nicht so rasch erfolgt, wie dies bei etwas Häufigem, also Informationsarmem, der Fall wäre. Anders ausgedrückt: In derselben Zeit, etwa in 0,5 sec, können wir uns von einer informationsarmen (z. B. stark redundanten) Zeichenfolge einen größeren Prozentsatz zu Bewußtsein bringen als von einer informationsreichen (wenig redundanten), aber gleich langen Zeichenfolge. Man kann dies dadurch nachprüfen, daß man mit einem Tachistoskop nacheinander Zeichenfolgen verschiedener Redundanz, z. B. Buchstabenketten, kurzfristig auf einen Bildschirm projiziert und anschließend die Versuchsperson bittet, zu notieren, was sie in der kurzen Expositionszeit wahrnehmen konnte. Ein Ergebnis zeigt Bild 36a für den Prozentsatz wahrgenommener Buchstaben bei vier verschiedenen Zeichenketten verschiedener Redundanz. Trägt man als Funktion der Expositionszeit statt des Prozentsatzes der wahrgenommenen Zeichen die dadurch aufgenommene Informationsmenge ab, dann fallen die vier Meßkurven (im Rahmen der hier vernachlässigten Meßgenauigkeit) in eine zusammen (Bild 36b). Durch diese und manche andere Vereinfachung erweist sich der Informationsbegriff in der Psychologie als fruchtbar.

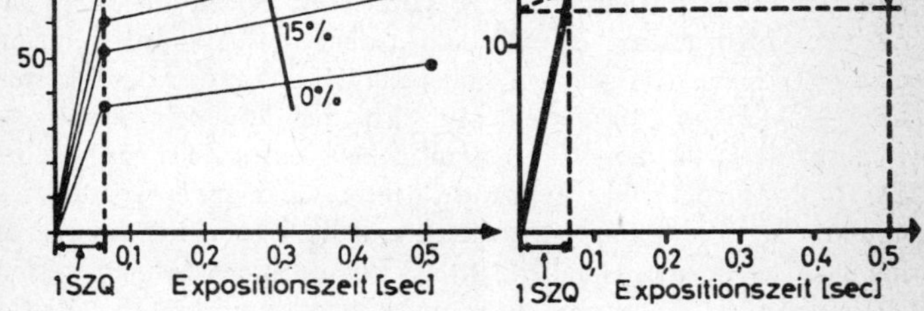


36a 36b

Bild 36: Vereinfachte Darstellung der Versuchsergebnisse von Miller, Bruner und Postmann (1954), nach C. Cherry, »On Human Communication«. Die Redundanz der vier Zeichenfolgen lag zwischen 0 und 43 %.

Natürlich wird man in der doppelten (dreifachen) Zeit doppelt (dreimal) soviel Information aufnehmen können, die apperzipierte Information ist also zur Apperzeptionszeit proportional, d. h., die Kurve in Bild 36b sollte eine Gerade durch den Nullpunkt sein. Daß dies nicht der Fall ist, beruht darauf, daß die Sinnesorgane erheblich viel mehr Information aufnehmen, als in derselben Zeit bewußt wird, und daß mindestens ein Teil dieser Information auf dem Weg zwischen dem Sinnesorgan und jenen (vielleicht nicht eindeutig lokalisierbaren) Gehirnteilen, deren Funktion mit Bewußtsein verbunden ist und die wir ›Kurzspeicher‹ nennen, noch kurze Zeit nach dem Ende der Exposition gespeichert ist. Die Expositionszeit ist also kürzer als die Apperzeptionszeit, während welcher Information in den Kurzspeicher fließt. Aus dem Anstieg der sich an das steile Anfangsstück anschließenden Geraden in Bild 36b kann gefolgert werden, daß in jeder weiteren halben Sekunde weitere 8 bit im Kurzspeicher vergegenwärtigt (d. h. bewußt gemacht) werden, daß also die Zuflußkapazität zum Kurzspeicher beim Erwachsenen etwa 16 bit/sec beträgt. Die Zeitdauer, welche zur Vergegenwärtigung von 1 bit Information benötigt wird, ist das ›subjektive Zeitquant‹, 1 SZQ = $^1/_{16}$ sec. 1 SZQ ist zugleich der Mindestzeitabstand, den zwei Ereignisse haben müssen, damit sie sicher noch als aufeinanderfolgend wahrgenommen werden. Rascher aufeinanderfolgende periodische akustische Ereignisse verschmelzen z. B. zu einem Ton.
Dem Kurzspeicher muß demnach eine Instanz vorgeschaltet sein, die – vermutlich durch eine optimale Codierung der zufließenden Information – bewirkt, daß die für die Aufnahme einer Nachricht in den Kurzspeicher erforderliche Zeit gerade proportional zu ihrer Information ist. Wir sahen aber, daß die Information eines Zeichens von dessen Häufigkeit abhängt. Häufigkeiten können sich ändern. Wie paßt sich die subjektiv erwartete Häufigkeit, d. h. die ›Wahrscheinlichkeit‹ eines Zeichens, welche der Optimalcodierung zugrunde gelegt wird, einer geänderten objektiven Häufigkeit an? Amerikanische Experimentalpsychologen (Jarvik u. a.) gaben ihren Versuchspersonen in festen Zeitabständen eines von zwei möglichen, zunächst für gleichwahrscheinlich gehaltenen Signalen und baten, in der Zwischenzeit jeweils das vermutete nächste Signal vorherzusagen. Nach kurzer Zeit sagten die Versuchspersonen das häufigere Signal etwa ebenso häufig voraus, wie es tatsächlich eintrat – obwohl

die Zahl der richtigen Prognosen aus mathematischen Gründen am größten würde, wenn immer auf das häufigere Signal getippt wird. Dieser Versuch belehrt uns also über den Verlauf der ›informationellen Akkomodation‹, d. h. über die Geschwindigkeit, mit der Wahrscheinlichkeiten gelernt werden (Bild 37).

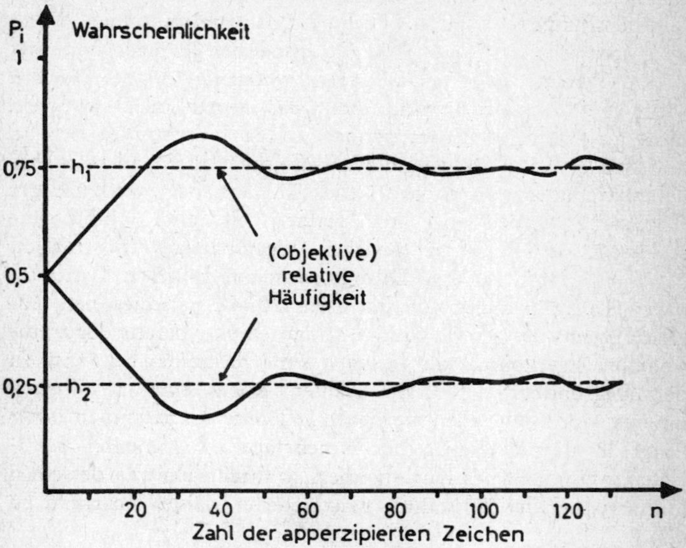


Bild 37: Versuchsergebnisse von Jarvik (1951) über den Verlauf der informationellen Akkommodation. (Vereinfachte Darstellung)

Wenn diese Geschwindigkeit gering ist, dann gelangt die Information lange Zeit nach einem nicht-optimalen Code in den Kurzspeicher, d. h., im Mittel wird dafür mehr Zeit benötigt, als bei besserer Codierung erforderlich ist. Es ist also zu vermuten, daß bei weniger intelligenten Versuchspersonen im Gegensatz zu intelligenteren im Durchschnitt die Anfangssteigung der Kurve von Bild 37 sehr flach ist, der Grenzwert also spät erreicht wird. Der Verfasser konnte dies im Test mit 33 Quartanern nachweisen. Bei den Knaben und den Mädchen der Klasse war im Durchschnitt die Anfangssteigung der Kurve gleich groß.

Gegenwartsdauer und Bewußtseinsenge

Was bewußt wird, also, modellmäßig formuliert, in den Kurzspeicher eindringt, bleibt höchstens etwa 10 sec lang bewußt, um dann teils im (vorbewußten) Gedächtnis für eine neue Vergegenwärtigung (Memoration) gespeichert, teils einfach getilgt zu werden. Man nennt diese Zeitspanne die ›Gegenwartsdauer‹. Auf ihr beruht die bekannte Erscheinung, daß eben verklungene Glockenschläge nachträglich noch gezählt werden können. Wenn aber höchstens 16 bit/sec in den Kurzspeicher gelangen und dort 10 sec bleiben, ist dessen Fassungsvermögen höchstens 160 bit. Mehr als 160 bit Information kann das menschliche Bewußtsein nicht gleichzeitig gegenwärtig haben. 160 bit verteilen sich im höchsten Fall auf 32 verschiedene Zeichen oder andere wahrnehmbare oder vorstellbare Objekte. Denn bei zweckmäßiger Codierung werden alle diese Zeichen mit $\text{ld}\,32 = 5$ bit verschlüsselt, so daß die gesamte gegenwärtige Information $32 \cdot 5 = 160$ bit beträgt. Die (experimentell schwer bestimmbare) Größenordnung von höchstens 20–40 verschiedenen, zugleich gegenwärtigen Bewußtseinsinhalten war bereits der traditionellen Psychologie als ›Enge des Bewußtseins‹ bekannt. In der Begründbarkeit dieser Zahlen kann eine Bewährung unseres Modells gesehen werden. (Teilweise versteht man unter ›Enge des Bewußtseins‹ auch die mehrfache experimentell bestätigte Unfähigkeit des Kurzspeichers, während ein und desselben Moments bei der Aufnahme verschiedener Zahlen begriffen zu sein.)

Gedächtnis ...

Bisher war von Versuchen die Rede, aus denen sich ergibt, daß uns pro Sekunde nur etwa 16 bit Information bewußt werden können und daß uns alles, was uns bewußt wird, höchstens etwa 10 sec bewußt bleibt, soweit wir es nicht durch Konzentration darauf im Bewußtsein (Kurzspeicher) ›wahren‹. Man wird sich fragen, ob es nicht einen Unterschied ausmacht, ob uns bloß Zeichen bewußt werden oder auch das, was sie bedeuten, und woher diese Information über die Bedeutung in unser Bewußtsein gelangt. Nur rund der dreißigste Teil der Information, welche im Kurzspeicher war, kann dorthin aus dem vorbewußten Gedächtnis später wieder zurückgerufen werden. Denn das vorbewußte Gedächtnis nimmt nur etwa 0,7 bit/sec auf – ein Wert, der bei Ermüdung bis auf den dritten Teil sinkt.

Es gibt Gründe, das vorbewußte Gedächtnis in ein Kurzgedächtnis (für Minuten bis Stunden) und ein Langgedächtnis mit kleinerer Zuflußkapazität (rund 0,05 bit/sec), aber größerem Fassungsvermögen zu unterteilen. Nicht mehr memorierte, also weniger wichtige Gedächtnisinhalte werden vergessen, und zwar weiß man aus den Versuchen von Ebbinghaus, daß ein Vergessen etwa derselben mathematischen Funktion folgt wie der radioaktive Zerfall. Dabei zerfallen die Inhalte des Kurzgedächtnisses rascher als jene des Langgedächtnisses, da letzteres sowohl das größere Fassungsvermögen als auch die kleinere Zuflußkapazität und damit die kleinere ›Tilgungsrate‹ hat. Denn einerseits ist es vom Standpunkt der Nachrichtentechnik her naheliegend, zu vermuten, daß – wegen des vorauszusetzenden endlichen Fassungsvermögens jedes der beiden Teile des vorbewußten Gedächtnisses – ebensoviel Information vergessen werden muß, wie in derselben Zeit neu aufgenommen wird. Andererseits entspricht dies auch einer verbreiteten psychologischen Theorie, wonach ›Vergessen‹ nichts anderes ist als ein Ersetztwerden durch neue Inhalte. Für diese Theorie spricht zumindest die Beobachtung, daß während 8 Stunden Schlaf unverhältnismäßig viel weniger vergessen wird als während 8 im Wachzustand durchlebten Stunden, in denen rund 20 000 bit vom Kurzspeicher in das Kurzgedächtnis und rund 1000 bis 2000 bit vom Kurzgedächtnis ins Langgedächtnis fließen und sich dort ›Platz schaffen‹! Aus der ›Halbwertszeit‹ des wahrscheinlich so bewirkten Zerfalls alter Gedächtnisinhalte und aus der Zuflußkapazität läßt sich ein Fassungsvermögen des vorbewußten Gedächtnisses in der Größenordnung von $10^6$ bis $10^8$ bit ermitteln, und zwar fällt diese Kapazität fast restlos auf das Langgedächtnis, da das Fassungsvermögen des Kurzgedächtnisses um Zehnerpotenzen geringer ist. Im genannten Wert sind unbewußt bleibende Informationen nicht enthalten, welche für nichtpsychologische Lebensvorgänge gespeichert sind.

. . .

## 3.33 *F. v. Cube: Das Redundanzprinzip bei Lern- und Denkprozessen*

Das Prinzip der Redundanzerzeugung, das wir auch kurz Redundanzprinzip nennen, besagt folgendes: Der Mensch (und wohl auch jeder andere wahrnehmungs- und lernfähige Organismus) ist bestrebt, die objektive Information der Außenwelt auf verschiedene Weise subjektiv zu verringern. Die Redundanzprozesse, die sich in Prozesse des Informationsabbaues von Ereignissen und Texten und in Prozesse zunehmender ›Negentropie‹ oder Ordnung aufgliedern lassen, haben den Sinn, dem Menschen (bzw. dem Organismus) die Außenwelt so informationsarm zu machen, daß eine Orientierung und ein geordnetes Verhalten darin möglich wird. Die subjektive Redundanzerzeugung kann dabei über die objektiv gegebenen Ordnungszustände hinausgehen und zusätzliche subjektive Ordnung schaffen (Naturgesetze, Verhaltensformen etc.).

Im folgenden möchte ich einige Lern- und Denkprozesse unter dem Aspekt der Redundanz betrachten. Dabei wird sich herausstellen, daß es sich stets um redundanzerzeugende Prozesse handelt; lediglich die Art der Redundanzerzeugung ist bei den einzelnen Prozessen verschieden.

Ich gehe von der durch Beobachtung und Experiment fundierten These aus, daß der Mensch über einen Kurzspeicher und über ein vorbewußtes Gedächtnis mit jeweils konstanter Zuflußkapazität verfügt sowie über die Fähigkeit, die Häufigkeiten bzw. Wahrscheinlichkeiten von Ereignissen mit einiger Genauigkeit zu erlernen (S. 3.32, Bild 37).

Es läßt sich dann auf rein mathematische Weise zeigen, daß, solange die Wahrscheinlichkeiten auftretender Ereignisse nicht bekannt sind, die subjektive Information hiervon größer ist als die objektive. Das Erlernen von Wahrscheinlichkeiten bedeutet also, daß die subjektive Information allmählich abgebaut wird, bis sie schließlich mit der objektiven identisch ist.

Der Prozeß des Wahrscheinlichkeitslernens läßt sich aber noch in anderer Weise als Realisation des Redundanzprinzips auffassen: Experimente zeigen nämlich (Bild 37 in 3.32), daß beim Wahrscheinlichkeitslernen der menschliche Empfänger zunächst von einer annähernd gleichwahrscheinlichen Verteilung ausgeht und daß erst mit fortschreitender Anzahl der Versuche die subjek-

tiven Wahrscheinlichkeiten ($w_i$) näherungsweise gegen die objektiven Wahrscheinlichkeiten ($p_i$) streben.
Das Wahrscheinlichkeitslernen bedeutet somit (zumindest in der Regel), daß auch ein Redundanzgewinn innerhalb des subjektiven Schemas des Empfängers stattfindet. In dem Beispiel 3.32, Bild 37 wird der Ordnungsgewinn durch den Übergang des anfänglichen subjektiven Schemas

$$\begin{pmatrix} z_1 & z_2 \\ \frac{1}{2} & \frac{1}{2} \end{pmatrix} \qquad I_1 = 1 \text{ bit}$$

in das subjektive (und gleichzeitig objektive) Schema

$$\begin{pmatrix} z_1 & z_2 \\ \frac{3}{4} & \frac{1}{4} \end{pmatrix} \qquad I_2 = 0{,}811 \text{ bit}$$

charakterisiert.
Der Prozeß des Wahrscheinlichkeitslernens läßt sich somit in doppelter Weise als Realisation des Redundanzprinzips kennzeichnen: als ein subjektiver Redundanzgewinn bezüglich der Aufnahme objektiver Information – ein Prozeß, der dafür sorgt, daß eine objektiv gegebene Nachricht schließlich mit der richtigen Information aufgenommen und so die Kanalkapazität in maximaler Weise ausgenützt wird – und als ein Redundanzgewinn des subjektiven Schemas selbst, d. h. also als ein Ordnungsgewinn innerhalb des Empfängers.
Im folgenden möchte ich zeigen, daß auch das Auswendiglernen im Sinne einer subjektiven Speicherung von Information durch fortgesetzte Wiederholung eine spezielle Verwirklichung des Redundanzprinzips darstellt.
Es sei wiederum ein Sender und ein Empfänger (im informationstheoretischen Sinne) gegeben; die Wahrscheinlichkeitsverteilungen brauchen nicht unbedingt übereinzustimmen. Da der Empfänger die Zeichen des Senders kennt und diese Zeichen mit bestimmten subjektiven (im speziellen Fall den objektiven) Wahrscheinlichkeiten belegt, kann es sich beim Auswendiglernen nur um die Speicherung der Information eines Textes handeln; die Information ist dabei auf dem (subjektiven) Schema des Empfängers zu bestimmen.
Selbstverständlich müssen wir über den Empfänger die zusätz-

liche Voraussetzung machen, daß er in irgendeiner Form einen Speicher oder ein Gedächtnis besitzt – eine Voraussetzung, die wir im Hinblick auf den Menschen zu dem uns bekannten Sachverhalt einengen, daß der Empfänger aber einen Kurzspeicher mit der Zuflußkapazität C und über ein vorbewußtes Gedächtnis der Zuflußkapazität K mit $K < C$ verfügt. Unter diesen Voraussetzungen verläuft der Prozeß des ›Auswendiglernens‹ folgendermaßen:

Bei einer ersten ›Lesung‹ des Textes hat dieser eine bestimmte (auf dem subjektiven Schema zu messende) Information. Von dieser Information fließt ein konstanter Betrag ins Dauergedächtnis. Damit ist aber bei der ersten Wiederholung die subjektive Information des Textes um diesen Betrag kleiner geworden, so daß der Text schneller aufnommen werden kann. Dieser Prozeß setzt sich fort, bis die subjektive Information des Textes (theoretisch) gleich Null geworden ist oder, was dasselbe bedeutet, bis die subjektive Redundanz des Textes den Wert Eins erreicht hat. Dieser Fall charakterisiert den vollständig gespeicherten Text. (Auf die mathematische Darstellung sei hier verzichtet.)

Bei der Verringerung der ursprünglichen Information eines Textes durch subjektive Speicherung sind zwei Fälle zu unterscheiden: Einmal kann die Informationsverringerung lediglich auf Grund des Speicherungsvorganges selbst erfolgen, zum anderen kann die Informationsverringerung durch informationsabbauende Prozesse beschleunigt werden. Solche zusätzliche redundanzerzeugende Prozesse können beispielsweise im Erlernen der objektiv gegebenen relativen und bedingten Häufigkeiten bestehen, in einer geeigneten Aufgliederung oder Strukturierung des Textes (3.42) oder im Zusammenfassen von mehreren Zeichen zu Superzeichen.

Die verschiedenen Arten der Redundanzerzeugung vereinbaren sich weithin mit den Ergebnissen der traditionellen Lernpsychologie:

So erfährt beispielsweise die von vielen Psychologen (z. B. Guyer, Roth) gemachte Feststellung, daß ›sinnvolles‹ Material besser und rascher gelernt wird als ›sinnloses‹ durch das Redundanzprinzip folgende Erklärung: ›Sinnvolles‹ Material weist gegenüber dem ›sinnlosen‹ Material eine hohe Redundanz auf, d. h., die Information eines sinnvollen Textes ist (statistisch) sehr viel niedriger als die Information eines sinnlosen Textes.

Je kleiner aber die Information eines Textes ist, desto rascher verläuft der Speicherungsprozeß. Eine Bestätigung gibt die Bemerkung Roths, daß ›echte Einsicht‹ den ›stärksten Faktor‹ beim Lernen darstelle.
Das Redundanzprinzip erlaubt indessen nicht nur einen einheitlichen Aspekt des Lernens und speziell des Auswendiglernens, es erlaubt auch (in seiner mathematischen Darstellung) eine Berichtigung und Präzisierung schon bekannter Ergebnisse.
So sagt z. B. Guyer (1960, S. 197), »daß die Anzahl der notwendigen Wiederholungen für ein erstes Behalten mit zunehmender Silbenzahl wächst, und zwar anfangs sehr rasch, später langsamer«. Dieser Satz wird durch die vorangegangene Überlegung bestätigt, zugleich aber auch präzisiert: es läßt sich nämlich zeigen, daß tatsächlich ein logarithmischer Zusammenhang besteht.
Guyer schreibt weiterhin: »Die Versuche mit sinnlosen Silben ... geben auch darum keine genauen Ergebnisse, weil alle Versuchspersonen hier individuelle Hilfen anwenden, die auf Ganzheit und Gestalt, also auf Sinnzusammenhänge gehen wie etwa Rhythmus, Zuhilfenahme bestehender Assoziationen ... etc.« (S. 109).
Auch diese Aussage läßt sich noch weiter klären: Ganzheiten, Gestalten, Rhythmen etc. sind Superzeichen, welche die subjektive Information in einer prinzipiell exakt angebbaren Weise herabsetzen bzw. Redundanz erzielen. Konstruiert man solche Verfahren mathematisch durch, so lassen sich die Ausführungen Roths über das kombinierte Ganz- und Teillernen (1963, S. 303) bestätigen und präzisieren.
Überhaupt fügt sich das Problem des Ganzheitslernens, der Rhythmisierung, der Strukturierung usw. leicht in den genannten Speicherungsprozeß ein: Gibt der Text dem (einsichtig) Lernenden Anlaß zur Bildung irgendwelcher Superzeichen, so wird (nach Bildung der Superzeichen) die subjektive Information des Textes herabgesetzt und damit natürlich auch die Dauer des Speicherungsprozesses.
Ähnliche Überlegungen gelten für sinnvolle Texte: Ein sinnvoller Text weist eine hohe Redundanz auf, die dem Subjekt bekannt ist (sonst wäre der Text für das Subjekt ja nicht sinnvoll), d. h. aber, daß die subjektive Information eines solchen Textes von vornherein sehr gering ist.
Hinsichtlich des noch ziemlich ungeklärten Denkvorganges schei-

nen zwei informationstheoretisch darstellbare Prozesse zur Beschreibung geeignet zu sein: der Ordnungsgewinn innerhalb eines subjektiven Schemas und die Superzeichenbildung.

Unter Ordnungsgewinn versteht man ganz allgemein den Übergang von einer ungeordneten Struktur, bei der man über die Beziehungen der Elemente keine differenzierenden Angaben machen kann, zu einer geordneten Struktur, bei der die Beziehungen zwischen den Elementen eine differenzierte Form angenommen haben.

Zweifellos lassen sich bei Denkvorgängen solche Prozesse nachweisen; die Schwierigkeit einer exakten Darstellung konkreter Denkvorgänge liegt in der noch unzureichenden Analyse und Messung derartiger Prozesse.

Der andere informationstheoretisch beschreibbare Prozeß, der beim Denken eine Rolle spielt, ist die Bildung von höheren Informationseinheiten, d. h. also die Superzeichenbildung.

Daß mit der Bildung von Superzeichen eine starke Abnahme von Information verbunden sein kann, läßt sich an einem einfachen Beispiel zeigen:

Die Information des Textes

$$z_1\, z_2\, z_3\, z_4\, z_5\, z_6\, z_7\, z_8$$

auf dem Repertoire der Zeichen $z_i$ beträgt

$$I_1 = 8 \cdot \mathrm{ld}\, 8 \text{ bit} = 24 \text{ bit.}$$

Durch Zusammenfassungen des Textes in zwei Superzeichen wird die Information auf

$$I_2 = 2 \cdot \mathrm{ld}\, 2 \text{ bit} = 2 \text{ bit}$$

herabgedrückt.

Die Superzeichenbildung spielt übrigens nicht nur bei Denkvorgängen, sondern auch bei der Wahrnehmung eine Rolle. Die Superzeichen der Wahrnehmung (z. B. Gestalten, Formen, Figuren etc.) sind indessen – im Gegensatz zu den Superzeichen der Denkvorgänge – irreversibel, d. h. nicht umkehrbar (vgl. Cube, 1965).

Um den redundanztheoretischen Aspekt der traditionellen Denkpsychologie deutlich zu machen, seien noch einige Zitate aus der traditionellen Lern- und Denkpsychologie angeführt, bei denen der Denkvorgang als Ordnungsgewinn charakterisiert wird. (Dieser Sachverhalt ist um so bemerkenswerter, als die bisherigen

Untersuchungen des Denkvorganges ohne das Hilfsmittel der Informationstheorie durchgeführt wurden.)

So schreibt z. B. Max Wertheimer (1957): »Denken besteht aus dem Bemerken und Ins-Auge-Fassen struktureller Züge und struktureller Forderungen; dem Vorgehen mit und geleitet von diesen Forderungen; wobei man die Situation in Richtung struktureller Verbesserung verändert, was einschließt:

daß Lücken, verworrene Stellen, Störungen, ... gesehen und strukturell behandelt werden;

daß nach inneren strukturellen Beziehungen – Passen oder Nichtpassen – an solchen Störungen, an der gegebenen Situation als ganzer und an ihren verschiedenen Teilen gesucht wird;

daß strukturelle Operationen, wie Gruppierungen und Sonderungen, Zentrierungen usw., stattfinden; ...« (S. 221).

Diese Formulierung beschreibt nahezu wörtlich die verschiedenen Arten des Redundanzgewinnes bei einem selbstorganisierenden Empfänger: Anpassung an die gegebene (statistische) Struktur, und zwar in bezug auf die Wahrscheinlichkeiten und die bedingten Wahrscheinlichkeiten (bzw. Häufigkeiten), an die ›inneren strukturellen Beziehungen‹; andere Teilprozesse des Denkens werden bei Wertheimer durch die Ausdrücke ›Gruppierung‹, ›Zentrierung‹ etc. beschrieben, d. h. also durch Prozesse der ›Superzeichen‹bildung.

Insgesamt handelt es sich beim Denken (nach Wertheimer) um den Prozeß, »von einer unklaren, unangemessenen Beziehung zur Sache zu einer klaren, durchsichtigen, unmittelbaren Gegenüberstellung zu gelangen«, also um einen Ordnungsprozeß bzw. Redundanzgewinn.

Tatsächlich benützt Wertheimer auch den Begriff der Ordnung zur Beschreibung des Denkvorganges: »Die wirkliche Leistung besteht darin, daß man merkt, daß die Situation nicht in so guter Ordnung ist, wie sie aussieht, daß sie verbesserungsbedürftig ist« (1957, S. 228).

Piaget (1966, S. 86) bezeichnet Wahrnehmung als ›statistischen Prozeß‹, »während die intellektuellen Prozesse einer höheren Stufe entsprechende Gesamtbeziehungen schaffen«. ›Gesamtbeziehungen‹ sind aber wiederum nichts anderes als Superzeichen.

Metzger (›Pädagogische Psychologie‹, 1959) spricht im Zusammenhang mit Denken von »Einsicht in die Ordnung und den inneren Zusammenhang dessen, was zunächst nur eine ungeordnete Vielheit von unzusammenhängenden, gegeneinander belie-

bigen Einzeldaten zu sein schien . . .« (S. 243). In dieser Formulierung kommt (informationstheoretisch) das Erkennen der objektiven bedingten Redundanz und das Konstruieren von Superzeichen zum Ausdruck.
Bemerkenswert ist auch die Formulierung von R. Hildebrand (zitiert aus ›Pädagogische Psychologie‹, 1959, S. 250): »Das Denken ist ja nichts als ein Sehen auf höherer Stufe.« Diese stufenweise Bildung von Superzeichen ist charakteristisch für den Denkprozeß; man kann geradezu sagen, daß ein Problem dann gelöst ist, wenn es nur noch *ein* Zeichen darstellt, d. h. also, wenn es die subjektive Information Null hat. Tatsächlich enthält ein ›ein‹gesehenes Problem keine Information mehr, da man genau weiß, wie alles zusammenhängt.

## 3.4 Kybernetik in Didaktik und Pädagogik

Vorbemerkung:
Der in 3.41 angeführte Bericht ›Über Versuche mit Datenverarbeitungsanlagen als Lehrmaschinen‹ habe ich dem Manuskript für den Sammelband ›Nicht-numerische Informationsverarbeitung‹, Wien-New York 1967, von R. Gunzenhäuser entnommen. Der Verfasser stellt hier den gegenwärtigen Stand der kybernetischen Lehrmaschinen dar.
Abschnitt 3.42 bringt wieder ein Beispiel aus dem Anwendungsbereich der kybernetischen Methoden. Es handelt sich um eine informationsdidaktische Untersuchung zur Strukturierung von Lernmaterial. Eine erste Darstellung dieses Problems habe ich in meinem Buch ›Kybernetische Grundlagen des Lernens und Lehrens‹, 1965, veröffentlicht. Die nachfolgende Fassung geht von einer erweiterten Konzeption aus und präzisiert den ursprünglichen Ansatz.
Die in 3.43 abgedruckten Zeilen von H. v. Hentig habe ich aus seinem Buch ›Die Schule im Regelkreis‹, 1965 (S. 13/14), ausgewählt. v. Hentig wendet hier das Modell des Regelkreises auf Schule und Gesellschaft an. Die dabei durchgeführten Gedankengänge sind zweifellos neu und interessant; andererseits scheinen sie mir an verschiedenen Stellen korrekturbedürftig zu sein. Ich habe daher dem Zitat einige kritische Bemerkungen hinzugefügt.

## 3.41 *R. Gunzenhäuser: Über Versuche mit Datenverarbeitungsanlagen als Lehrmaschinen*

Eines der ersten Lehrprogramme zur Darbietung auf einer elektronischen Rechenanlage wurde 1958 von *G. J. Raht, N. S. Anderson* und *R. C. Brainerd* für Benutzer der Anlage IBM 650 geschrieben. Es lehrte, wie man mit binären Zahlen rechnen kann – Zahlen eines Systems, dessen sich die Anlage selbst bediente: Für die Bedienung und das Programmieren der Anlage IBM 650 war das Verständnis des binären Zahlensystems Voraussetzung. Das Programm konnte gleichzeitig nur einen Schüler unterrichten.

Von einem ganz ähnlichen Programm berichtet *G. Böhme* vom Rechenzentrum der Staatlichen Ingenieurschule Furtwangen; 1965 entwickelte er ein Lehrprogramm zum Erlernen der Bedienung der Rechenanlage IBM 1620, das von dieser Anlage selbst dargeboten wird. Im ›Dialog‹ mit dem Rechner (über eine angeschlossene Eingabe- und Ausgabe-Schreibmaschine) erlernt je ein Benutzer ›spielend‹, wie man die Maschine startet, Daten ein- und ausgibt und Programme austestet. Er wird über angeschlossene Geräte ebenso informiert wie über die Bedeutung der verschiedenen Anzeigelampen, Schalter etc. am Bedienungskonsol der Anlage – indem er (wie der spätere Operateur der Rechenanlage) vor der Anlage selbst sitzt und so schon zu Anfang des Lehrprogramms mit der Rechenanlage vertraut wird.

Das Programm von *G. Böhme* ist nach dem *Skinner*-Algorithmus aufgebaut, doch verzweigt es sich bei Angabe einer falschen Antwort: nach einem Hinweis über die vermutliche Fehlerursache führt es zum Anfang der Lerneinheit zurück, die vom Lernenden nochmals bearbeitet werden muß. Vermutet das Programm nur einen Tippfehler, erfolgt lediglich eine Aufforderung zur Wiederholung der gegebenen Antwort. Das Programm kann an jedem Rechenzentrum mit einer IBM 1620-Anlage zur praktischen Ausbildung von Programmierern und Operateuren in Ergänzung zum Vorlesungsstoff (der als Lehrprogramm in Buchform vorliegt) eingesetzt werden.

In ähnlicher Weise wie dieses Programm arbeiten Lehrprogramme über die Technik von Datenverarbeitungsanlagen, für die Schulung bzw. Umschulung von Arbeitskräften, die komplizierte elektronische Geräte zu bedienen haben, und für die Ausbildung insbesonders militärischer Spezialisten (Düsenjägerpiloten, Panzerschützen etc.) an kleineren Datenverarbeitungssystemen, wie sie heute in Flugzeugen, Panzern etc. eingebaut sind. Ein Lehrprogramm ›Logarithmieren‹ beschreibt *M. Berger*. Er berichtet über Verfahren und Testergebnisse eines Lehrprogramms für die Rechenanlage ER 56 der Technischen Hochschule Karlsruhe, ein Gerät, das konstruktionsbedingt als Lehrmaschine denkbar ungeeignet ist. Es besitzt nur Lochstreifeneingabe. Durch das Fehlen einer Uhr konnte keine Zeitvorgabe vorgesehen werden. Doch sind drei Gesichtspunkte an *Bergers* Programm bemerkenswert:

a) Es weist einen Programmteil auf, der einfache Schreibfehler in den Schülerantworten erkennt.

b) An mehreren Programmteilen können die ›Adressaten‹ über den weiteren Programmverlauf entscheiden; sie konnten beispielsweise ganze Programmteile überspringen, wenn sie der Ansicht waren, daß sich eine Durcharbeit dieses Abschnittes erübrige.

c) Das Lehrprogramm erzeugt Übungsaufgaben mit Hilfe von Pseudozufallszahlen. Auf diese Weise werden keine starren Aufgabenfolgen festgelegt: Mit nur kleiner Wahrscheinlichkeit bekommen zwei Schüler identische Aufgaben angewiesen.

Das 1963/64 entstandene Programm ist nur für die Rechenanlage ER 56 geeignet.
Schon 1961 ging *W. R. Uttal* in den Vereinigten Staaten einen Schritt weiter: Mit COURSEWRITER entwickelte er eine spezielle Programmiersprache für Lehr- und Übungsprogramme, mit deren Hilfe Lehrer und Ausbilder auch ohne Programmierkenntnisse für eine spezielle Rechenanlage Lehrprogramme in einfacher Form schreiben und austesten können. (Ein spezielles Programm der Rechenanlage übersetzt die in COURSEWRITER geschriebenen Programme in die betreffende Maschinensprache.)
Als Rechenanlage wurde eine IBM 1440/IBM 1401-Anlage mit bis zu zwölf angeschlossenen Ein- und Ausgabegeräten IBM 1050 verwendet. Es handelt sich hier um eine Art elektrischer Schreibmaschine mit Anschlußmöglichkeit für zwei Projektoren für Lichtbilder oder längere Texte und für ein Tonbandgerät. Der Lehrstoff wird auf einem Plattenspeichergerät festgehalten; Anweisungen und Fragen werden von der Schreibmaschine in Klar-

text ausgeschrieben, längere Lehrtexte und Illustrationen mit Hilfe von Dias gezeigt (um Speicherkapazität im Rechner zu sparen.) Die Schülerantworten werden durch die Schreibmaschinentastatur eingegeben.

Die auf der INTERDATA-Ausstellung 1965 in New York von der Firma IBM dargebotene ›computer-assisted instructions‹ (programmierte Instruktion mit Hilfe einer Rechenanlage) ist beispielhaft für zahlreiche andere Systeme, die gegenwärtig mit Hilfe amerikanischer Großfirmen der Elektrotechnik und Elektronik an amerikanischen Hochschulen erprobt werden.

Der Schüler sitzt an einem Fernbedienungspult IBM 1050, das sich äußerlich von einer großen elektrischen Schreibmaschine nur durch einen zusätzlichen Satz von Lämpchen und Drucktasten unterscheidet. Instruktionstext und Fragen wurden von der Schreibmaschine mit einer Geschwindigkeit von etwa 10 Anschlägen in der Sekunde ausgeschrieben. Durch Bedienen der Tastatur konnte geantwortet werden, sobald ein grünes Lämpchen aufleuchtete. Damit war die Leitung zu der in Mohansic, New York – etwa 50 Meilen nördlich von New York City –, stehenden zentralen Rechnereinheit IBM 1440 frei. An diese Anlage waren mehrere Fernbedienungspulte angeschlossen. War die Rechenanlage nicht mit irgendeinem angeschlossenen ›Schüler‹ beschäftigt, arbeitete sie im Verfahren des time-sharing an mathematischen oder technischen Programmen. Durch die Versuche der programmierten Instruktion wurde nur ein Teil des Magnetkernspeichers und ein kleiner Teil der tatsächlichen Rechenzeit in Anspruch genommen.

Über den Einsatz von Rechenanlagen als ›Übungslehrer‹ referierte *G. Matt* auf dem Nürtinger Symposion 1965. Übungsprogramme können wesentlich rascher erstellt und erprobt werden als allgemeine Lehrprogramme und können mit einfacheren und damit billigeren Ein- und Ausgabegeräten arbeiten. Zum Beispiel können vorgestanzte Lochkarten als Eingabemedium dienen. Auf ihnen markiert der Schüler die richtigen Antworten mit einem magnetisch lesbaren Schreibstift oder locht die richtigen Rechenergebnisse mit einem kleinen Handlocher hinein. Die Lochkartenschrift wird dann direkt von der Rechenanlage ›gelesen‹. Dient als Ausgabegerät ein Zeilenschnelldrucker, so werden Aufgabe, Korrekturen und Benotungen mit hoher Geschwindigkeit auf perforiertes Endlospapier gedruckt, dessen Einzelabschnitte den Schülern ausgehändigt werden.

Bei den von *G. Matt* beschriebenen Übungsprogrammen für eine IBM 1401-Rechenanlage werden für jeden Schüler laufend folgende Daten registriert:
Bei welcher Aufgabe befindet sich der Schüler? Wie lautet das korrekte Ergebnis der soeben bearbeiteten Aufgabe? In welcher ›Schwierigkeitsstufe‹ arbeitet der Schüler? Wieviel Aufgaben wurden ihm in dieser Stufe bereits gestellt und wieviel wurden davon richtig beantwortet?
Die verschiedenen Stufen werden in der Reihenfolge zunehmender Schwierigkeit durchlaufen. Hat ein Schüler zu wenig Aufgaben einer bestimmten Stufe (in bestimmter Zeit) gelöst, wird er an die nächstniedrige Stufe verwiesen. Die Leistungen jedes Schülers werden laufend registriert, wie auch eine laufende Gesamtbewertung aller Schüler (für die Hand des Lehrers) durchgeführt wird.
Um zu einem anderen Übungsprogramm überzugehen, muß nur der Aufgabentext abgeändert werden. Die systematische Organisation des Programms bleibt für verschiedene Übungen dieselbe. Auch hier wird ein Zufallszahlengeber verwendet, um die Übungsfolge (innerhalb der Stufen) zu variieren. Der Vorteil eines solchen Übungsprogramms (das auch als Examensprogramm Verwendung finden kann) liegt in einer Entlastung des Lehrers von zeitraubender, mühsamer Korrektur. Der Schüler braucht nicht auf eine Korrektur zu warten. Alle Aufgaben werden nach einheitlichen Gesichtspunkten korrigiert. Der Lehrer kann sich stets über den Stand der Bearbeitungen informieren. Bei dem geschilderten System können zahlreiche Schüler zugleich an einer Übung teilnehmen. Das Programm kann universell an verschiedenen Schulen zugleich eingesetzt werden. Dadurch erniedrigen sich die Programmierungskosten.
Ein solches Übungsprogramm über die Dreisatzrechnung ermöglicht bis zu 99 Schülern die gleichzeitige Teilnahme. Jeder Schüler erhält über den Zeilendrucker der Rechenanlage IBM 1401 so viele Aufgaben, wie der Lehrer vorschreibt. Die vom Schüler errechneten Lösungen werden von ihm selbst auf Lochkarten übertragen und über den Kartenleser der Rechenanlage wieder eingegeben. Sie kontrolliert die Lösungen auf Richtigkeit und bestimmt in Abhängigkeit vom Ergebnis dieser Prüfung den Fortgang der Übungen.

In einem Referat über mögliche Anwendungen von Rechenanlagen als Lehrmaschinen darf ein Bericht über zwei Forschungsprojekte amerikanischer Hochschulen nicht fehlen, die in den letzten Jahren sehr bekannt geworden sind.

*Donald L. Bitzer* und *Peter G. Braunfeld* begannen 1960 an der Universität von Illinois, USA, mit dem Aufbau eines kybernetischen Lehrsystems, das um den ILLIAC-Computer herum gebaut wurde. PLATO I – die erste Versuchsanlage – konnte nur einen einzigen Schüler unterrichten; ihre Fortentwicklung – PLATO II – konnte zwar prinzipiell mehrere Personen gleichzeitig unterrichten. Mangels Speicherkapazität beim ILLIAC-Computer konnten bei etwas umfangreicheren Programmen nur zwei Schüler parallel unterrichtet werden. Ein drittes System – PLATO III – ist mit der leistungsfähigeren Anlage CDC 1604 gekoppelt und erlaubt Parallelarbeit mit mindestens 20 Schülern.

Beim PLATO-System sitzt der Schüler vor einem Bildschirm, auf dem die Lerneinheiten, Fragen, Skizzen etc. erscheinen. Mit Hilfe einer Tastatur gibt jeder Schüler die Antworten ein und steuert den Ablauf des Lernprogramms durch Sondertasten mit den Funktionen ›Weiter‹, ›Zurück‹, ›Hilfe‹, ›Beurteilung‹ etc.

Die Informationen auf dem Bildschirm stammen aus zwei verschiedenen Quellen:

a) Einem ›elektronischen Buch‹: Der ganze Lehrstoff eines Lehrprogramms ist auf ungefähr 60 Diapositiven gespeichert, die elektronisch wiedergegeben werden. Die Zugriffszeit zur Information eines Dias beträgt weniger als eine millionstel Sekunde. Alle Schüler benützen dieses ›elektronische Buch‹ gemeinsam.

b) Für jeden beteiligten Schüler ist eine ›elektronische Tafel‹ vorhanden. Technisch handelt es sich hierbei um eine spezielle Speicherröhre, die 45 Zeichen je Sekunde aufnehmen und dann speichern kann. Die Zeichen können in 0,25 Sekunden wieder gelöscht werden. Auf dieser ›elektronischen Tafel‹ werden die gegebenen Schülerantworten gespeichert. Ihr Inhalt kann gleichzeitig mit einem Diapositiv des elektronischen Buches auf dem Schülerbildschirm dargeboten werden.

Für das PLATO-System wurde ein Lehrprogramm und ein separates Prüfprogramm entwickelt. Der typische Ablauf der ›Lehrlogik‹ ist etwa folgender: Dem Schüler wird eine Lehreinheit dargeboten. Glaubt der Schüler, ihren Inhalt verstanden

zu haben, drückt er auf die Taste ›Weiter‹, worauf ihm eine Übungsaufgabe oder eine Frage gestellt wird. Er tippt die Antwort über die Tastatur ein, wobei ihm so lange die Möglichkeit bleibt, seine Antwort zu verbessern, bis er die Taste ›Beurteilung‹ drückt. Er veranlaßt damit die Rechenanlage, sein Ergebnis mit dem korrekten Resultat zu vergleichen. War die Antwort richtig, wird die nächste Lerneinheit präsentiert. Bei falscher Antwort wird der Schüler aufgefordert, die Anwort verbessert zu formulieren. Bereitet ihm eine Frage besondere Schwierigkeiten, so kann der Schüler die Taste ›Hilfe‹ drücken. Es erscheint ein erläuternder Hinweis-Text mit zusätzlichen Aufgaben, die richtig gelöst werden müssen, damit der Schüler wieder in die planmäßige Lernfolge zurückfindet. Allerdings braucht ein Schüler nicht alle vorgesehenen Hilfsschritte durchzuarbeiten: Die Taste ›Aha‹ bewirkt, daß er sofort wieder zur Ausgangsproblemfolge zurückgeführt wird. Früherer Lehrstoff kann durch Betätigen von ›Zurück‹ beliebig oft wiederholt werden. Dabei erscheint auch die frühere Schülerantwort auf dem Bildschirm.
Wie das PLATO-System sogar als Lehrsystem für experimentierenden Naturlehreunterricht verwendet werden kann, beschreibt *D. L. Bitzer* (1963); eine sogenannte ›fragende Logik‹ bietet dem Lernenden die Situation eines ›simulierten Labors‹. So gibt ein Knopf mit der Aufschrift ›Labor‹ dem Lernenden ein Gesamtangebot an Information, einschließlich der Ergebnisse von Experimenten, die er in dem simulierten Labor aufbauen kann. Der Schüler kann ein Experiment zusammenstellen oder eine Frage formulieren, indem er eine Folge von Tasten drückt. Während der Schüler das Experiment zusammenstellt, kann der Rechner das geforderte Experiment auf der Tafel des Schülers aufzeichnen und signifikante Resultate anzeigen.
Beim PLATO-System werden die Schülerantworten durch die Rechenanlage geprüft. Während der Schüler das Programm durcharbeitet, führt die Rechenanlage detailliert Buch über die Lernfortschritte; kurz nach Beendigung des Lernprozesses wird ein Protokoll ausgegeben, das neben dem Schülernamen, der Programmnummer etc. auch alle gegebenen Schülerantworten, deren Beurteilung und alle Hilfsfragen registriert. Dabei wird der Zeitpunkt jedes Ereignisses festgehalten. Für wissenschaftliche Untersuchungen sind diese Protokolle von großem Nutzen. Sie lassen sich mit einer Datenverarbeitungsanlage statistisch auswerten.

Das andere, inzwischen sehr bekannt gewordene Forschungsprojekt wurde 1958 von der System Development Corporation in Santa Monica, California, begonnen. Im Frühjahr 1960 baute SDC eine Lehrmaschine, bestehend aus einem Bendix-G 15-Rechner, einem universellen Projektor und einer elektrischen Schreibmaschine. Die Rechnereinheit steuert den Programmablauf und wertet die Schülerantworten aus. Der Projektor hat ein Magazin bis zu 600 verschiedenen Diapositiven. Die Schreibmaschine dient als Eingabegerät und Ausgabegerät für Kommentare und Beurteilungen.

Ähnlich dem PLATO-System erlaubt das Lehrprogramm wieder Verzweigungen allgemeiner Art. Mehrere Testfragen werden (auf einem Diapositiv) zusammengefaßt, ihre Ergebnisse jedoch getrennt ausgewertet. Je nach Fehlerzahl wird dem Schüler die Wahl zwischen direkter Programmfortsetzung oder ergänzender Programmschleife gelassen. Von einer bestimmten Fehlerhäufigkeit ab muß ein Schüler jedoch die zusätzliche Informationsfolge durchlaufen.

Im Jahre 1961 baute SDC dann ein Versuchslabor – CLASS genannt –, dem die leistungsfähigere Rechenanlage PHILCO 2000 als Zentraleinheit dient. In Parallelarbeit zur programmierten Instruktion bearbeitet die Datenverarbeitungsanlage PHILCO 2000 noch automatische Sprachübersetzungen, die Simulation von Flugüberwachungsvorgängen und Systemanalyse allgemeiner pädagogischer und schulischer Probleme. (Sie hat ein Programm zur Simulation von Schuljahr-Abläufen: Ein Schuljahr läuft in 5 bis 20 Minuten modellmäßig ab.)

Die Tischgeräte der etwa 40 parallel arbeitenden Schüler sind recht einfach gebaut: In jedem Gerät läuft ein Filmstreifen, der die gesamte Lerninformation enthält. Der Schüler bewegt diesen Streifen mechanisch; die Anweisungen dazu (Bildnummer etc.) erhält er über sein Kontrollgerät von der Rechenanlage. Antworten auf die gestellten Fragen kann er nur über einen Satz von fünf verschiedenen Antwortauswahltasten und drei verschiedenen Funktionstasten geben. Die Antwort der Rechenanlage wird durch drei farbige Lämpchen angezeigt.

Mit Hilfe eines speziellen Lehrerpults kann sich der Lehrer detaillierte Auskunft über den Stand der einzelnen Schüler beschaffen. Bummelt ein Schüler, d. h., bleibt er stark gegenüber dem Durchschnitt seiner Klasse zurück, wird dies am Lehrerpult durch eine Kontroll-Lampe angezeigt. Von der Konstruktion her ist also das CLASS-System einfacher als das PLATO-Lehrsystem; es weist auch geringere Variablität und Flexibilität auf. Als Prüfprogramm beschränkt es sich allein auf Auswahlantworten. Demzufolge ist die Bedienung sehr einfach, aber auch einseitig. Es besteht keine Möglichkeit, Zahlen oder Begriffe etc. als Antworten einzugeben. Durch die Lehrer-Kontrollmöglichkeit ähnelt das CLASS-System den auch in Deutschland bekannt gewordenen Sprachlabors zum Erlernen von Fremdsprachen. Auch hier hat jeder Schüler seinen Arbeitsplatz, an dem er einen Lernabschnitt hört, nachspricht und sich selbst korrigiert. Der Lehrer kann sich jederzeit in jedes Schülerpult einblenden, unbemerkt mithören oder mit dem Schüler sprechen. Bei Sprachlabors ist jedoch keine Rechenanlage angeschlossen, die Schülerfehler registriert und über einen solchen Regelkreis den Lernfortschritt bewertet.

### 3.42 *F. v. Cube: Eine informationsdidaktische Untersuchung zur Strukturierung von Lernmaterial*

Im folgenden sei aus dem Forschungsbereich der allgemeinen Didaktik das Problem einer optimalen Darstellung gegebener Informationen herausgegriffen. Es handelt sich dabei um Fragen der Gliederung, der Ordnung und der Strukturierung von Lernmaterial. Bekanntlich kann man irgendeine gegebene Information (z. B. die Bedeutung fremdsprachlicher Wörter, die Funktionsweise eines Regelkreises, geschichtliche Zusammenhänge etc.) auf sehr verschiedene Weise darstellen. Nicht zu Unrecht achtet daher ein guter Lehrer auf ein geordnetes Tafelbild, auf übersichtliche Tabellen, leicht erfaßbare Schemata usw.
Vom informationsdidaktischen Standpunkt aus läßt sich das Problem der Informationsdarbietung (nur dieses soll hier betrachtet werden) in drei deutlich voneinander unterscheidbare Stufen einteilen:

1. Stufe: Minimalisierung der objektiven Information.
Bevor der Lernende mit der Darstellung eines Sachverhalts konfrontiert wird, untersucht der Didaktiker, ob er dem Lernenden nicht den Ordnungsprozeß des Lernmaterials abnehmen kann. Im allgemeinen ist es nämlich so, daß der Lernende (in Unkenntnis

der Zusammenhänge) zunächst einer höheren Information ›gegenübersteht‹, als sie den objektiven Gegebenheiten entspricht. Der Didaktiker muß also (u. U. selbst als Lernender) die Information so weit abbauen, wie es der objektive Sachverhalt zuläßt. Sind z. B. von einem Schüler bestimmte fremdsprachige Ausdrücke zu erlernen, so kann der Lehrer dieses Repertoire nach den bestehenden bedingten Häufigkeiten ordnen oder evtl. durch Bildung von Sätzen einen adäquaten Zusammenhang schaffen. Derartige Verfahren setzen also die Information des Lernmaterials herab, ohne daß der Schüler von diesem Material schon Kenntnis genommen hätte.

2. Stufe: Informationsherabsetzung durch geeignete Darstellung. Um die in der ersten Stufe aufbereitete Information dem Schüler zu vermitteln, muß sich der Didaktiker irgendeiner Darstellung bedienen. Die Darstellung wiederum ist an ein Medium gebunden (Tafel, Buch, Modell, Tonband, Film etc.). Bei der Entwicklung einer Darstellung auf einem bestimmten Medium lassen sich aber verschiedene Grade des Informationsabbaues erreichen. So bedeutet schon eine übersichtliche Anordnung des Lernmaterials für den Schüler eine erhebliche Lernerleichterung. Bekannte Verfahren sind in diesem Zusammenhang Gruppierungen, Rhythmisierungen, Reime, Schemata, Tabellen, Bilder etc.

3. Stufe: Informationsherabsetzung durch subjektive Lernhilfen. Auch die in einer Darstellung gegebene, in ›zweiter Stufe‹ aufbereitete Information läßt sich u. U. noch weiter herabsetzen. Dies ist jetzt allerdings nur noch durch eine direkte Einflußnahme des Didaktikers auf den Lernenden möglich. Ein solcher Einfluß kann z. B. darin bestehen, daß der Lehrer dem Schüler den Rat erteilt, bei der Lektüre einer Darstellung zunächst unverstandene Einzelheiten zu überlesen, da sich diese im Rahmen des gesamten Zusammenhanges leichter ergeben. Die Effektivität der Einflußnahme besteht in diesem Falle in der ›Superzeichenredundanz‹, die in der Informationsherabsetzung der Einzelelemente durch ein primäres Erkennen von Superzeichen besteht.

Als mathematisch formulierbares Beispiel der zweiten Stufe betrachten wir nun das Problem der optimalen Strukturierung eines auswendig zu lernenden Textes.

Das Verfahren besteht darin, kleinere Abschnitte eines umfangreichen Textes zu Einheiten (›Wörtern‹) zusammenzufassen; diese Einheiten werden zunächst einzeln gelernt und erst dann zum Gesamttext zusammengesetzt. Wir untersuchen das Problem, *wie* eine solche Zerlegung erfolgen muß, damit die subjektive Information des Textes ein Minimum wird.

Zugrunde gelegt sei ein Text der Länge m, derart, daß man den Text in q gleichlange ›Wörter‹ mit der ›Buchstaben‹zahl p einteilen kann. Die subjektive Information, die bei dem Auswendiglernen des Textes zu speichern ist, setzt sich somit aus zwei Teilen zusammen:

1. Zum Erlernen eines einzelnen Wortes auf dem Repertoire seiner p Elemente braucht der Lernende nur diese p Elemente in Betracht zu ziehen und nicht das Gesamtrepertoire aller n Elemente; damit erhält ein Einzelwort die subjektive Information:

$$p \cdot \text{ld}\, p \text{ (bit)}.$$

Der subjektive Informationsbetrag der insgesamt q Wörter beträgt also:

$$q \cdot p \cdot \text{ld}\, p \text{ (bit)}.$$

2. Anschließend müssen die q Wörter zum ganzen Text zusammengesetzt werden; dazu ist ein weiterer Informationsbetrag der Größe

$$q \cdot \text{ld}\, q \text{ (bit)}$$

notwendig. Das Erlernen dieser Wortzusammenfassung erfolgt dabei auf dem Repertoire der q verschiedenen Einzelwörter. Die gesamte subjektive Information des Textes wird somit:

$$Hs = q \cdot p \cdot \text{ld}\, p + q \cdot \text{ld}\, q$$

oder

$$Hs = m \cdot \text{ld}\, p + \frac{m}{p} \text{ld} \left(\frac{m}{p}\right).$$

Wie sich nun leicht zeigen läßt, ergibt sich das Minimum dieser Funktion in Form folgender Bedingung:

(1)

$$\text{ld}\, p = \frac{1-p}{\ln 2} + \text{ld}\, m$$

In Bild 38 ist diese Bedingung für die Werte

$$m = 2, 4, 8, 16, 32, 64, 128, 256, 512$$

graphisch dargestellt.

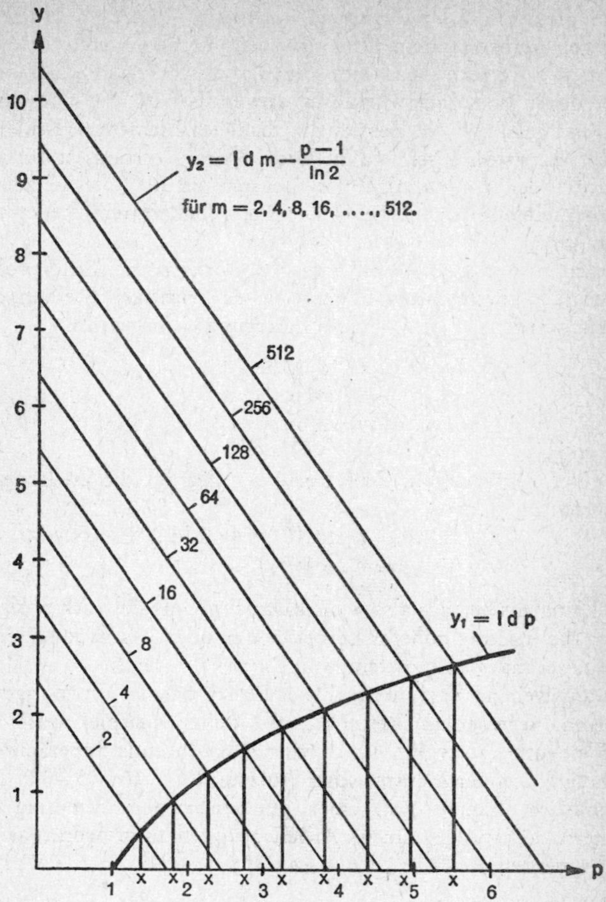


Bild 38: Minimalbedingung zur Zerlegung von Lernmaterial

Aus Bild 38 läßt sich folgende Beziehung zwischen m und (ganzzahligem) p ablesen:

| m | 2 | 4 | 8 | 16 | 32 | 64 | 128 | 256 | 512 | ... |
|---|---|---|---|---|---|---|---|---|---|---|
| p | 1 | 2 | 2 | 3 | 3 | 4 | 4 | 5 | 6 | ... |

Stellt man also jemandem die Aufgabe, eine achtstellige ›Telefonnummer‹ auswendig zu lernen, so gibt man sie zweckmäßiger-

weise gleich in Zweiergruppen vor; eine 15stellige Nummer hingegen müßte man in Dreiergruppen vorgeben etc.
Es ist wichtig, daß man sich die Voraussetzungen klarmacht, unter denen das obige Verfahren anwendbar ist, die Voraussetzung nämlich, daß ein Zeichen ($z_i$) zugleich Element verschieden großer Repertoires sein kann. Diese Voraussetzung ist für das Erlernen der Reihenfolge der Zeichen erfüllt, die einzelnen Zeichen selbst können dabei irgendeinem (bekanntem) Repertoire entstammen.
Betrachten wir z. B. eine 8stellige stochastische Ziffernfolge. Sollen die auftretenden Ziffern in der richtigen Reihenfolge gelernt werden, so sind – ohne Zerlegung – insgesamt

$$\begin{aligned} I &= 8 \cdot \mathrm{ld}\,10 + 8 \cdot \mathrm{ld}\,8 \\ &= 8 \cdot 3{,}2 + 8 \cdot 3 \\ &= 49{,}6 \text{ (bit)} \end{aligned}$$

zu lernen.
Bei einer Zerlegung in Zweiergruppen beträgt die zu lernende Information

$$\begin{aligned} I &= 8 \cdot \mathrm{ld}\,10 + 4 \cdot 2\,\mathrm{ld}\,2 + 4 \cdot \mathrm{ld}\,4 \\ &= 41{,}6 \text{ (bit).} \end{aligned}$$

Die Ersparnis beträgt also 8 bit. (Das Ergebnis läßt sich übrigens durch die Bildung höherer Lerneinheiten noch weiter reduzieren; darauf sei indessen nicht eingegangen.)
Das angegebene Verfahren läßt sich auch bei der Ordnung von Mengen verwenden. Besteht eine Menge beispielsweise aus 64 Elementen, so ergibt sich durch weiterführende Superzeichenbildung folgender hierarchischer Aufbau: 64 – 16 – 5 – 2.
Vermutlich können solche Überlegungen bei der Einteilung von Büchern, Lehrprogrammen, Arbeitsgruppen usw. fruchtbar gemacht werden.

### 3.43 *H. v. Hentig: Die Schule im Regelkreis*

»... Diesem Modell vom Regelkreis läßt sich noch anderes entnehmen, was für das Verständnis des sozialen Organismus ebenso wichtig ist wie die Rolle der Information:

Im Regelkreis ist der alte Gegensatz von Kausalität und

Teleologie aufgehoben; das Flugzeug ist Ziel des Beschusses, aber auch Ursache für die Nachricht, die über den Radarschirm wiederum das Geschoß steuert; oder (an einem Beispiel aus der Gesellschaft): die Schule erfüllt innerhalb des sozialen Organismus einerseits dessen Anforderungen und korrigiert sie zugleich. Sie bringt den von der Gesellschaft benötigten Nachwuchs in den Berufen und öffentlichen Tätigkeiten hervor, aber sie sorgt auch dafür, daß man die Funktionen dieses Nachwuchses richtiger versteht: sie vermittelt Maßstäbe, nach denen man einen Bedarf (sagen wir an Abiturienten) kritisiert, einen Anspruch (sagen wir auf höhere Einstufung der Volksschullehrer) befördert, eine zweideutig gewordene Rolle (sagen wir die des Soldaten) klärt. Es schlägt auf die Schule selbst und ihre jeweils andere Funktion zurück, wenn sie auch nur eine von ihnen nicht erfüllt! – Die Aufhebung des Gegensatzes von Kausalität und Teleologie gilt wohlgemerkt nur im Regelkreis, innerhalb des Systems. Natürlich hat das System selbst eine Bestimmung (ein telos) und eine Ursache (eine causa): das Radarsystem dient der Flugabwehr und stammt von, sagen wir, Siemens; der Kühlschrank dient der Frischhaltung von Lebensmitteln und stammt vielleicht ebenfalls von Siemens. Auch die Gesellschaft wird eine Bestimmung haben. Aber wer kennt sie? Und wer weiß auch nur ihren wahren Ursprung, um ihren Sinn wenigstens daraus abzuleiten? Sollen Schulräte darüber befinden oder Industriekapitäne, Soziologen oder die Theoretiker der Parteien? Aus dieser fruchtlosen Frage befreit uns das Modell des Regelkreises. ›Eine Entwicklung muß stattfinden‹, und ›eine Entwicklung soll stattfinden‹, diese beiden Sätze können nicht mehr gegeneinander ausgespielt werden!

Sodann ist im Regelkreis auch der Gegensatz von Determinismus und Freiheit sinnlos geworden; innerhalb eines im ganzen vorgegebenen ›komplexen Systems‹ wird – um seiner Stabilität willen – immer wieder Zufall hergestellt, Komplexheit, das heißt möglichst viele Schaltstufen. Schaltungen – das kann ich im einzelnen nicht erläutern – erfolgen von Stufe zu Stufe mit einem, wenn auch begrenzten, Spielraum von Beliebigkeit. Die Schalteinheiten sind, wie gesagt, relativ autonom. Sie müssen ihre Reaktion jeweils ›finden‹ – sie bekommen sie nicht vorgeschrieben. In bezug auf die Schule, die eben schon zur Erläuterung gedient hat, bedeutet das: Obwohl die Schule in einer bestimmten Funktion in ein bestimmtes Ganzes eingeordnet ist, dient sie diesem Ganzen besser, wenn sie gewisse eigene Befugnisse, ja sogar eigene Wahrnehmungsmöglichkeiten hat, wenn sie also nicht von einem zentralen Verwaltungssystem her bestimmt ist, das durch eine zentrale Geldbewilligungsstelle wiederum mit allen anderen Funktionen des Systems starr verbunden ist. Konkret: Die gesellschaftlichen Funktionen der Schule würden besser erfüllt, wenn der Zentralismus der Prüfung, Lehrpläne, Zensuren, Versetzungen, Gehaltsordnungen, Beamtenrechte, Elternräte und so fort immer wieder durch die unabhängige Einsicht und eigene Initiative der jeweiligen Einrichtung durchbrochen würde.

Man kann sich leicht denken, daß die Sozialwissenschaften und alle die Disziplinen, die sich mit dem Menschen in der Gemeinschaft befassen – von der Nationalökonomie über die Politikwissenschaft bis zur Pädagogik –, von diesem Modell fasziniert sind.

Ich muß hinzufügen, daß diese beschreibenden Sozialwissenschaften, vor allem die Verhaltensforschung, neben der Kybernetik, und das heißt neben dem von ihr veranschaulichten Zusammenhang von ›ich muß‹ und ›ich soll‹ und ›ich kann‹, ein diesen Zusammenhang bestätigendes Bild von dem, was ›ich tue‹ oder ›wir tun‹, gestellt haben. Bei ihnen lernt man, daß wir in der Tat auch Funktionen des Kollektivs sind und nicht nur Individuen, in anderen Worten, daß wir auf erschreckende Weise die statistisch erfaßbaren sozialen Mechanismen vollziehen, obwohl wir glauben, als eigene Person zu handeln: der Organismus Gesellschaft ist auf unheimliche Weise primär . . .«

Den Ausführungen von Hentigs möchte ich folgende Bemerkungen hinzufügen:

Zunächst scheint mir der Begriff der Regelung in diesem Falle nicht zuzutreffen. Der Regelkreis setzt bekanntlich einen Kapitän voraus, d. h. einen Sollwert oder eine Führungsgröße. Nun sagt zwar von Hentig, daß auch die Gesellschaft eine Bestimmung habe – ohne diesen ›Sollwert‹ jedoch anzugeben. Ich glaube auch nicht, daß man von irgendeiner ›Bestimmung‹ reden kann. Tatsächlich hat von Hentig auch gar nicht eine Gesellschaft vor Augen, die dem Modell des Regelkreises (mit Führungsgröße!) entspricht, sondern dem Modell allgemeiner Rückkopplungs- und Regelungsvorgänge, die insgesamt ein selbstorganisierendes Sy-

stem bilden. Nur so läßt sich seine Bemerkung verstehen, daß der Gegensatz von Determinismus und Freiheit sinnlos geworden sei oder daß die Schule eine größere Autonomie erhalten solle.
Dann erhebt sich allerdings eine weitere Frage: Ist es sinnvoll, eine gesellschaftliche Forderung – wie z. B. die Forderung nach größerer Autonomie der Schule, die ich im übrigen voll unterstütze – aus einem technischen oder abstrakten Modell heraus zu erheben? Wir haben zwar festgestellt, daß sich kybernetische Modelle für die Beschreibung von Wirklichkeitsbereichen gut eignen können; dabei ist aber durch eben diese Bereiche eine Kontrolle des Verfahrens gewährleistet. Bei der Aufstellung einer Forderung fällt eine solche Kontrolle zunächst einmal weg.
Wenn es nur darum ginge, aus einem Modell Forderungen abzuleiten, könnte man ebensogut den einfachen Regelkreis dazu heranziehen – ein Vorschlag, den von Hentig sicher ebenso ablehnen würde wie ich. Die Gründe für die Ablehnung dieses Modells liegen aber nicht in dem Modell selbst, sondern darin, daß sich dieses Modell mit unseren gesellschaftlichen Vorstellungen nicht vereinbaren läßt.
Möchte man also aus einem kybernetischen (oder anderen) Modell heraus soziale Forderungen erheben, müßte man zugleich zeigen, daß andere Modelle nicht so zweckmäßig sind – was sich im vorliegenden Fall zweifellos durchführen ließe.

## 3.5 Kybernetik in Soziologie und Soziometrie

Vorbemerkung:
Die in 3.51 ausgewählte Darstellung über die Anwendung der Kybernetik in der Soziologie von Renate Mayntz findet sich in Frank, 1964 a, S. 381–385. Die Darstellung betrifft in erster Linie die Anwendung kybernetischer Maschinen im Bereich der Soziologie. Der Artikel gibt eine Vertiefung und Erweiterung der im ersten Teil unseres Leitfadens angeschnittenen Probleme. In 3.52 habe ich die von F. v. Cube und R. Gunzenhäuser, 1963, entwickelte Formel der Gruppenentropie ausführlich dargestellt. Die Gruppenentropie kann sowohl als Beispiel für die Auswei-

tung der kybernetischen Strukturbegriffe als auch für die Ausweitung der Anwendungsbereiche angesehen werden.
In 3.53 sind experimentelle Untersuchungen, die ich im Sommer-Semester 1964 an Berliner Schulen durchgeführt und in den Grundlagenstudien aus ›Kybernetik und Geisteswissenschaft‹, Band 5, Heft 3/4, veröffentlicht habe, angeführt.

## 3.51 *R. Mayntz: Anwendung der Kybernetik in der Soziologie*

Neben der Benutzung von elektronischen Datenverarbeitungsanlagen als Rechenhilfe bei Auswertungsverfahren bedient sich die Soziologie dieser Maschinen noch für einen zweiten Zweck: zur Simulation. Hierbei ist weniger die Rechenkapazität der Datenverarbeitungsanlagen von Bedeutung als ihre Fähigkeit, logische Operationen durchzuführen, so daß man bei der Simulation auch von einer nicht-numerischen (nicht-mathematischen) Anwendung dieser Aggregate spricht. Die Simulation als eine modellhafte Nachbildung dynamischer Vorgänge der Wirklichkeit mittels einer elektronischen Datenverarbeitungsanlage wird auch in anderen Wissenschaften, z. B. der Psychologie, politischen Wissenschaft, Neurophysiologie oder den Wirtschaftswissenschaften, benutzt. Nach der heute vorliegenden Literatur zu urteilen, scheinen soziologische Anwendungen sogar besonders selten zu sein, was jedoch über die Bedeutung dieser Bemühungen in der Soziologie nichts sagt. Außerdem ist längst nicht über alle vorhandenen bzw. in Arbeit befindlichen soziologischen Simulationsmodelle etwas publiziert worden.
Mit Simulation bezeichnet man gelegentlich auch ein Experimentieren mit Menschen in künstlich hergestellten, ›simulierten‹ Situationen. Davon soll hier jedoch ebensowenig gesprochen werden wie von der Mensch-Maschine-Simulation, deren bekanntestes Beispiel wohl die Unternehmensspiele sind, für die es kein spezifisches soziologisches Gegenstück gibt. Simulation im hier gemeinten engen Sinn der reinen Maschinensimulation heißt die Konstruktion und Manipulation von Operationsmodellen dynamischer Vorgänge in sozialen Systemen, wobei die Symbole und das Programm der Datenverarbeitungsanlagen die Einheiten, Variablen und Variablenzusammenhänge (Prozesse) eines wirk-

lichen Systems nachbilden. Man beginnt dabei mit der verbalen Formulierung einer Theorie, zeichnet sie in einem Flußdiagramm auf und übersetzt sie schließlich in Symbole und ein Operationsprogramm für die Datenverarbeitungsanlage. Man kann mit dem fertigen Simulationsmodell eine möglichst genaue Wirklichkeitsentsprechung anstreben, indem man z. B. als Eingabe Erhebungsdaten über die Merkmalsverteilungen in der zu simulierenden Bevölkerung benutzt und gleichfalls empirisch ermittelte Ablaufswahrscheinlichkeiten zur Grundlage des Programms macht. Andererseits ist es auch möglich, mit einem Simulationsmodell zu experimentieren, indem man durch eine Veränderung des Programms bzw. der Dateneingabe hypothetische Bedingungen schafft, deren Auswirkungen dann zu untersuchen sind. Der kennzeichnende Vorteil von Simulationsmodellen ist in jedem Fall ihr dynamischer Charakter, d. h., daß in ihnen während einer Zeitspanne ablaufende Prozesse in allen Einzelheiten nachgebildet werden können.

Zur Erläuterung mag ein demographisches Modell der Bevölkerung der USA dienen (Orcutt, 1961). Die Einheiten dieses Modells in seiner einfachsten Form sind Individuen bzw. Kombinationen von Individuen (Ehepaare bzw. Familien). Zu den Merkmalen dieser Einheiten gehören u. a. Geschlecht, Alter, Familienstand, gegebenenfalls Zahl der bereits geborenen Kinder. Das Modell ging von 10000 Individuen aus, die in ihrer Merkmalsverteilung für die amerikanische Bevölkerung im April 1950 repräsentativ waren. Das Programm sieht vor, daß Individuen altern, heiraten können und schließlich sterben, während Familien wachsen oder sich auflösen, indem Ehepaare Kinder haben oder sich scheiden lassen. Wichtige Operationscharakteristiken sind stochastischer Natur, d. h. Wahrscheinlichkeiten, daß eine Einheit, die zur Zeit $t_1$ in einem Zustand a ist, zur Zeit $t_2$ in einen Zustand b übergeht (heiratet, ein Kind bekommt, sich scheiden läßt, stirbt). Die Wahrscheinlichkeit, daß eine Frau in einem bestimmten Monat ein Kind bekommt, wurde z. B. als eine nicht-lineare, multivariante Funktion solcher Faktoren wie Familienstand, Alter, Zahl bisheriger Geburten, Zeitraum seit der Heirat bzw. seit der letzten Geburt formuliert. Nach solchen auf Daten der Bevölkerungsstatistik beruhenden Operationsregeln wird in jedem – einem Monat entsprechenden – Programmzyklus für jedes Individuum über eventuelle Zustandsänderungen entschieden. Ergebnisse des Programms sind Informationen über die Zahl der Geburten, Todesfälle, Heiraten und Scheidungen pro Monat sowie in größeren Zeitabständen eine demographische Zustandsbeschreibung der ganzen Bevölkerung, z. B. ihres Altersaufbaus. So kann die Maschine in kurzer Zeit die Bevölkerungsentwicklung auf Grund der gegenwärtigen Tendenzen Dezennien weit in die Zukunft projizieren. Ebensogut kann man aber auch die Auswirkungen bestimmter hypothetischer Veränderungen, z. B. der Sterbe- oder Geburtenhäufigkeiten, durch eine entsprechende Manipulation des Operationsprogrammes untersuchen.

Zwei offenbare Vorteile der Simulation sind also, daß sich in der Zeit verlaufende Prozesse nachbilden lassen und daß man in kurzer Zeit eine Vielzahl logischer Operationen in Millionen von Einzelschritten an Tausenden von Einheiten vornehmen kann. Ein weiterer Vorteil ist, daß es bei der Simulation möglich ist, die Beziehungen zwischen den Einheiten des Systems in das Modell aufzunehmen. Bei der Auswertung von Erhebungen, deren Ergebnisse auf Lochkarten festgehalten und dann sortiert, gezählt und korreliert wurden, gingen bisher die zwischen den Erhebungseinheiten (meist Individuen) bestehenden Beziehungen verloren. Selbst als man die Nachteile dieses ›Atomismus‹ erkannt hatte, bereitete es technisch große Schwierigkeiten, den bemerkten Mangel etwa durch Einbeziehung soziometrischer Daten in die Erhebung zu beseitigen. Bei der Maschinensimulation ist es dagegen nicht schwer, das Beziehungsnetzwerk zwischen den simulierten Individuen ins Modell aufzunehmen. Das geschieht z. B., indem man in der Speicherzelle, die verschiedene Informationen über eine Einheit (ein Individuum) enthält, auch die Adresse der Speicherzelle(n) eines oder mehrerer anderer Individuen festhält, die z. B. Verwandte, Freunde oder auch Vorgesetzte des ersten Individuums sind.

Diese Möglichkeiten machten sich u. a Coleman bei seinem Schulmodell zunutze (siehe Guetzkow, 1962, Kap. 5). – Er ging aus von einer Gruppe von Schülern, deren jeder unter seinen Schulkameraden einen als sein Vorbild benannt hatte. Alle Schüler waren außerdem durch bestimmte Merkmale, vor allem aber dadurch gekennzeichnet, ob es ihnen wichtiger war, ein guter Schüler, ein guter Sportler oder aber ein beliebter Klassenkamerad zu sein. Die Frage war, wie sich im Verlaufe eines Schuljahres das Zusammenspiel zwischen dieser Einstellung und dem Einfluß der Vorbilder gestalten und auswirken würde. Das

Programm des Modells bewirkte, daß in jedem Ablaufzyklus die Einstellung jedes Schülers mit derjenigen seines Vorbildes verglichen wurde. Im Falle einer Einstellungsdivergenz bewirkte das Programm, daß der betreffende Schüler sich mit vorher festgelegter Wahrscheinlichkeit entweder der Einstellung seines Vorbildes anpaßte oder sein Vorbild fallenließ. Nach Ablauf eines bestimmten Zeitraums ließen sich dann als Ergebnis die neue Einstellungsverteilung unter den Schülern sowie die Änderungen im Beziehungsnetz (Verlust oder Beibehaltung der Position als Vorbild) feststellen. Es ist klar, daß man bei diesem Modell ebensogut wie von tatsächlichen Erhebungsdaten von hypothetischen Einstellungsverteilungen und Vorbilderwahlen ausgehen und deren Auswirkungen untersuchen kann.
Die Nachbildung eines sozialen Prozesses in einem Simulationsmodell beschränkt sich notwendigerweise auf wenige, für besonders wichtig erachtete Variablen und Zusammenhänge. Diese Vereinfachung ist der Preis, den man für die logische Geschlossenheit und Genauigkeit des Modells zahlen muß. Um höhere

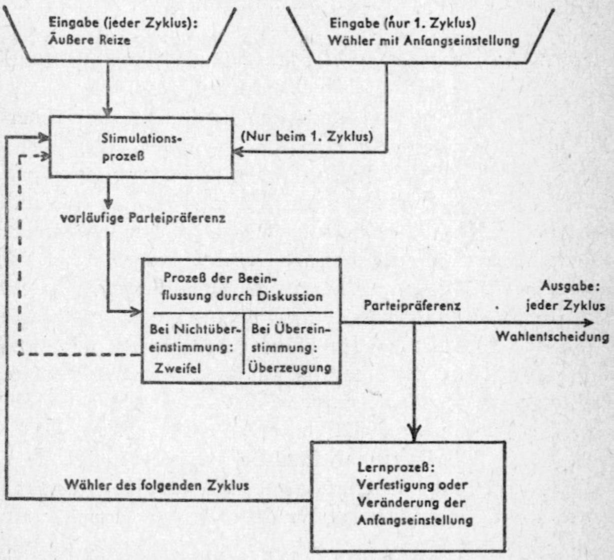


Bild 39: Flußdiagramm eines Wahlmodells
(adaptiert von W. N. McPhee, 1963, S. 76, 171)

Stufen der Komplexität erreichen zu können, schlägt McPhee (1963) vor, bei der Konstruktion von Modellen in fertige Teilprogramme simulierte Elementarprozesse als Bausteine zu verwenden. McPhee selbst hat für sein Simulationsmodell des Wählerverhaltens drei solcher elementaren Teilprogramme entworfen, die ihrer Art nach auch in anderen Zusammenhängen benutzt werden können. Das vereinfachte Flußdiagramm des Modells zeigt diese drei Teilprogramme. Zur Eingabe gehören die Anfangseinstellungen der simulierten Wähler, sie können entweder hypothetisch oder Erhebungsdaten entnommen sein. Die im Simulationsprozeß zur Wirkung kommenden Reize der Wahlkampagne können für jeden Zyklus, der eine Wahlperiode darstellt, neu eingegeben werden. Beim Diskussionsprozeß kann es sich entweder um Zufallskontakte zwischen den simulierten Wählern oder um Kontakte mit vorgegebenen Bezugspersonen handeln. So kann man etwa die Frage untersuchen, wie die Parteipräferenzen einer neuen Wählergeneration durch die bereits verfestigten Einstellungen ihrer Väter bei verschiedener Stärke der äußeren Reizeinwirkung und verschieden starken generationstypischen Einstellungsunterschieden beeinflußt werden.

Anders als bei McPhee ist das davon unabhängig entwickelte Wahlmodell von Pool und Abelson (1961) konstruiert. Bei diesem Modell wurden die gesammelten Ergebnisse zahlreicher einschlägiger Erhebungen zur Bildung von 480 Wählertypen, den Einheiten des Modells, benutzt. Jeder Wählertyp ist durch eine spezifische Kombination sozialstatistischer Daten (Geschlecht, Konfession, Einkommensklasse usw.) und durch eine Reihe von Wahrscheinlichkeiten gekennzeichnet, auf bestimmte in Wahlkampagnen der Vergangenheit aufgetretene Streitfragen entweder zustimmend, ablehnend oder unentschieden zu reagieren. An diesem Modell läßt sich dann ausprobieren, mit welchem Wahlverhalten die Bevölkerung auf bestimmte Wahlstrategien der miteinander konkurrierenden Parteien reagieren würde.

Es versteht sich, daß die Simulation in keiner Weise ein Ersatz für soziologische Theorienbildung oder für soziologische Feldforschung ist. Jedes Simulationsmodell setzt eine formulierte Theorie voraus, die allerdings im Verlauf der Modellkonstruktion oft genug erst präzisiert werden muß – ein nicht unwichtiges Nebenprodukt dieser Bemühungen. Andererseits ist es nicht möglich, durch ein Simulationsmodell eine Hypothese zu falsifizieren, die auf irrtümlichen Annahmen über gesetzmäßige Zusammenhänge oder dem Übersehen wichtiger Einflußfaktoren beruht. Erkennt man diese Grenzen der Simulation, dann kann man, ohne ihre wissenschaftlichen Möglichkeiten zu überschätzen, Nutzen aus den tatsächlichen von ihr gebotenen Vorteilen ziehen.

### 3.52 *F. v. Cube: Kybernetische Methoden in der Soziometrie*

Neuerdings läßt sich eine besonders interessante und sicher auch bald praktisch verwertbare Anwendung kybernetischer Methoden erkennen: die Anwendung im Bereich der Soziometrie. Um diesen Zusammenhang aufzeigen zu können, müssen wir zunächst den Begriff der Soziometrie genauer erörtern.

Zur Definition der Soziometrie schreibt Moreno, der diese Disziplin der Soziologie entwickelt hat:

> »Die Soziometrie ... befaßt sich mit dem mathematischen Studium psychosozialer Charaktere der Bevölkerung, mit den experimentellen Methoden und den Ergebnissen, die aus der Anwendung quantitativer Prinzipien resultieren« (1954, S. 28).

Ausgangspunkt soziometrischer Untersuchungen ist der soziometrische Test, der die Grundlage für die Anwendung quantitativer Methoden schafft:

> »Der soziometrische Test ist eine Methode der Erforschung sozialer Strukturen durch Messen der Anziehungen und Abstoßungen, die zwischen den Angehörigen einer Gruppe bestehen« (Moreno, 1954, S. 34).

Ein soziometrischer Test wird folgendermaßen durchgeführt: Die Individuen einer Gruppe werden aufgefordert, bezüglich eines bestimmten Kriteriums (Zusammenarbeit, Nebeneinandersitzen etc.) eine vorgegebene Anzahl anderer Individuen zu wählen. Eine solche Wahl kann im positiven Sinne als ›Anziehung‹ oder im negativen Sinne als ›Abstoßung‹ getroffen werden. Unter Umständen können die zu wählenden Individuen auch einer anderen Gruppe angehören. Die Anzahl der Wahlen, die bei einem solchen Test ein Individuum auf sich vereinigt, sowie Anzahl und Art der gegenseitigen Wahlen (›Paare‹, ›Ketten‹ und andere Verknotungen) gestatten einen ersten Einblick in die

soziale Struktur einer Gruppe. Zur Darstellung dieser Struktur werden dabei die ›soziometrische Matrix‹ oder ›Soziomatrix‹ und das ›Soziogramm‹ (Moreno, 1954) benützt.
Zur Veranschaulichung diene eine Gruppe aus 6 Personen ($P_1$ bis $P_6$); jede Person vergebe zwei Wahlen, die jedoch nicht auf dieselbe Person entfallen dürfen. Nehmen wir nun an, es käme folgende Matrix zustande:

| | $P_1$ | $P_2$ | $P_3$ | $P_4$ | $P_5$ | $P_6$ |
|---|---|---|---|---|---|---|
| $P_1$ | ○ | ⊕ | | | | + |
| $P_2$ | ⊕ | ○ | | | | ⊕ |
| $P_3$ | | + | ○ | | | + |
| $P_4$ | | | | ○ | ⊕ | + |
| $P_5$ | | | | ⊕ | ○ | ⊕ |
| $P_6$ | | ⊕ | | | ⊕ | ○ |
| | 1 | 3 | 0 | 1 | 2 | 5 |

Bezeichnungen: +: erfolgte Wahl
⊕: gegenseitige Wahl
○: nicht mögliche Wahl

Bild 40: Soziomatrix einer Gruppe aus 6 Personen

Bezeichnet man einen besonders häufig Gewählten als Star, einen Nichtgewählten als Isolierten und zwei sich gegenseitig Wählende als Paar, so enthält die Gruppe (bezüglich des angenommenen Wahlkriteriums) einen Star ($P_6$), einen Isolierten ($P_3$) und vier Paare ($P_1/P_2$), ($P_2/P_6$), $P_4/P_5$) und ($P_5/P_6$).
Das dazugehörige Soziogramm kann wie in Bild 41 dargestellt aufgebaut werden.
(Die geometrische Darstellung der Soziogramme ist nicht eindeutig; zweckmäßigerweise setzt man jedoch die Stars ins Zentrum, die Isolierten an den Rand etc.).
Durch den soziometrischen Test erhält man zweifellos einen besseren Einblick in die soziale Struktur einer Gruppe und in den sozialen Status des einzelnen als durch die bloße Beobachtung oder das Interview.
Dies geht u. a. aus einer von Moreno durchgeführten Untersuchung hervor, nach der die jeweiligen Lehrer den soziometrischen Status eines Individuums innerhalb einer Schulklasse nur mit

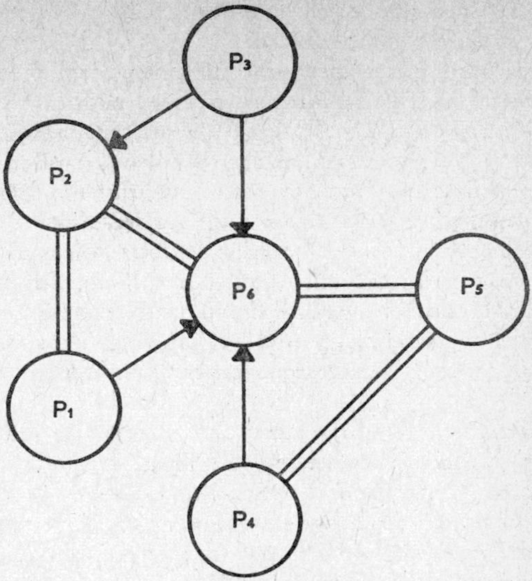


Bild 41: Soziogramm zu der in Bild 40 angeführten Soziomatrix

einer Genauigkeit von 40% bis 60% voraussagen konnten (vgl. hierzu auch Weiß, 1961).

Moreno sieht die Überlegenheit der soziometrischen Methode vor allem in der Tatsache, daß der Getestete nicht einen ›passiven Zustand‹, ›in eine Rolle der Unterwerfung‹ (1954, S. 39) hineinmanövriert wird, sondern unabhängig vom Testenden seine eigenen Interessen wahrnimmt. Selbstverständlich hat der soziometrische Test auf lange Sicht hinaus nur dann Erfolg, wenn es in der Macht des Testers steht, die Wahlen der Individuen bei der weiteren Arbeit mit der Gruppe zu berücksichtigen und praktische Hilfen zu geben.

Außer der Feststellung des sozialen Status des einzelnen (›Abgelehnter‹, ›Isolierter‹, ›Mitläufer‹, ›Star‹ etc.) und der Feststellung der sozialen Struktur einer Gruppe als Ganzes geben die soziometrischen Tests auch die Möglichkeit, allgemeinere Eigenschaften sozialer Gruppenstrukturen zu erkennen. So entdeckte Moreno z. B. den soziodynamischen Effekt: Er versteht darunter die Abweichung einer tatsächlichen, durch Tests ermittelten Gruppenstruktur von der Zufallsstruktur, d. h. derjenigen Struktur einer Gruppe, die durch eine rein zufällige Verteilung der Wahlen zustande kommen würde.

Das Soziogramm bietet aber nicht nur einen Einblick in die statistische Seite sozialer Strukturen, es dient auch als Grundlage der Motivforschung und als Basis für sozialpädagogische Eingriffe. Sind nämlich die einzelnen Wahlen getroffen und im Soziogramm fixiert, so hat der Tester zunächst die Möglichkeit, sowohl auf seiten der Wähler als auch auf seiten der Gewählten nach den Wahlmotiven zu forschen; sind Ursachen und Motive der Wahlen und Abstoßungen aufgedeckt, bietet sich dem Pädagogen die Möglichkeit, verändernd in das Netzwerk der psychischen Beziehungen einzugreifen: er kann Isolierte ›anketten‹, Cliquen ›sprengen‹, Strukturen festigen, umordnen und neuordnen.

Auf die verschiedenen Ergebnisse der Soziometrie können wir hier nicht eingehen; hier sei nur die Frage erörtert, inwiefern kybernetische Methoden in der Soziometrie angewandt werden können und sich als fruchtbar erweisen.

Zu diesem Zwecke müssen wir noch den Begriff des Strukturenkomplexes erklären: Legt man eine Gruppe aus 6 Personen, von denen jede $k = 2$ Wahlen treffen könne, zugrunde, dann gibt es theoretisch 29 Strukturen, die in der nebenstehenden Tabelle (Bild 42) aufgezeichnet sind.

An Hand der Strukturenkomplexe erheben sich zahlreiche Fragen, die nur mit Hilfe quantitativer Methoden beantwortet werden können; einige davon wollen wir herausgreifen:

a) Wie kann man generell feststellen, wann eine Struktur ›differenzierter‹ ist als eine andere?
Sicher wird man die soziale Struktur

($a_1$) 0 0 0 2 5 5

gegenüber der Struktur

($a_2$) 2 2 2 2 2 2

als ›differenzierter‹ bezeichnen; wie lassen sich indessen die Strukturen

($a_3$) 0 1 2 3 3 3

und

($a_4$) 0 1 2 2 3 4

hinsichtlich ihrer Differenziertheit unterscheiden?

| | $P_1$ | $P_2$ | $P_3$ | $P_4$ | $P_5$ | $P_6$ |
|---|---|---|---|---|---|---|
| 1 | 0 | 0 | 0 | 2 | 5 | 5 |
| 2 | 0 | 0 | 1 | 1 | 5 | 5 |
| 3 | 0 | 0 | 0 | 3 | 4 | 5 |
| 4 | 0 | 0 | 1 | 2 | 4 | 5 |
| 5 | 0 | 1 | 1 | 1 | 4 | 5 |
| 6 | 0 | 0 | 1 | 3 | 3 | 5 |
| 7 | 0 | 0 | 2 | 2 | 3 | 5 |
| 8 | 0 | 1 | 1 | 2 | 3 | 5 |
| 9 | 1 | 1 | 1 | 1 | 3 | 5 |
| 10 | 0 | 1 | 2 | 2 | 2 | 5 |
| 11 | 1 | 1 | 1 | 2 | 2 | 5 |
| 12 | 0 | 0 | 0 | 4 | 4 | 4 |
| 13 | 0 | 0 | 1 | 3 | 4 | 4 |
| 14 | 0 | 0 | 2 | 2 | 4 | 4 |
| 15 | 0 | 1 | 1 | 2 | 4 | 4 |
| 16 | 1 | 1 | 1 | 1 | 4 | 4 |
| 17 | 0 | 0 | 2 | 3 | 3 | 4 |
| 18 | 0 | 1 | 1 | 3 | 3 | 4 |
| 19 | 0 | 1 | 2 | 2 | 3 | 4 |
| 20 | 1 | 1 | 1 | 2 | 3 | 4 |
| 21 | 0 | 2 | 2 | 2 | 2 | 4 |
| 22 | 1 | 1 | 2 | 2 | 2 | 4 |
| 23 | 0 | 0 | 3 | 3 | 3 | 3 |
| 24 | 0 | 1 | 2 | 3 | 3 | 3 |
| 25 | 1 | 1 | 1 | 3 | 3 | 3 |
| 26 | 0 | 2 | 2 | 2 | 3 | 3 |
| 27 | 1 | 1 | 2 | 2 | 3 | 3 |
| 28 | 1 | 2 | 2 | 2 | 2 | 3 |
| 29 | 2 | 2 | 2 | 2 | 2 | 2 |

Bild 42: Strukturenkomplex für $n = 6, k = 2$
Die Anordnung der Strukturen des Komplexes erfolgte nach dem Prinzip der extremen Starbildung.

Wie lassen sich insbesondere die sozialen Strukturen *verschiedener* Komplexe miteinander vergleichen? Ist z. B. die Struktur (des Komplexes $n = 10$, $k = 3$)

($a_5$) 0 0 1 2 3 4 4 5 5 6

stärker oder schwächer differenziert als die Struktur ($a_4$)?

b) In welchen Bereichen eines Komplexes aus n Elementen liegen wirkliche soziale Gruppenstrukturen?

c) Unterscheiden sich soziale Strukturen hinsichtlich verschiedener Wahlkriterien, und lassen sich gegebenenfalls Gesetzmäßigkeiten erkennen?

d) Hängen die Strukturen von Faktoren ab, wie Alter, Geschlecht oder Bildungsgrad der Gruppenmitglieder?

e) Welche Strukturen sind hinsichtlich dieser Kriterien als ›normal‹ bzw. ›anormal‹ zu bezeichnen?

Wie man leicht einsieht, lassen sich solche Fragen nur beantworten, wenn man ein eindeutiges, von der Anzahl der Gruppenmitglieder unabhängiges Maß für soziale Ordnung besitzt.

Nun erinnern wir uns (2.32), daß sich die Shannonsche Formel nicht nur als ein Maß für Information, sondern auch als ein Maß für Ordnung erwiesen hat. Um solche Ordnungen handelt es sich aber bei sozialen Gruppen – sofern wir die Anzahl der erhaltenen Wahlen auf Grund eines soziometrischen Tests festgestellt haben.

Wir erinnern uns weiter, daß es sich bei der Shannonschen Auffassung von Information (bzw. Entropie) um einen Prozeß der Selektion von Zeichen handelte, der von einem Operator (Sender) ausgeführt wird.

Nun existiert bei den soziometrischen Tests ebenfalls ein Repertoire von endlich vielen Elementen, nämlich den Individuen der sozialen Gruppe; da die Wahlen jedoch von den Elementen *untereinander* ausgeführt werden, wird das *selektive* Prinzip der Zeichenauswahl durch das *elektive* Prinzip der *gegenseitigen* Wahl ersetzt. Eine auf diesem Prinzip der gegenseitigen Elektion basierende Entropie sei im folgenden ›Elektive Entropie‹ (EE) genannt. Sofern die Individuen selbst das Repertoire bilden, sprechen wir auch von ›Gruppenentropie‹ (v. Cube, Gunzenhäuser, 1963).

Bei einer mathematischen Fassung der Elektiven Entropie eines Systems endlich vieler Elemente wird selbstverständlich von einem Wahlkriterium abstrahiert; ebenso spielt es keine Rolle, ob es sich um positive oder negative Wahlen (Abstoßungen) handelt. Tatsächlich ist schon im Hinblick auf die verschiedenen Realisationsbereiche der Elektiven Entropie der Begriff der Wahl zu speziell. Wir schlagen indessen in Anbetracht der soziometrischen Herkunft der Elektiven Entropie vor, den Terminus ›Elektion‹ oder ›Wahl‹ beizubehalten, wobei die Verallgemeinerung dieser Begriffe durch Anführungszeichen gekennzeichnet werden kann.

Legen wir nun dem allgemeinen Begriff der Elektiven Entropie zufolge ein System von n Elementen zugrunde, die sich gegenseitig ›wählen‹. Die Anzahl der ›Wahlen‹, die jedem Element zur Verfügung stehen, sei k; ein Element kann von einem anderen nur einmal ›gewählt‹ werden. (Die Rangordnung dieser k ›Wahlen‹ sei zunächst nicht unterschieden.)

Ordnet man den Elementen als ›relative Häufigkeiten‹ $h_i$ ($i = 1, 2, \ldots, n$) die durch die Summe $n \cdot k$ der ›Wahlen‹ normierte Anzahl der absoluten ›Wahlen‹ $v_i$ zu, so daß also

$$h_i = \frac{v_i}{k \cdot n} \quad \text{und} \quad \sum_{i=1}^{n} h_i = 1$$

gilt, dann versteht man unter der Elektiven Entropie (oder Gruppenentropie) dieses Systems den Ausdruck

$$EE = \sum_{i=1}^{n} h_i \cdot \operatorname{ld} \frac{1}{h_i}.$$

Das Maximum der Funktion EE ist im Gegensatz zu allen übrigen Werten nur von n abhängig und wird durch die Formel

$$EE_{max} = \operatorname{ld} n$$

gegeben; das Minimum wird durch ein Maximum von $(n-1)$mal und 0mal ›Gewählten‹ charakterisiert, wegen des vorausgesetzten Vollzugs der ›Wahlen‹ wird das Minimum nicht Null.

Auf Grund der Abhängigkeit der Gruppenentropie von den Größen n und k ist es zunächst nicht möglich, Systeme zu vergleichen, die sich hinsichtlich der Anzahl ihrer Elemente und der gegebenen ›Wahl‹möglichkeiten unterscheiden. Dieser Mangel kann indessen durch folgende Normierung behoben werden.

In Analogie zum Begriff der Redundanz (2.33) wird die normierte Gruppenentropie durch den Ausdruck

$$EEN = \frac{EE_{max}(n) - EE(k, n)}{EE_{max}(n) - EE_{min}(k, n)}$$

| | $P_1$ | $P_2$ | $P_3$ | $P_4$ | $P_5$ | $P_6$ | EE | EEN |
|---|---|---|---|---|---|---|---|---|
| 1 | 0 | 0 | 0 | 2 | 5 | 5 | | 1,000 |
| 2 | 0 | 0 | 0 | 3 | 4 | 5 | | 0,935 |
| 3 | 0 | 0 | 0 | 4 | 4 | 4 | | 0,908 |
| 4 | 0 | 0 | 1 | 1 | 5 | 5 | | 0,849 |
| 5 | 0 | 0 | 1 | 2 | 4 | 5 | | 0,727 |
| 6 | 0 | 0 | 1 | 3 | 3 | 5 | | 0,690 |
| 7 | 0 | 0 | 1 | 3 | 4 | 4 | | 0,662 |
| 8 | 0 | 0 | 2 | 2 | 3 | 5 | | 0,633 |
| 9 | 0 | 0 | 2 | 2 | 4 | 4 | | 0,605 |
| 10 | 0 | 1 | 1 | 1 | 4 | 5 | | 0,575 |
| 11 | 0 | 0 | 2 | 3 | 3 | 4 | | 0,568 |
| 12 | 0 | 0 | 3 | 3 | 3 | 3 | | 0,531 |
| 13 | 0 | 1 | 1 | 2 | 3 | 5 | | 0,481 |
| 14 | 0 | 1 | 1 | 2 | 4 | 4 | | 0,454 |
| 15 | 0 | 1 | 2 | 2 | 2 | 5 | | 0,424 |
| 16 | 0 | 1 | 1 | 3 | 3 | 4 | | 0,417 |
| 17 | 0 | 1 | 2 | 2 | 3 | 4 | | 0,360 |
| 18 | 1 | 1 | 1 | 1 | 3 | 5 | | 0,330 |
| 19 | 0 | 1 | 2 | 3 | 3 | 3 | | 0,323 |
| 20 | 1 | 1 | 1 | 1 | 4 | 4 | | 0,303 |
| 21 | 0 | 2 | 2 | 2 | 2 | 4 | | 0,303 |
| 22 | 1 | 1 | 1 | 2 | 2 | 5 | | 0,273 |
| 23 | 0 | 2 | 2 | 2 | 3 | 3 | | 0,265 |
| 24 | 1 | 1 | 1 | 2 | 3 | 4 | | 0,208 |
| 25 | 1 | 1 | 1 | 3 | 3 | 3 | | 0,171 |
| 26 | 1 | 1 | 2 | 2 | 2 | 4 | | 0.151 |
| 27 | 1 | 1 | 2 | 2 | 3 | 3 | | 0,114 |
| 28 | 1 | 2 | 2 | 2 | 2 | 3 | | 0,057 |
| 29 | 2 | 2 | 2 | 2 | 2 | 2 | | 0,000 |

Bild 43: Strukturenkomplex für $n = 6$, $k = 2$
Die Anordnung der Strukturen des Komplexes erfolgte nach den Berechnungen der Gruppenentropie.

definiert. Die Formel unterscheidet sich von der analogen Formel für Redundanz nur durch den Wert $EE_{min}$; dies liegt daran, daß die Gruppenentropie bei einer festgesetzten ›Wahlzahl‹ (k) nicht Null werden kann, sondern einen minimalen Wert besitzt, der von n und k abhängt. Das Minimum ergibt sich dabei durch die extreme Abweichung von der Gleichverteilung, d. h. durch ein Maximum an ›Isolierten‹ und (n — 1)mal ›Gewählten‹.

In Bild 43 sind die Strukturen ihrem Ordnungsgrad entsprechend ›angeordnet‹. Ein Vergleich mit der Tabelle von Bild 42 läßt das neue Ordnungsprinzip besonders deutlich werden. (Die Minimalstruktur steht jeweils an erster Stelle.)

Oft erweist es sich als zweckmäßig, bei soziometrischen Tests keine feste ›Wahlzahl‹ vorzugeben. In diesem Falle kann theoretisch ein einziges Individuum alle Wahlen auf sich vereinigen, damit erhält aber das Minimum von EEN den Wert Null.

Ohne feste ›Wahlzahl‹ gelten somit für die Ausdrücke EE und EEN die Formeln

$$EE = \sum_{i=1}^{n} h_i \, \mathrm{ld} \frac{1}{h_i}, \quad h_i = \frac{v_i}{\sum_{i=1}^{n} v_i}$$

und

$$EEN = 1 - \frac{EE}{\mathrm{ld}\, n}.$$

Im folgenden seien einige Experimente zur Gruppenentropie angeführt; eine Zusammenfassung der bisherigen Untersuchungen ist in dem Buch: F. von Cube und R. Gunzenhäuser, ›Über die Entropie von Gruppen‹, 2. Aufl. 1967, enthalten.

### 3.53 *F. v. Cube: Experimente zur Gruppenentropie*

Im Sommersemester 1964 führte ich mit Studierenden der Pädagogischen Hochschule Berlin eine soziometrische Untersuchung an insgesamt 147 Berliner Schulklassen durch. Sämtliche untersuchten Klassen an Sonderschulen (HS), Grundschulen (GS), Oberschulen praktischen (OPZ), technischen (OTZ) und wissenschaftlichen Zweiges (OWZ) und an Berufsschulen (BS) wurden nach denselben Kriterien getestet:

1. Neben welchen Klassenkameraden möchtest Du gern sitzen? (N+)
2. Neben wem möchtest Du nicht sitzen? (N–)
3. Mit welchen beiden Klassenkameraden möchtest Du bei einer Klassenfahrt in einem Zimmer wohnen? (R+)
4. Welche zwei Mitschüler sollen nicht in diesem Zimmer wohnen? (R–)
5. Wen würdest Du zum Klassensprecher wählen? (K)

(Die einzelnen Schulen und Klassen sind in F. v. Cube, 1964, aufgeführt.)

Die wichtigsten Ergebnisse der einzelnen Tests sind in den Bildern 44 bis 49 graphisch dargestellt; die Diskussion der Diagramme erfolgt im Anschluß.

Die Testergebnisse zeigen, daß sich die Gruppenentropie in Verbindung mit soziometrischen Tests sehr gut zur Messung sozialer Strukturen eignet. Besonders deutlich zeigt sich die Abhängigkeit der Gruppenentropie von den Untersuchungskriterien. So liegen z. B. die Werte für N+, N–, R+, R– und K nicht nur in ihrem Durchschnitt sehr weit auseinander; es überschneiden sich teilweise nicht einmal die Streubereiche.

Die Gruppenentropie vermag auch relativ feine Unterschiede bei den Kriterien zu erfassen; so lassen sich beispielsweise die Kriterien N und R (in der positiven und negativen Bewertung) mit Hilfe der Gruppenentropie eindeutig auseinanderhalten (Bild 48).

Im einzelnen lassen sich folgende Ergebnisse der Untersuchung anführen:

1. Die Durchschnittswerte von N+ und N– sind bei allen untersuchten Klassen und Schultypen relativ konstant. Der Gesamtdurchschnitt für N+ beträgt EEN = 0,13, für N– EEN = 0,39. Der niedere Wert von N+ zeigt, daß der soziodynamische Effekt, d. h. die Abweichung von der Zufallsstruktur (Moreno, 1954), sehr klein ist; der relativ hohe Wert von N– hingegen bestätigt die These, daß die Ablehnungen innerhalb einer Gruppe wesentlich stärker differenziert sind als die positiven Wahlen. Daraus lassen sich einige unmittelbare Folgerungen ziehen:

   Die hohe Konstanz der Durchschnittswerte von N+ und N– erlaubt eine Bestimmung der ›sozialen Normalität‹ einer Klasse bezüglich des betreffenden Kriteriums. Gewiß ist es

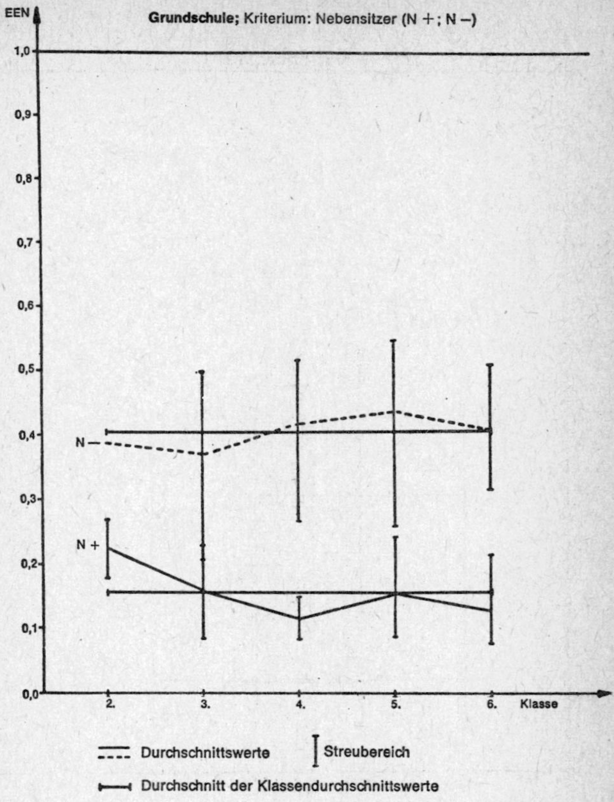
EEN
Grundschule; Kriterium: Nebensitzer (N +; N –)
1,0
0,9
0,8
0,7
0,6
0,5
0,4
0,3
0,2
0,1
0,0
N –
N +
2.
3.
4.
5.
6.
Klasse
Durchschnittswerte
Streubereich
Durchschnitt der Klassendurchschnittswerte

Bild 44

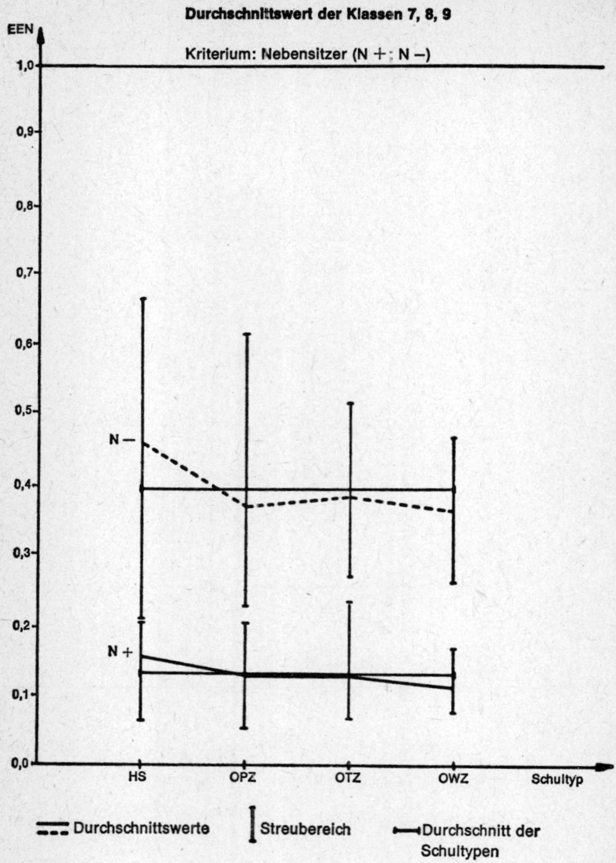
Durchschnittswert der Klassen 7, 8, 9
Kriterium: Nebensitzer (N + ; N –)
EEN
1,0
0,9
0,8
0,7
0,6
0,5
0,4
0,3
0,2
0,1
0,0
N –
N +
HS
OPZ
OTZ
OWZ
Schultyp
Durchschnittswerte
Streubereich
Durchschnitt der Schultypen

Bild 45

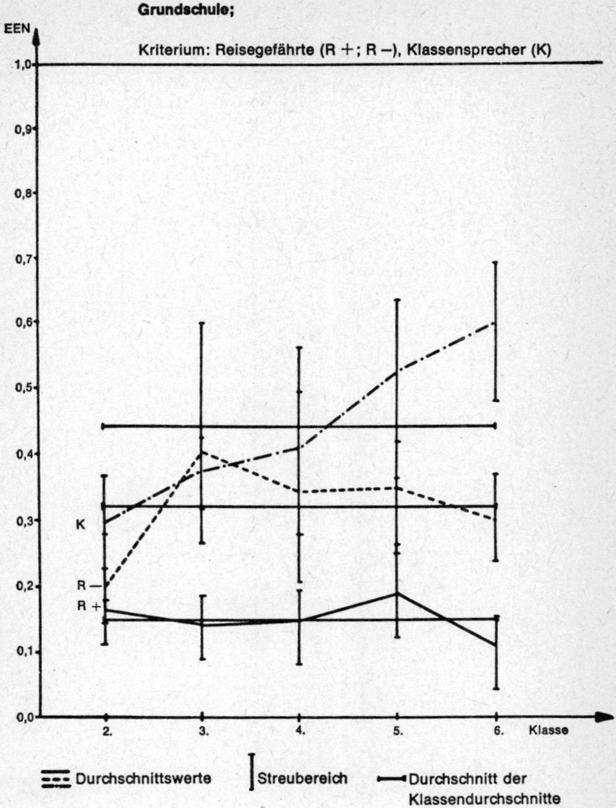

Grundschule;
Kriterium: Reisegefährte (R +; R –), Klassensprecher (K)
EEN
1,0
0,9
0,8
0,7
0,6
0,5
0,4
0,3
0,2
0,1
0,0
K
R –
R +
2.
3.
4.
5.
6.
Klasse
Durchschnittswerte
Streubereich
Durchschnitt der Klassendurchschnitte


Bild 46

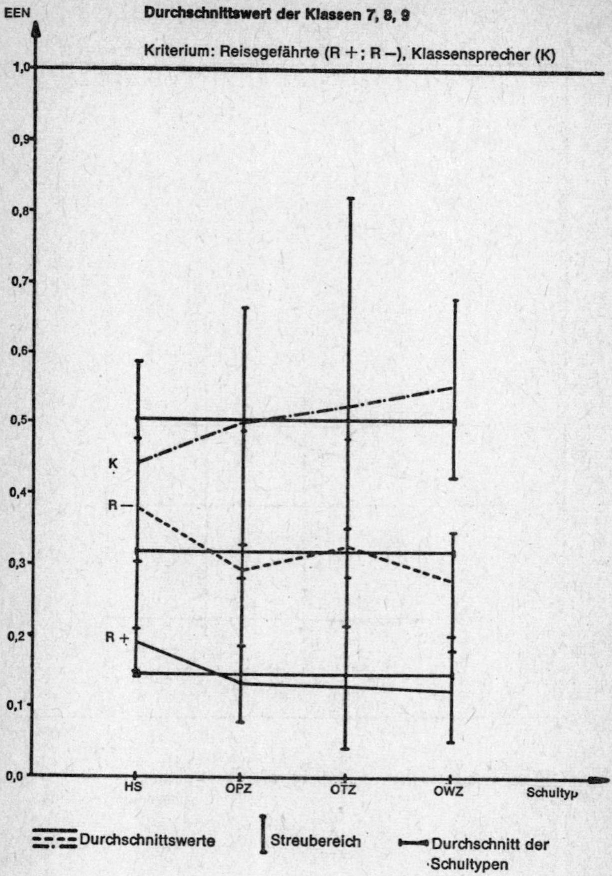
EEN
Durchschnittswert der Klassen 7, 8, 9
Kriterium: Reisegefährte (R +; R –), Klassensprecher (K)
1,0
0,9
0,8
0,7
0,6
0,5
0,4
0,3
0,2
0,1
0,0
K
R –
R +
HS
OPZ
OTZ
OWZ
Schultyp
Durchschnittswerte
Streubereich
Durchschnitt der Schultypen

Bild 47

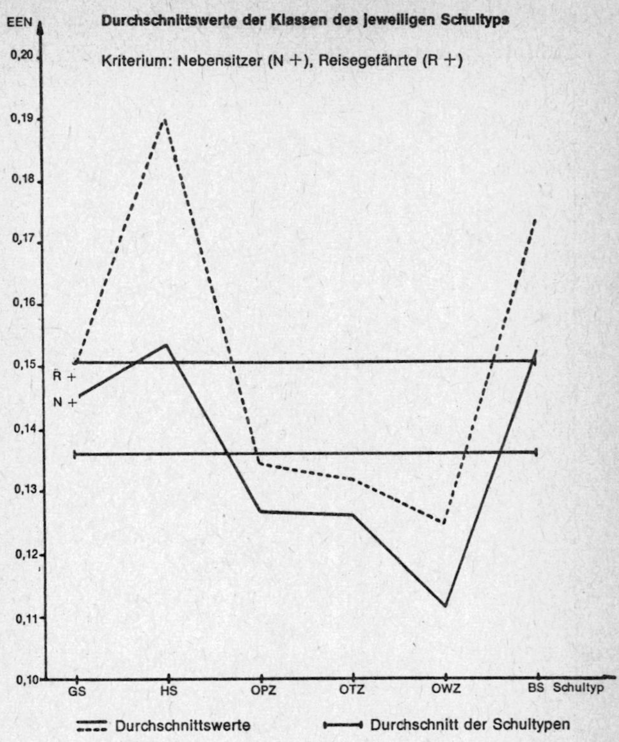

EEN
Durchschnittswerte der Klassen des jeweiligen Schultyps
Kriterium: Nebensitzer (N +), Reisegefährte (R +)
0,20
0,19
0,18
0,17
0,16
0,15
R +
N +
0,14
0,13
0,12
0,11
0,10
GS
HS
OPZ
OTZ
OWZ
BS
Schultyp
Durchschnittswerte
Durchschnitt der Schultypen


Bild 48

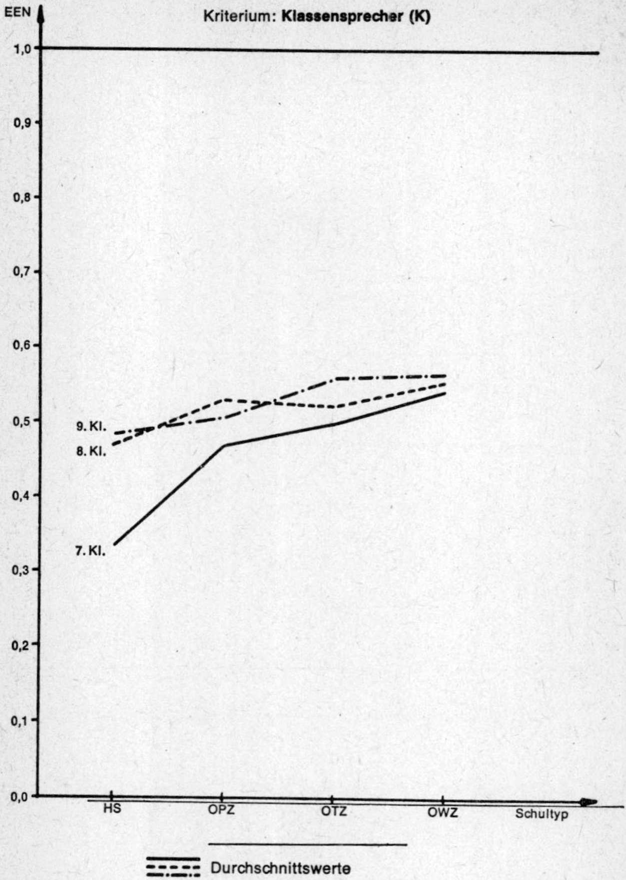
EEN
Kriterium: **Klassensprecher (K)**
1,0
0,9
0,8
0,7
0,6
0,5
0,4
0,3
0,2
0,1
0,0
9. Kl.
8. Kl.
7. Kl.
HS
OPZ
OTZ
OWZ
Schultyp
Durchschnittswerte

Bild 49

ein gewohntes Bild, daß in einer Klasse Stars, Isolierte und Abgestoßene auftreten; man konnte jedoch bisher nicht angeben, welche Verteilung der Stars oder Abgestoßenen als ›normal‹ anzusehen ist. Die vorliegende Untersuchung gibt einen vorläufigen Anhaltspunkt zur Feststellung starker Abweichungen von der ›Normalverteilung‹ der Stars und Abgestoßenen.

Freilich bleibt die Frage offen, ob die gefundenen Durchschnittswerte vom pädagogischen Standpunkt aus ein erstrebenswertes Ziel darstellen. Hier müssen weitere Untersuchungen mit einer doppelten Intention folgen. Einmal müssen Gruppen getestet werden, die man (nach irgendwelchen anderen Kriterien) als sozial optimal funktionierend bezeichnen kann, und zum anderen muß untersucht werden, mit welchen pädagogischen Mitteln Strukturänderungen vorgenommen werden können.

2. Vergleicht man die Kriterien R und N, so verläuft die Kurve R + leicht oberhalb, aber im wesentlichen parallel zu N +, für die Kurve R– gilt dasselbe mit umgekehrtem Vorzeichen. Die Beziehung zum Reisegefährten äußert sich also in einer stärkeren Differenzierung im positiven Bereich und in einer schwächeren Differenzierung im negativen; dies bedeutet übrigens, daß bei dem Kriterium R– mehr Individuen abgelehnt werden als bei den Kriterium N–.

3. Verfolgt man den Kurvenverlauf von N+ und R+ in Abhängigkeit vom Schultyp, so ergibt sich in der Reihenfolge abnehmender sozialer Differenzierung die Reihe HS, BS, GS, OPZ, OTZ, OWZ. Die soziale Struktur der OWZ fällt dabei schon fast in den Zufallsbereich hinein. Im wesentlichen entspricht auch der Kurvenverlauf von N– und R– dieser Reihenfolge der Schultypen.

4. Die soziale Struktur bezüglich des Kriteriums ›Klassensprecher‹ ist bei weitem am stärksten differenziert. Auffallend dabei ist, daß die Differenzierung mit dem Alter und im wesentlichen auch mit dem Bildungsgrad zunimmt. Als Reihenfolge zunehmender Differenzierung ergibt sich hier HS, GS, OPZ, OWZ. Die starke Differenzierung der Struktur K ist insofern nicht verwunderlich, als für den Klassensprecher auf Grund seiner speziellen Aufgabe nur verhältnismäßig wenig Schüler in Frage kommen.

Insgesamt wird man sagen können, daß mit zunehmendem

Bildungsgrad eine Tendenz zur Gleichverteilung der positiven Wahlen bezüglich des Nebensitzers zu beobachten ist, während gleichzeitig eine stärkere Differenzierung hinsichtlich des Klassensprechers erfolgt. Hinsichtlich der negativen Wahlen läßt sich ebenfalls mit zunehmendem Bildungsgrad eine solche Tendenz feststellen, wenn auch die absoluten Werte erheblich über den entsprechenden positiven bleiben.

In diesem Zusammenhang ist die Frage aufzuwerfen, ob man auch umgekehrt von den sozialen Strukturen einer Klasse hinsichtlich der genannten Kriterien auf deren Bildungsgrad schließen kann und ob es eventuell Methoden gibt, von einer Änderung der sozialen Struktur her das Bildungsniveau einer Klasse zu erhöhen.

*Versuch einer Interpretation*

Versucht man, die Gründe für die gefundenen Ergebnisse aufzudecken, so kann man folgende Arbeitshypothese formulieren: Die Tendenz zur Gleichverteilung der Wahlen steigt mit der Anzahl der vorhandenen Motive, d. h., je mehr Wahl(oder Ablehnungs)motive existieren, desto niedriger wird EEN und umgekehrt. Gehen wir weiter von der Annahme aus, daß die Anzahl der Wahlmotive mit dem Bildungsgrad zusammenhängt, so lassen sich die Ergebnisse von einem einheitlichen Gesichtspunkt aus erklären: Beispielsweise wäre es zu erklären, daß die Kurven in Bild 48 den aufgezeichneten Verlauf nehmen; während nämlich der Hilfsschüler seine Mitschüler im wesentlichen nach den Kategorien ›Freund‹ und ›Feind‹ einteilt, werden beim Schüler der OWZ neben reinen Sympathie- und Antipathiebeziehungen auch andere Motive für die Wahl seines Nebensitzers relevant (z. B. gute Leistungen in irgendeinem Fach, gemeinsame Interessen, Helfenwollen, Unterhaltung usw.).

Ein besonders deutliches Indiz für die genannte Arbeitshypothese läßt sich aus Bild 49 entnehmen: während der Hilfsschüler eher geneigt ist, seinen Freund auch als Klassensprecher zu wählen, ist sich der Schüler der OWZ über die besondere Aufgabe des Klassensprechers sehr viel mehr im klaren.

Mit der Motivhypothese ließe sich auch eine Interpretation der Kurven R + und R – im Verhältnis zu den Kurven N + und N – angeben: Der Hypothese entsprechend würde es für die Wahl des Reisegefährten weniger Motive geben als für die Wahl des Nebensitzers – ein Sachverhalt, der wegen des Wegfalls verschiedener rationaler Wahlmotive durchaus plausibel ist. Das Verhältnis von N und R im negativen Bereich ergänzt diese Annahme sinnvoll: Für die Ablehnung des Reisegefährten könnte es mehr Motive geben als für die Ablehnung des Nebensitzers. Die Hypothese von der Abhängigkeit der Gruppenentropie von der Anzahl der Wahlmotive (im negativen oder positiven Sinne) könnte noch von anderer Seite her Unterstützung erhalten: Es ist denkbar, daß zwischen der Anzahl der Wahlmotive und der Gruppenentropie eine mathematische Beziehung besteht.

## 3.6 Kybernetik in Texttheorie und Ästhetik

Vorbemerkung:
Die in 3.61 zitierte Abhandlung über den ›Textstatistischen Aspekt‹ von Max Bense, dem Inaugurator der Informationsästhetik, ist seinem Buch ›Theorie der Texte‹, 1962, S. 70 bis 76, entnommen. Die Ausführungen vermitteln in knapper Form einen Einblick in einige interessante Probleme der Texttheorie. Außerdem hat die Darstellung den Vorzug, daß sie die an anderer Stelle veröffentlichten Texte (›rot 6‹), die wir im Anschluß zitieren, verständlich werden läßt.
Der in 3.62 abgedruckte Artikel ›Projekte generativer Ästhetik‹ von Max Bense erschien in den VDI-Nachrichten vom 21. 4. 1965. Bense hat diesen Artikel im Zusammenhang mit den Computer-Grafiken von Georg Nees verfaßt, auf die er des öfteren Bezug nimmt. Einige Grafiken von Nees sind daher gleich im Anschluß (3.63) abgebildet.
Die in 3.63 abgebildeten Computer-Grafiken (mit einführenden Hinweisen) hat G. Nees erstmals in ›rot 19‹ veröffentlicht.

### 3.61 *M. Bense: Der textstatistische Aspekt*

Jeder Text stellt eine Menge von Elementen dar, die wir als Worte bezeichnen und die, wie Fucks sich ausdrückt, gegliedert ist. Natürlich könnte man auch auf weitere Elemente und auf reduziertere wie Silben oder Laute zurückgreifen, aber diese Analyse wäre eher für die Linguistik, jedoch nicht für die Texttheorie spezifisch. Texte werden aus Worten gemacht, Texttheorie beschränkt ihre Untersuchungen wesentlich auf Worte und Wortfolgen, was selbstverständlich nicht ausschließt, daß sie diese Elemente durch reduziertere kennzeichnen kann.

Ein Text wird zunächst einerseits durch sein Vokabular, also durch die Zahl der auftretenden verschiedenen Worte, und andererseits durch die Häufigkeit, mit der diese Worte jeweils auftreten, statistisch, also materialiter, gegeben. Der statistische Aspekt, ich möchte das betonen, ist der materiale Aspekt, und zwar der selektive materiale Aspekt, der für die ästhetische Realisation des Textes ebenso verantwortlich ist wie für seine semantische Funktion. Man kann bereits hier darauf aufmerksam machen, daß ein Text einerseits durch ein hohes Vokabular, andererseits durch eine hohe Häufigkeit der Worte dieses Vokabulars eigentümlich sein kann. Es gehört zur Charakteristik eines Stils, ob er ausgesprochen viele verschiedene Worte, also ein hohes Vokabular, oder wenig verschiedene Worte, die mit großer Häufigkeit auftreten, zur Verfügung hat. Es ist möglich, vom Vokabularstil im Unterschied zum Frequenzstil zu sprechen. Es ist klar, daß damit nicht immer ein ästhetisches Urteil verbunden ist. Joyce schreibt durchweg in einem Vokabularstil, Gertrude Stein zieht einen Frequenzstil vor.

Mit einer solchen Unterscheidung ist natürlich nur ein sehr elementarer statistischer Aspekt gewonnen, ein bloßer numerischer Aspekt, der nicht weiter gedeutet wird, wenngleich er ästhetisch von Interesse ist.

Für eine exaktere statistische und ästhetische Analyse stehen heute in der materialen Texttheorie vor allem vier Konzeptionen zur Verfügung, die zugleich die Realisation und die Kommunikation der Texte berücksichtigen:

erstens die Frequenz-Länge-Wortart-Beziehungen, die einen Text in seinem Vokabular kennzeichnen, die vor allem von Guiraud und Herdan entwickelt und angewendet wurden und die vor allem die präästhetischen Textstrukturen hervorheben;

zweitens die Frequenz-Rang-Beziehung, die im wesentlichen von Zipf entwickelt worden ist und für uns eine ausgesprochen makroästhetische Textstruktur feststellbar macht;

drittens die Silbenzahl-Entropie-Beziehung, die Fucks als ›Stilcharakteristik‹ (neben anderen) eingeführt hat und die für uns bereits eine mikroästhetische Textstruktur beschreibt;
viertens die informationelle Theorie der statistischen Struktur der Sprache im Text, die auf der Grundlage von Shannon im wesentlichen von Benoît Mandelbrot aufgebaut worden ist und in unserer Sicht ganz allgemein statistische Textstrukturen als ästhetische bestimmen läßt.
Guirauds bevorzugte Beziehungen charakterisieren weniger einen Text als die Sprache des Autors. Als Normalwert für den Umfang eines Lexikons eines Autors gibt Guiraud z. B. 24 000 Worte an. Der ›Petit Larousse‹ enthält 50 000 Worte, bei Baudelaire wurden rund 25 000, bei Rimbaud 42 000, bei Valéry nur 14 000 Worte ermittelt. Präästhetisch wichtig ist die von Guiraud eingeführte Unterscheidung zwischen den ›mots-thèmes‹, den am meisten verwendeten Worten (die also eine semantische, nicht nur eine strukturale Bedeutung haben), und den ›mots-clés‹, den am stärksten in der Häufigkeit vom üblichen Gebrauch abweichenden Worten (semantischer Bedeutung) eines Autors. ›Azur‹ ist z. B. eines der ›mots-thèmes‹ bei Mallarmé und Valéry. Es ist in der Umgangssprache sehr selten. Es erscheint im Häufigkeitswörterbuch der französischen Sprache Vander Bekes im 5436sten Rang. In den ›Poésies‹ von Valéry kommt es 24mal vor, es steht im Vorkommen an der 44. Stelle der Rangordnung. An erster Stelle steht ›plus‹ mit der Häufigkeit 95. ›Plus‹ weicht in der Häufigkeit also nicht auffällig von der Häufigkeit im Gebrauch in der Umgangssprache ab, ist also kein ›mot-clé‹ wie ›azur‹, das in den ›Poésies‹ die relativ höchste Häufigkeit besitzt, aber, wie gesagt, im Vander Beke den 5435sten Rang innehat. In Pierre Guirauds ›Les Caractères Statistiques du Vocabulaire‹ (1954) finden sich ausführliche Listen solcher statistischen Verhältnisse vor allem für die französischen Symbolisten. Elisabeth Walther hat ›Le Parti Pris des Choses‹ von Francis Ponge untersucht, vor allem auch den Originaltext mit der deutschen Übersetzung im Hinblick auf die Häufigkeitsverteilung gewisser Wortarten verglichen. Sie stellte fest, daß auch bei Ponge eine Verschiebung zugunsten der im Vander Beke bzw. im Kaeding, dem deutschen Häufigkeitswörterbuch, selteneren Wörter vorliegt. Allerdings ist der Abstand zwischen dem Rang im Wörterbuch der Pongeschen und dem Vander Beke bzw. dem Kaeding, den die einzelnen ›mots-thèmes‹ einnehmen, nicht so groß wie im

allgemeinen bei Valéry oder Mallarmé, woraus geschlossen werden darf, daß der Manierismus der Symbolisten kein Stilmerkmal der Texte Francis Ponges ist.

Zipfs Frequenz-Rang-Beziehung, in der die Frequenz f die Zahl bezeichnet, die angibt, wie oft ein Wort verwendet wird, und der Rang r zum Ausdruck bringt, welche Wortfrequenz die höchste, die zweithöchste usw. ist, besagt, daß das Produkt aus Frequenz und Rang eine Konstante ist, also $r \cdot f = c$. Man hat z. B. den ›Ulysses‹ von Joyce untersucht und folgendes festgestellt:

das im 10. Rang vorkommende Wort ist 2653mal verwendet,
$r \cdot f$ ist also 26 530

das im 100. Rang vorkommende Wort ist 265mal verwendet,
$r \cdot f$ ist also 26 500

das im 10 000. Rang vorkommende Wort ist 2mal verwendet,
$r \cdot f$ ist also 20 000

das im 29 000. Rang vorkommende Wort ist 1mal verwendet,
$r \cdot f$ ist also 29 000.

Es gibt noch eine weitere Beziehung bei Zipf, die den Zusammenhang zwischen einer Wortfrequenz und der Zahl der Worte, die in dieser Frequenz vorkommen, ausdrückt; diese Beziehung ist von der Form $n \cdot f^2 = c$, wenn f wieder die Frequenz und n die Zahl der mit f vorkommenden Worte ist. Im ›Ulysses‹ wurde in dieser Hinsicht folgendes festgestellt:

16 432 Worte kommen 1mal vor, $n \cdot f^2$ ist also 16 432

4 776 Worte kommen 2mal vor, $n \cdot f^2$ ist also 19 000

2 194 Worte kommen 3mal vor, $n \cdot f^2$ ist also 19 600

.

.

220 Worte kommen 10mal vor, $n \cdot f^2$ ist also 22 000.

Man sieht, beide Beziehungen gelten nur in der Annäherung. Sie beschreiben einen Text insofern makroästhetisch, als sie das Vokabular und die Frequenz als die beiden fundamentalen Parameter des Textmaterials in der selektiven Bedeutung tatsächlich erkennbar werden lassen. Ein Vokabular-Frequenz-Gleichgewicht oder seine Verschiebung, die stilbestimmend sind, treten sichtbarlich in Erscheinung.

Hingegen haben, wie schon gesagt, die Fucksschen ›Stilcharakteristiken‹ vor allem die Fuckssche Textentropie, eine mikroästhetische Bedeutung. Fucks geht vom Text als einer gegliederten Elementenmenge aus. Er bestimmt den Unterschied der Elemente, also der Worte, numerisch, indem er von einem Merkmal an ihnen, das numerisch zugängig ist, ausgeht, z. B. von der Silbenzahl der Worte. Er differenziert somit zwischen ein-, zwei-, drei- und mehrsilbigen Worten, ermittelt die mittlere Silbenzahl je Wort und bestimmt dann, da die durch den numerischen Silbenwert gekennzeichneten Worte im Text als ein System der Mischung auftreten, den Betrag der Mischung, den er aus Gründen physikalischer Analogie als Entropie bezeichnet, mit Hilfe der in der Physik geläufigen Formel für die Entropie $S = -\Sigma p_i \log p_i$, darin $p_i$ die relative Häufigkeit des i-ten Elements mit der Silbenzahl z ist.
Für einen Text (F. Ponge, ›Les plaisirs de la porte‹), der aus 107 Worten mit 64 Einsilbern, 26 Zweisilbern, 12 Dreisilbern, 4 Viersilbern und 1 Fünfsilber besteht, sieht die Rechnung, wenn z die Silbenzahl, n die absolute Häufigkeit, p = n/N die relative Häufigkeit, N die Wortzahl, i die mittlere Silbenzahl und S die Entropie ist, folgendermaßen aus:

| z | n | p | p · z | p log p |
|---|---|---|---|---|
| 1 | 64 | 0,599 | 0,599 | −0,133 |
| 2 | 26 | 0,243 | 0,486 | −0,149 |
| 3 | 12 | 0,112 | 0,336 | −0,106 |
| 4 | 4 | 0,037 | 0,148 | −0,053 |
| 5 | 1 | 0,009 | 0,045 | −0,018 |
| | N = 107 | 1,000 | i = 1,614 | S = 0,459 |

...

R. Gunzenhäuser hat auf der Grundlage der Fucksschen Methoden folgende stilcharakteristischen Werte neuerer französischer Autoren ermittelt:

| Autor | aus: | Mittelwert i | Entropie S |
|---|---|---|---|
| Anouilh | La Sauvage (1934) | 1,563 | 0,430 |
| Claudel | Brangues (1943) | 1,762 | 0,494 |
| Cocteau | L'aigle.... (1946) | 1,631 | 0,454 |
| Exupéry | Vol de nuit (1931) | 1,600 | 0,439 |
| Gide | Les Caves ... (1946) | 1,668 | 0,478 |
| Malraux | La condition (1933) | 1,742 | 0,500 |
| Maurois | Climats (1928) | 1,666 | 0,466 |
| Proust | Du côté de ... (1913 bis 1927) | 1,679 | 0,516 |
| Rolland | Jean Christophe (1912) | 1,553 | 0,433 |
| Romains | Knock ... (1923) | 1,759 | 0,507 |
| Sartre | Huis-clos (1944) | 1,544 | 0,434 |

Dargestellt in einem Koordinatensystem mit S als y-Achse und i als x-Achse ergibt sich folgendes Bild (Bild 50):

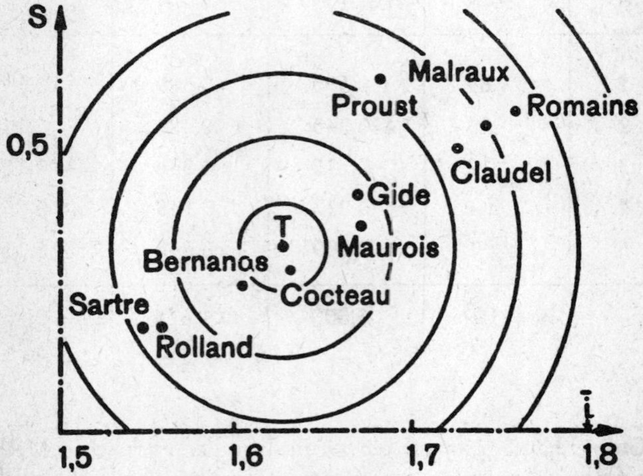


Bild 50

Besonders wichtig für jede textästhetische Betrachtung und Analyse auf materieller Basis ist natürlich der Vergleich derartiger Texte. Die Tabellen und graphischen Darstellungen der einfachen Stilcharakteristiken, wie sie Fucks einführte, ermöglichen bereits solche Vergleiche. Man kann, daran anknüpfend, systematische Versuche mit heruntergedrückten mittleren Silbenzahlen bzw. mit niederen Entropien anstellen und gleichsilbige Texte bzw. niederentropische Texte entwickeln. Man kann die Vergleiche auch mit einem künstlichen Text, wie wir ihn hier schon bezeichnen wollen, weil er außerhalb umgangssprachlicher Konzeption oder traditioneller prosaischer Form liegt, der nur aus einsilbigen Worten besteht und die Entropie $S = 0$ besitzt, vornehmen.

Text hoher typischer Entropie $S = 0{,}571$
(auf Silben-Repertoire)

Es wird das jetzt gezeigt, dieses Jetzt. Jetzt, es hat schon aufgehört zu sein, indem es gezeigt wird; das Jetzt, das ist, ist ein anderes als das gezeigte, und wir sehen, daß das Jetzt eben dieses Jetzt ist: indem es ist schon nicht mehr zu sein. Das Jetzt, wie es uns gezeigt wird, ist ein gewesenes, und dies ist seine Wahrheit, es hat nicht die Wahrheit des Seins. Es ist also doch dies wahr, daß es gewesen ist.

Text künstlich reduzierter Entropie $S = 0{,}049$
(auf Silben-Repertoire)

jetzt, jetzt und erst jetzt, jetzt und nur jetzt, jetzt und doch jetzt, jetzt ist das jetzt erst jetzt das nur jetzt ist und doch jetzt ist, nur jetzt und doch jetzt, jetzt das jetzt ist, nicht jetzt das jetzt nicht jetzt ist jetzt ist wenn es jetzt ist, nicht jetzt wie es jetzt nicht ist, nicht jetzt wie es jetzt nicht jetzt ist, jetzt das nicht ist ist nicht jetzt, jetzt nicht, jetzt noch nicht, doch jetzt das noch nicht jetzt ist wenn es jetzt ist, jetzt das jetzt nicht mehr jetzt ist wenn es jetzt ist und jetzt das jetzt ist, wenn es nicht mehr jetzt ist, dieses jetzt, erst dieses jetzt, nur dieses jetzt ist jetzt.

Wir haben heute nicht nur eine mathematische Logik und eine mathematische Linguistik, sondern allmählich entwickelt sich auch eine mathematische Ästhetik. Indem sie, was das Kunstwerk anbetrifft, zwischen dem ›materialen Träger‹ und dem mit ihm realisierten ›ästhetischen Zustand‹ unterscheidet, geht sie nicht mehr subjektiv interpretierend, sondern objektiv feststellend vor. Da diese Feststellung auf die spezifischen Elemente des ›ästhetischen Zustandes‹ oder, wie man auch sagen kann, auf die spezifischen Elemente der ›ästhetischen Realität‹ gerichtet ist, die als solche vorgegeben sind und deren Auftreten, Verteilung und Zusammenfassung in einer mathematischen Sprache beschrieben wird, ist diese neue Ästhetik ebenso empirisch wie numerisch orientiert. Die Elemente selbst können sowohl materialer, sinnlicher Natur (Töne, Farben, Laute) wie auch vorinterpretierte Bedeutungen (Gegenstände, Figuren, Wörter) sein. Wir sprechen daher ebenso von ›ästhetischen Materialien‹ wie von ›ästhetischen Semantemen‹. Die mathematische Darstellung und die empirische Feststellung in der neuen Ästhetik betrifft durchaus beide Bereiche und bezieht sich demnach keinesfalls, wie oft gemeint wird, nur auf formale oder syntaktische Zusammenhänge.
Unter generativer Ästhetik ist nun die Zusammenfassung aller Operationen, Regeln und Theoreme zu verstehen, durch deren Anwendung auf eine Menge materialer Elemente, die als Zeichen fungieren können, in dieser ästhetische Zustände (Verteilungen oder Gestaltungen) bewußt und methodisch erzeugbar sind. Generative Ästhetik ist also in dem Sinne ein Analogon zur generativen Grammatik, als sie, wie diese, Sätze eines grammatischen Schemas, Realisationen einer ästhetischen Struktur liefert.

*Erzeugung von ›Ordnungen‹*

Es ist klar, daß jeder generativen Ästhetik, die natürlich eine ästhetische Synthese ermöglicht, eine analytische Ästhetik vorangeht, durch deren Verfahren ästhetische Strukturen aus vorgegebenen Kunstwerken, die ihre Träger sind, als ästhetische Informationen präpariert werden. Diese präparierten ästhetischen Informationen müssen abstrakt beschreibbar sein, um in einer konkreten Menge materialer Elemente planmäßig projektiert und realisiert werden zu können. Es gibt gegenwärtig vier Möglichkeiten einer derartigen abstrakten Beschreibung ästhetischer Zustände (Verteilungen oder Gestaltungen), die zur Herstellung ästhetischer Strukturen verwendet werden können: die semiotische, die klassifizierend vorgeht, und die metrische, statistische und topologische, die numerisch und geometrisch orientiert sind.

Das semiotische Verfahren benutzt die von Peirce und anderen entwickelten triadischen Zeichenrelationen, um die ein künstlerisches Objekt konstituierenden einzelnen und komplexen Zeichen vermittels dreier Haupt- und neun Unterklassen in ihrem ›Objektbezug‹, ›Interpretantenbezug‹ und ›Mittelbezug‹ festzulegen. Zur semantischen Analyse eines Kunstwerkes ist die Kenntnis seines Aufbaus aus Zeichenklassen ebenso unerläßlich wie zur synthetischen Realisation von Bedeutungseinheiten (›Semantemen‹) in einer Menge materialer Elemente.

Das metrische Verfahren, das im Sinne älterer formaler Schematiken wie poetischen Metriken oder kunsttheoretischen Proportionslehren numerische Daten benutzt, die vom Charakter eines ›Abstandes‹, einer ›Distanz‹, eines ›Rapports‹ sind, erreicht vor allem den makroästhetischen Aufbau eines Kunstobjekts, also die Komposition der ›Gestalt‹, der ›Figur‹, der ›Form‹.

Das statistische Verfahren, das mit dem Begriff der ›Häufigkeit‹ oder der ›Wahrscheinlichkeit‹ auftretender Elemente oder numerisch bewerteter Merkmale von Elementen in deren gestalteten Mengen arbeitet, erreicht vor allem den mikroästhetischen Aufbau eines Kunstwerks und präpariert nicht sein ›Prinzip Gestaltung‹, sondern sein ›Prinzip Verteilung‹.

Das topologische Verfahren schließlich bezieht sich vorwiegend auf die Mengen von Elementen, die das künstlerische Objekt konstituieren, und arbeitet mit so zentralen Begriffen wie ›Umgebung‹ oder ›Zusammenhang‹, ›Offenheit‹ und ›Abgeschlossenheit‹, Einfachheit und Komplexität von Mengen von Elementen. Das ›Prinzip Menge‹ ist ein drittes neben ›Gestaltung‹ und ›Verteilung‹.

Das effektive Ziel des Systems generativer Ästhetik besteht darin, die Charakteristiken ästhetischer Strukturen, die in einer Menge materialer Elemente realisierbar sind, numerisch und operationell so zu beschreiben, daß sie als abstrakte Schemata eines ›Prinzips Verteilung‹, eines ›Prinzips Gestaltung‹ und eines ›Prinzips Menge‹ gelten können und manipulierbar einer materialen ungegliederten (›verdampften‹) Menge von Elementen aufgedrückt werden können, um gemäß diesen ›Prinzipien‹ das hervorzurufen, was wir als ›Ordnungen‹ und ›Komplexität‹ makroästhetisch und als ›Redundanzen‹ und ›Information‹ mikroästhetisch am Kunstwerk wahrnehmen. Das Aufdrücken ist indessen nicht als Anwendung einer Schablone zu verstehen, sondern als ein Erzeugungsprinzip. Auch ›Programme‹ in bestimmten ›Programmiersprachen‹ zur ›maschinellen‹ Realisation ›freier‹ (stochastischer, intuitiver) oder ›gebundener‹ (im voraus festgelegter, deduzierter) ästhetischer Strukturen gehören zum System generativer Ästhetik und ihren Projekten, sofern sie metrische (Abstände, Wortlängen), statistische (Wortfolgen, Positionierungen) und topologische (Verbindungen, Deformationen) Bestimmungen einkalkulieren, um ›ästhetische Information‹ zu erzeugen.

Da nun ästhetische Strukturen nur insofern ›ästhetische Information‹ enthalten, als sie Innovationen aufweisen und diese natürlich stets nur eine wahrscheinliche, keine definitive Wirklichkeit darstellen, kann man sagen, daß die künstliche Erzeugung von einer Norm abweichender Wahrscheinlichkeiten durch Theoreme und Programme das zentrale Motiv der generativen Ästhetik und ihrer Projekte ist.

Die generative Ästhetik ist also eine Erzeugungsästhetik. Sie ermöglicht die methodische Erzeugung ästhetischer Zustände, indem sie diese Erzeugung in endlich viele unterscheidbare und beschreibbare Einzelschritte zerlegt. Da das System eines ›ästhetischen Zustandes‹ als ›innovative Ordnung‹ im Sinne einer originalen ›Verteilung‹ oder ›Gestaltung‹ materialer oder semantemer Elemente aufgefaßt werden kann, bezieht sich die Erzeugungsästhetik auf die Hervorrufung von ›Ordnungen‹, die das topologische Wesen jeder ›Gestalt‹ und das statistische Wesen jeder ›Verteilung‹ ausmachen.

Dabei zeichnen sich drei Schemata der Hervorrufung von ›Ordnungen‹ ab: 1. die Erzeugung von Ordnung aus Unordnung, 2. die Erzeugung von Ordnung aus Ordnung und 3. die Erzeugung von Ordnung aus einer Mischung von Ordnung und Unordnung. Die Begriffe Ordnung und Unordnung sind dabei so zu verstehen, daß Unordnung eine gleichmäßige Verteilung elementarer Partikel oder Eigenschaften (wie zum Beispiel Punkte oder eine bestimmte Silbenzahl) über einen ›Raum‹ (zum Beispiel über die Zeichenfläche oder über die Wörter eines Textes) beschreibt, während unter Ordnung gerade das Gegenteil, nämlich eine ungleichmäßige Verteilung derartiger Elemente, zu verstehen ist. Texte, die aus dem gleichen Wort, wie »ist ist ist ist ist . . .«, bestehen, wären als Unordnungen und ohne jede Innovation aufzufassen; sie gehen erst dadurch in Ordnungen mit Innovation über, indem man etwa jedem ›ist‹ ein Substantiv, nach Möglichkeit mit verschiedener Silbenzahl, zuordnet, wie »Schnee ist Gewitter ist Regen ist Wetterleuchten ist . . .«.

Unter diesen Voraussetzungen kann man nun schon die bekannten, stufenweise selektierten Shannonschen Annäherungen von Buchstaben an ›wirkliche‹ Wörter oder Wörter an ›wirkliche‹ Ausdrücke einer Sprache als statistische Erzeugung von ›Ordnungen‹ aus ›Unordnungen‹, also als generative ästhetische Prozesse ansehen.

Die erste Stufe der Annäherung erfolgt sozusagen aus dem Chaos der Wörter, indem man sie ›zufällig‹, ›wahllos‹ aus einem Wortschatz, etwa einem Wörterbuch, in dem jedes Wort einmal, also gleichwahrscheinlich oder in gleichmäßiger Anzahl vorkommt, herausgreift: »sehr drollig gehalten haften Skala lückenhaft mich Prügel Gegenstand untersuchen der sich einweisen um annehmen Wagemut.« Die zweite Stufe der Annäherung entsteht durch wiederum ›zufällige‹ Auswahl aus einem Repertoire, das die Wörter in einem Verhältnis enthält, wie es für ihre charakteristische Häufigkeitsverteilung bei einem Autor (hier für die deutsche Übersetzung eines Werkes von Francis Ponge) kennzeichnend ist: »hält fliehen vollkommen kleiner träumt her über herlaufen feinsten vermag Himmel vertrauen setzen tausenden Kiellinie niemals Grenze.« Die dritte und die weiteren Annäherungen erfolgen durch Auswahl aus einem Repertoire, in dem die Wörter im Verhältnis der Häufigkeit gemeinsam benachbarten Vorkommens zu zweit, zu dritt enthalten sind. »Milieu des beim Angriff nur der Kieselstein ganz ewig hin wie Erdkugeln doch so stolz davon verzichteten.« Führt man nun in das Repertoire einer fünften Stufe der Annäherung ein bestimmtes Häufigkeitsverhältnis zwischen Substantiven und genetivischen Partikeln und Morphemen ein, so sind metaphorische Bildungen unvermeidbar und leicht zu identifizieren: »vielleicht zunächst wirklich nur Haut eines Schmetterlings weiß sorglos erdacht über deiner dahin.«

Offenbar erreicht damit also die statistische Annäherung eines ›wirklichen‹ Textes durch stochastische Selektion aus vorgegebenen Repertoiren nicht nur eine semantische, sondern auch eine ästhetische Identifizierbarkeit, wenn natürlich auch untersten Grades. Jedenfalls handelt es sich hier um einen künstlich erzeugten Text im ästhetischen Zustand, also um ein Erzeugnis generativer Ästhetik. Die Künstlichkeit kann dadurch gesteigert werden, daß man die stochastische Selektion mit Hilfe eines Zufallsgenerators vornimmt, wie er heute im Rahmen elektronischer Rechenanlagen gebräuchlich ist. Texte dieser Art, auch der vorstehenden, wurden im Zusammenhang mit dem Recheninstitut der Technischen Hochschule Stuttgart schon 1960 produziert. Nanni Balestrini hat 1963 in seinem Buch ›Come si agisce‹ künstliche, maschinell hergestellte Texte publiziert, die zwar nicht als Shannonsche Annäherungen entwickelt wurden, deren Programmierung für IBM 7070 vielmehr in 1200 Befehlen erfolgte, die Kombinationen von 10 vorgegebenen Elementen unter syntaktischen Regeln betrafen.
Einen besonderen Erfolg erzielte der Amerikaner L. A. Hiller mit seinen Mitarbeitern durch systematische Erforschung der Möglichkeiten und Realisationen von Computer-Musik. Für Maschinen programmierte Kompositionspläne reichen bis 1957 zurück. Das früheste Stück ist die Illiac-Suite für Streichquartett. Sie entstand durch ein Programm, daß mit Hilfe der elektronischen Rechenanlage der Universität Illinois, der ILLIAC, verwirklicht wurde. Im Jahre 1963 haben dann Hiller und Baker die berühmte Computer-Kantate komponieren lassen. Hiller schreibt über das Schema dieser Kompositionen in seinem Aufsatz ›Jüngste Entwicklungen auf dem Gebiet der Computer-Musik‹:
»Die Entstehung der Computer-Musik, so wie wir sie sehen, vollzieht sich also in zwei Stufen. Wir schaffen zunächst einen Zustand, in dem die Willkür herrscht, und diesem Chaos wird dann ein höheres oder geringeres Maß von Ordnung auferlegt.«
Es handelt sich also um den Vorgang der Erzeugung von Ordnung aus Unordnung oder von Ordnung aus Ordnung. Im übrigen gehen in das Programm der Computer-Musik drei Kompositionsquellen ein: 1. die vom Programmierer aufgestellten und eingegebenen Bedingungen, unter denen komponiert werden soll, also »Kompositionsregeln wie die des Kontrapunkts, herkömmliche

Harmonieregeln, serielle Abläufe, graphische Umsetzungen oder auch überhaupt ganz willkürlich vom Komponisten erfundene Einschränkungen« (der Willkürlichkeit oder Unordnung des ursprünglichen Tonrepertoires); 2. »statistische Bedingungen, abgeleitet aus der statistischen Analyse eines beliebigen Stils oder Kompositionsverfahrens oder aus erfundenen Wahrscheinlichkeitstabellen« (in Deutschland haben W. Fucks und seine Mitarbeiter an der Aachener Technischen Hochschule durch sorgfältige statistische Analysen klassischer und moderner Kompositionen numerisches, also programmierbares Material gewonnen, das dem Musik-Computer als ›statistische Bedingungen‹ eingegeben werden kann); 3. endlich automatisch durch die Arbeitsweise des Computers entstehende Ordnungsschemata. Jedenfalls arbeitet der Computer im Hinblick auf die Entstehung der musikalischen Ordnungen der Kantate durchaus mit stochastischen Selektionsprozessen. Der dieser Computer-Kantate unterlegte Text stellt übrigens eine Shannonsche Annäherung im vorstehend beschriebenen Sinne dar, bei der es sich um fünf Stufen stochastischer Annäherung an gesprochenes Englisch auf der Grundlage zufällig selektierter Phonemreihen handelt. Das musikalische Gefüge der Kantate entspricht also den aufeinanderfolgenden Stufen der den ursprünglichen elementaren Textmaterial aufgedrückten statistischen Ordnungen.

Was nun schließlich die von Georg Nees bei Siemens in Erlangen bewußt als ästhetische Objekte entwickelten und im Stuttgarter ›Ästhetischen Colloqium‹ kürzlich gezeigten und diskutierten Computer-Graphiken anbetrifft, so gingen sie (in einem System aus der elektronischen Rechenanlage und einem dadurch steuerbaren Zeichentisch) im wesentlichen als aus Ordnungen erzeugte innovative Ordnungen hervor (vgl. 3.63).

Die Programme wurden als ein System von ›Befehlen‹ an die elektronische Rechenanlage in der maschinenverständlichen Programmiersprache ›Algol‹ verfaßt und betrafen die Erzeugung ›ästhetischer Innovationen‹ durch stochastische Streuungen der Strukturparameter in den Ausgangselementen der geplanten Graphik, etwa der Eckpunktlagen von aneinanderhängenden Quadraten. Die Streuung erfolgte, wie Georg Nees angibt, mit Hilfe eines Zufallsgenerators, der sich erst mit mehr als $2^{30}$ Zufallswerten wiederholt. Ein anderes Programm, das realisiert wurde, läßt sich umgangssprachlich etwa so formulieren: Zeichne im Rahmen eines Rechtecks je 60 Parallelen zu den Schmalseiten

des Rechtecks, und zwar so, daß die Parallelen sich mit zufälligen Abszissen gegen die Schmalseiten häufen (s. 3.63, Bild 54).
Man bemerkt, daß die maschinelle Erzeugung der Unwahrscheinlichkeit ästhetischer Zustände durch eine methodische Kombination von Plan und Zufall ermöglicht wird. Genau damit wird die Forderung, die an ästhetische Objekte gestellt ist, unvorhersehbar zu sein, mit ihrer planmäßigen Konstruktivität verknüpft. Es ist klar, daß durch die Einführung des Zufalls mit Hilfe der sogenannten Zufallsgeneratoren es auch der Maschine unmöglich ist, ein Produkt identisch zu wiederholen. Es bleibt der singuläre Charakter auch des maschinell erzeugten ästhetischen Objekts gewahrt, es zeigt eine pseudoindividuelle oder pseudointuitive Note. Dennoch wird es notwendig sein, zunächst diese Art von ästhetischen Objekten als ›künstliche Kunst‹ zu bezeichnen, um ihre Entstehungsart im Verhältnis zur ›natürlichen Kunst‹ rein menschlicher Produktivität abzugrenzen. Im ganzen, so läßt sich vielleicht formulieren, unterscheidet sich die ›künstliche‹ von der ›natürlichen‹ Produktionskategorie durch die Einführung eines Vermittlungsschemas zwischen Schöpfer und Werk, bestehend aus Programm und Programmiersprache, womit eine ungewohnte Arbeitsteilung im ästhetischen Prozeß verknüpft ist.

### 3.63 *G. Nees: computer-grafik*

über die programme der stochastischen computer-grafiken.
zur herstellung der grafiken dienten ein lochstreifengesteuerter zeichentisch und eine digitalrechenmaschine zur erzeugung der steuerlochstreifen.
jede grafik besitzt zufällige parameter. das programm zur einzelnen grafik wiederholt generierende grundoperationen so, daß die bloßen wiederholungen die ästhetische redundanz, die zufälligen parameterwerte bei jeder wiederholung die ästhetische unwahrscheinlichkeit der grafik erzeugen.
die grafiken 8ecke und 23ecke variieren je eine grundfigur mit hilfe der folgenden umgangssprachlich gefaßten programme:
8ecke: s. 1.12, bild 3

Bild 51: 23ecke

zeichne, im figurquadrat irgendwo beginnend, einen abwechselnd horizontal und vertikal – in der horizontalen zufällig nach links oder rechts, in der vertikalen zufällig nach oben oder unten – innerhalb des figurquadrats verlaufenden streckenzug mit 23 teilstrecken zufälliger länge. verbinde anfangs- und endpunkt des streckenzugs geradlinig.
die weiteren programme sind wie folgt zu charakterisieren:

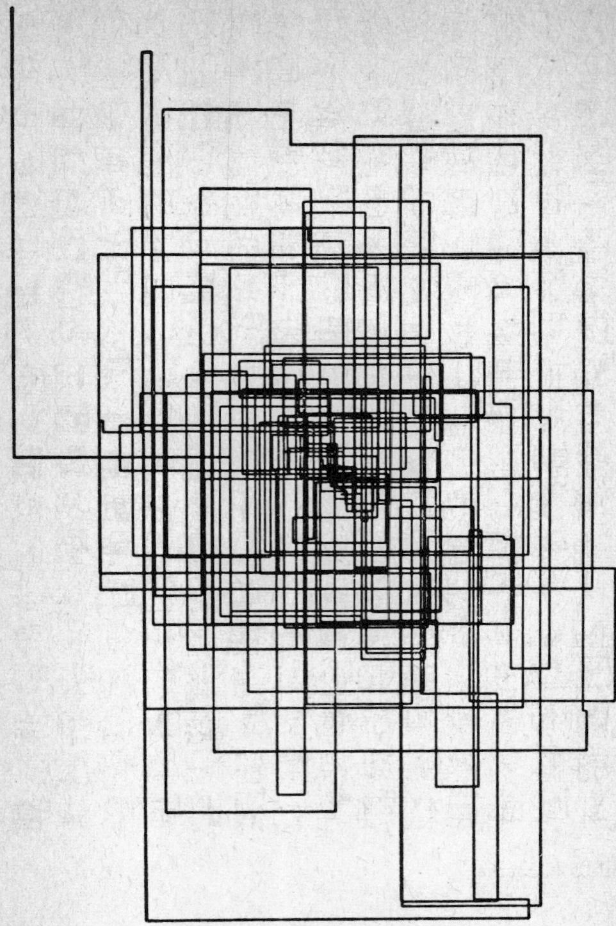

Bild 52: achsenparalleler irrweg

zeichne, im rechteckrahmen in einer ecke beginnend, einen abwechselnd horizontal und vertikal – in der horizontalen zufällig nach links oder rechts, in der vertikalen zufällig nach oben oder unten – im rechteckrahmen verlaufenden streckenzug aus

4000 teilstrecken von jeweils einer zufälligen länge unter 15 millimeter. dieses programm erzeugt eine zusammenhängende gestalt.
zwei grafiken verdanken programmierfehlern ihre entstehung und besitzen dadurch in einem doppelten sinne unwahrscheinlichkeiten. man kann ihre programme etwas grob wie folgt beschreiben:

Bild 53: andreaskreuz

wähle auf dem zeichenblatt ein andreaskreuz als bezugssystem. bestimme zwei schmale gebiete als umgebungen der balken des andreaskreuzes. zeichne in jedes gebiet 50 strecken zufälliger lage.
die grafik andreaskreuz enthüllt außerdem merkwürdige redundanzen des bei der erzeugung aller grafiken benutzten digitalen pseudozufallsgenerators.

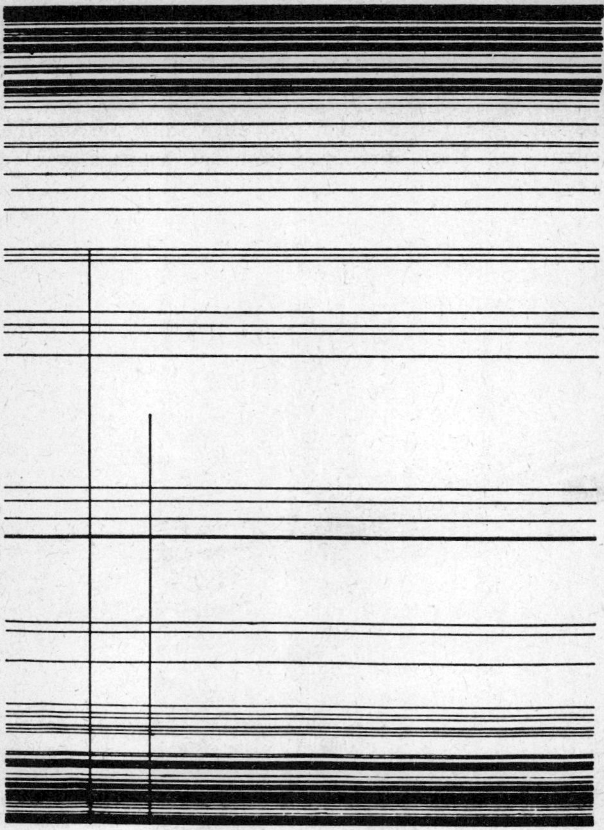

Bild 54: gardinen

zeichne im rechteckrahmen je 60 parallelen zu den schmalseiten des rechteckrahmens so, daß die parallelen sich mit zufälligen abszissen gegen die schmalseiten häufen.

## 3.7 Kybernetik in Philosophie und Erkenntnistheorie

Vorbemerkung:
Über den Problemkreis Kybernetik und Philosophie gibt es bereits eine ausgedehnte Literatur – aber nicht nur deswegen ist mir die Auswahl schwergefallen. In keiner anderen Disziplin finden sich so unterschiedliche Auffassungen, so umfangreiche Darlegungen und so schwer verständliche Begriffe. Schließlich habe ich mich für folgende drei Abhandlungen entschieden:
Den in 3.71 abgedruckten Beitrag von H. Schmidt, der das Regelungsprinzip wohl als erster in seiner Allgemeinheit und Tragweite erkannt hat. Es handelt sich dabei um einen Auszug aus seiner Schrift ›Die Entwicklung der Technik als Phase der Wandlung des Menschen‹ (1954), die in seinem Buch ›Die anthropologische Bedeutung der Kybernetik‹, 1965, S. 47–65, zu finden ist. (Die Ausführungen schließen an das in 2.14 angeführte Zitat von H. Schmidt an.)
Die in 3.72 von H. Frank durchgeführte ›Gegenüberstellung von Philosophie und Kybernetik‹, die eine relativ abgeschlossene Betrachtung im Rahmen eines größeren Artikels ›Über das Verhältnis zwischen kybernetischen und philosophisch-geisteswissenschaftlichen Disziplinen‹ darstellt. Bemerkenswert scheint mir dabei der Standpunkt zu sein, von dem Frank hier ausgeht: Es wird nicht über Kybernetik philosophiert, es werden vielmehr beide Disziplinen, Kybernetik und Philosophie, einer vergleichenden Betrachtung unterzogen.
Die in 3.73 angeführten Zeilen von W. Heistermann, die aus einer größeren Arbeit ›Modell und Urbild – philosophische Probleme der Kybernetik‹, 1965, S. 24/25, herausgenommen wurden. Nun bin ich mir über die Fragwürdigkeit eines solchen Tuns durchaus im klaren; da jedoch die ganze Arbeit Heistermanns nicht abgedruckt werden konnte und die in dem kurzen Zitat enthaltenen Gedanken im Rahmen dieser Einführung außerordentlich wichtig sind, habe ich mich zu diesem Schritt entschlossen. (Den Ausführungen Heistermanns habe ich noch eine kurze Bemerkung hinzugefügt.)

## 3.71 *H. Schmidt: Die Entwicklung der Technik als Phase der Wandlung des Menschen*

*Der Regelkreis als die universelle Form menschlicher Äußerung*

Als das universelle Gebilde der methodisch vollendeten Technik finden wir den Regelkreis; er führt mit technischen Mitteln eine Arbeit aus, für die wir ohne ihn unsere physische und geistige Kraft aufwenden müssen. Wir sehen seine Wirkungsweise am einfachsten ein, wenn wir den technischen Regelkreis als Objektivation unseres Handlungskreises verstehen.

Der Handlungskreis ist die Form unserer Arbeit, er ist die Form, in der wir einen beliebigen Zweck in der äußeren Welt erfüllen. Denken und Tun ist in ihm in einer uns im einzelnen nicht bekannten Weise von Natur zu einem Ganzen verbunden. Denken wir an einen ohne Werkzeug arbeitenden Töpfer. Er vergleicht in jedem Augenblick seiner Arbeit den Zustand (Istzustand) seines Tonklumpens mit dem vorgestellten Sollzustand, etwa einem Krug, und er läßt sich fortgesetzt in seinem herstellenden Tun von der festgestellten Differenz der beiden Zustände bestimmen. Der Handlungskreis hat einen von dem Tonklumpen als dem zu bearbeitenden Körper zu dem Töpfer hinführenden, afferenten, leistungsarmen, sensorischen Zweig und einen von ihm zu dem Tonklumpen hinführenden, efferenten, leistungsreichen, motorischen Zweig. Der Handlungskreis besteht aus sehr verschiedenen physischen und organischen Elementen, wie Lichtstrahlen, Augen, Händen, sensorischen und motorischen Nervenbahnen, dem zu bearbeitenden Körper und dem Gehirn; er läuft an der inneren Verbindungsstelle seiner beiden Zweige durch unser Großhirn; außen sind die beiden Zweige über dem sensorisch und motorisch, also doppelt ergriffenen Körper geschlossen. Das Wirken des Handlungskreises ist beendet, wenn sich Ist- und Sollzustand decken, der Zweck der Arbeit also erfüllt ist.

Jede unserer sinnvollen Äußerungen geschieht notwendig in der Form eines solchen in sich geschlossenen Handlungskreises, in dem wir mit uns selbst über das jeweilige Ergebnis unseres Tun rückgekoppelt sind.

Man denke auch an die Erzeugung der Sprachlaute; auch der Sprech-Hör-Kreis ist ebenfalls ein solcher Handlungskreis Der Handlungskreis ist die universelle Form der sinnvollen Äußerung der Menschen. Den technischen Regelkreis verstehen wir als Objektivation des Handlungskreises mit technischen Mitteln.

*Der technische Regelkreis als Objektivation des Handlungskreises*

Durch einen solchen Regelkreis läßt sich also die Aufgabe unseres Töpfers ausschließlich mit technischen Mitteln lösen. Der Regelkreis ist aber nicht nur ein Äquivalent des Handlungskreises; er leistet nicht nur dasselbe wie der Handlungskreis. Der Regelkreis hat auch dieselbe Form des Wirkungszusammenhangs wie der Handlungskreis. Bei der technischen Objektivation des Handlungskreises werden dessen Elemente, für die wir einige Beispiele nannten, prinzipiell durch technische Elemente ersetzt, die ganz anderer Art als die Elemente des Handlungskreises sind. Die Art der gedanklichen Verbindung der Elemente zum Ganzen des Kreises ist aber bei beiden Kreisen, unbeschadet der völligen Verschiedenartigkeit ihrer Elemente, dieselbe. Die Form des Wirkungszusammenhanges der Elemente des Handlungskreises ist gegen seine technischen Objektivationen invariant. Wegen dieser Formgleichheit nennen wir die beiden Kreise isomorph. Gerade diese Isomorphie erlaubt uns, den Regelkreis als technische Objektivation des Handlungskreises zu verstehen.

*Der technische Regelkreis als Objektivation des universellen Strukturelementes des organischen Lebens*

Aber dieses Verständnis wird alsbald wesentlich vertieft, wenn wir bemerken, daß diese Isomorphie nicht auf Regelkreis und Handlungskreis beschränkt ist, daß wir den Regelkreis seiner Wirkungsweise nach nicht nur im Handlungskreis, sondern auch im leiblichen Bestande des lebenden Organismus wiederfinden. In dem Beitrag von Professor Wagner wird dargelegt, daß der Regelkreis ein universelles Strukturelement des Organismus ist. Isothermie, Isoionie und Isotonie des Organismus sind ebenso wie seine innere und äußere Gestalt durch Regelkreise bestimmt, um nur eine Bemerkung hierzu zu machen.

Die Ausdehnung der Isomorphie auf den somatisch-organischen Regelkreis erlaubt es, den technischen Regelkreis als Objektivation des Grundelements des organischen Lebens zu verstehen. Damit sind ein Verständnis der Objektivation des technischen Regelkreises und eine Sinnerfüllung des das Entwicklungsgeschehen der Technik abschließenden Faktums erreicht, durch die der Mensch, der sich im Gehorsam gegen die Natur die Objektivation der Arbeit zum Zweck setzt, selbst in Freiheit gesetzt wird. Dieses Faktum befreit ihn von der Arbeit. Mit der Sinnerfüllung des Faktums befreit er seine Vernunft von dem Triebe, der das technische Geschehen verursacht. Ehe wir hierzu noch ein Wort sagen, sei ein arges Mißverständnis abgewehrt.

*Bemerkung zur technischen Objektivation des organischen, pragmatischen und somatischen Regelkreises*

Wenn wir den technischen Regelkreis als Objektivation des organischen Lebens verstehen, so meinen wir damit nicht, der technische Regelkreis liege auf dem Wege zur technischen Herstellung des organischen Lebens, insbesondere des Menschen; Leben sei Mechanismus. Im Gegenteil: Die technische Objektivation des Lebens ist seine Entseelung, seine Entsubjektivierung, ist die Erzeugung eines unlebendigen Schattenrisses des Lebens, der jedoch mit ihm formgleich ist. In seiner technischen Objektivation artet das Leben in den Mechanismus aus, tritt es sich als totes Objekt gegenüber unter Erhaltung seiner Grundform. In der Objektivation stirbt das Leben. An die Stelle des psychophysischen Wirkungszusammenhanges setzt die technische Objektivation die Kreiskausalität. Kreiskausalität heißt, daß eine physische Ursache nicht nur der linearen Kausalität gemäß eine Wirkung hat, sondern daß diese Wirkung auf die Ursache zurückwirkt.

*Das technische Geschehen macht das Leben zum Gegenstand der Fremderkenntnis*

Das ist nun das für den Fortschritt des Selbstbewußtseins des Menschen entscheidende Ergebnis: Wenn wir den technischen Regelkreis als Objektivation des Lebens verstehen, dann macht uns das natürliche triebhafte Geschehen der Technik im Regelkreis das Leben zum Gegenstand der Erkenntnis; diese Erkenntnis ist Fremderkenntnis wie die Erkenntnis der Planeten und ihrer Bewegung und führt uns zu dem Wirkungsgesetz des Regelkreises in der mathematischen Form einer Infinitesimalgleichung; sie läßt wie alle Fremderkenntnis ihr Objekt unverändert. Das organische Leben und das Erkennen oder, anders ausgedrückt:

unsere sinnliche und unsere vernünftige Natur sind sich unendlich nahe. In der technischen Regelkreis-Objektivation gewinnt aber das erkennende Subjekt Abstand von dem ihm unendlich nahen organischen Leben, das ihm nun als Objekt gegenübertritt. Es ist ein Abstandnehmen des Lebens vom erkennenden Subjekt, vergleichbar dem Abstandnehmen des bloßen Gedankens vom erkennenden Subjekt, das eintritt, wenn wir über das Denken nachdenken, wenn der Begriff Gegenstand des Denkens wird. Während das erkennende Subjekt aber die Kraft hat, sich das Denken zum Gegenstand zu machen und sich in dieser Korrelation von Subjekt und Objekt überhaupt erst zu konstituieren, hat das erkennende Subjekt nicht die Kraft, sich das Leben, in dessen Wirkungszusammenhang es verflochten ist, zum Gegenstand zu machen, um sich diesem Gegenstand gegenüber als Subjekt zu konstituieren.
Das technische Geschehen ist es, das das Leben durch die Leistung des technisierenden Kollektivs zum Gegenstand der möglichen Fremderkenntnis durch den einzelnen macht und so die Voraussetzung für die Konstitution des zugehörigen Subjekts schafft.

*Die Fremderkenntnis des Regelkreises und die Selbsterkenntnis des organischen Lebens*

Die Form des Wirkungszusammenhangs im Regelkreis, die wir in Fremderkenntnis erfassen müssen, sobald wir uns seine Objektivation zum Zweck setzen, ist also diesem erkennenden und zwecksetzenden Subjekt nicht fremd. Es wird dem Subjekt in dieser Fremderkenntnis keine ihm fremde Form von außen aufgeprägt. Vielmehr ist das zwecksetzende Subjekt fortgesetzt in der Disposition, gerade die Form des Zusammenhanges von Elementen hervorzubringen, die es die Fremderkenntnis des Regelkreises zu denken veranlaßt. Denn diese Form, die das Subjekt hervorzubringen disponiert ist, ist nicht nur die Form des pragmatischen und somatischen Regelkreises, sondern auch die Form des Zweckbegriffes selber, wenn wir sie jenseits von Raum, Zeit und Zahl mit dem reinen Denken erfassen.
Die Fremderkenntnis des Regelkreises in Verbindung mit seiner Setzung als Zweck ist daher Selbsterkenntnis des Lebens.

*Das organische Leben des Menschen ist Erkenntnisproblem*

Die Selbsterkenntnis des Lebens, welche Erkenntnis des dem erkennenden Subjekt unendlich nahen organischen Lebens ist, wandelt dieses Leben; sie macht aus dem Trieb unserer sinnlichen Natur, das Leben zu objektivieren, durch das Denken des Zweckes den Willen zu dieser Objektivation. Damit wird die Vernunft durch die Selbsterkenntnis des Lebens vom Triebe befreit. Der vernünftige und der sinnliche Teil unserer Natur werden also dadurch, daß wir aus dem Geschehen der Technik Geschichte machen, in Harmonie gesetzt. Diese besteht darin, daß beide Teile in dem Zusammenhang von erkennendem Subjekt und zu erkennendem, dem Subjekt unendlich nahen Objekt stehen, das durch die Erkenntnis subjektiviert wird.

Leben ist Erkenntnisproblem. Wir existieren, soweit wir dies Problem lösen. Wir sind das Problem der Erkenntnis, und unser zweites universelles Selbstbewußtsein ist sowohl das Bewußtsein, Erkenntnisproblem zu sein, wie auch das Bewußtsein von seiner jeweils in einem bestimmten Zeitalter erreichten Lösung. Die Lösung der Erkenntnisprobleme, die wir bloß haben, müssen beitragen zur Lösung des Erkenntnisproblems, das wir sind.

Die Lösung des Problems, das wir sind, ist in der Theorie allein nicht möglich, sondern nur durch Übernahme des natürlichen technischen Geschehens in den Bereich des Menschen (wenn wir uns auf die Technik hier beschränken), wodurch technisches Geschehen zur Geschichte des Menschen und zur Geschichte seines Selbstbewußtseins wird. Geschichte als Universalgeschichte ist die Lösung des Erkenntnisproblems, das wir sind. Erkenntnis endet niemals im endlich entfernten Objekt, das dem erkennenden Subjekt unendlich nah ist, im Leben; sie endet nicht als objektivierende Fremderkenntnis, sondern als subjektivierende Selbsterkenntnis.

*Bejahende Antwort auf die Frage nach der Potenz der Technik für das geistig-sittliche Selbstbewußtsein*

Wir beantworten die Frage nach der Potenz der Technik für den Wandel des geistig-sittlichen Selbstbewußtseins also bejahend.

In der Technik objektiviert sich durch das Technisieren der Gattung unbewußt der mit dem Grundelement des organischen Lebens formgleiche Regelkreis.

Indem wir dieses technische Geschehen als Objektivation des

Lebens verstehen und zu unserer bewußten Tat machen, wandelt sich das triebhafte in das erkannte und durch diese Erkenntnis in das vom Triebe befreite vernünftige Leben; aus dem technischen Geschehen wird unsere Geschichte, Geschichte unseres Selbstbewußtseins als des Bewußtseins unserer Freiheit.
Den Akt unseres Willens, durch den wir aus technischem Geschehen Geschichte des Menschen machen, halten wir für den Befreiungsakt, den der Mensch um seines Lebens willen vollziehen muß, das nur in seiner fortschreitenden Befreiung von physischem und psychischem Zwang Bestand hat. Die Befreiung von der Arbeit als dem universellen Zwang der Natur auf den Menschen und die Befreiung seines Geistes vom Triebe seiner sinnlichen Natur sind in einem einzigen Befreiungsakt verbunden, der uns nur durch die Potenz der technischen Welt für die Wandlung unseres Selbstbewußtseins möglich ist, eine Potenz, die, um es mit einem Worte Goethes zu sagen, darin besteht, daß uns die Technik in dem Regelkreis eine auf die Frage nach unserer Existenz ›antwortende Gestalt‹ zeigt, durch deren Erkenntnis unser Leben als ein Leib und Geist verbindendes Erkenntnisproblem sichtbar wird.

### 3.72 *H. Frank: Gegenüberstellung von Philosophie und Kybernetik*

Die Kybernetik kann – insbesondere hinsichtlich ihrer informationswissenschaftlichen Disziplinen (Informationspsychologie, kybernetische Pädagogik, informationelle Sprachtheorie, kybernetische Soziologie, Organisationskybernetik, Informationsästhetik) – gedeutet werden als Synthese aus der Thematik und Methodik der Naturwissenschaft und klassischen Technik einerseits und der Thematik und Methodik der Philosophie, der Geisteswissenschaften und der zugehörigen Techniken (Rechtswesen, Erziehungs- und Bildungswesen, Politik) andererseits. Bild 55 veranschaulicht diese Deutung. Danach entspricht die Kybernetik thematisch eher den Geisteswissenschaften und der Philosophie, insofern auch sie an den Subjekt-Objekt-Relationen interessiert ist, methodisch jedoch eher den Naturwissenschaften, insofern auch sie quantitative Aussagen und die Erklärung bzw. Voraussage der Phänomene mittels eines Kalküls anstrebt.

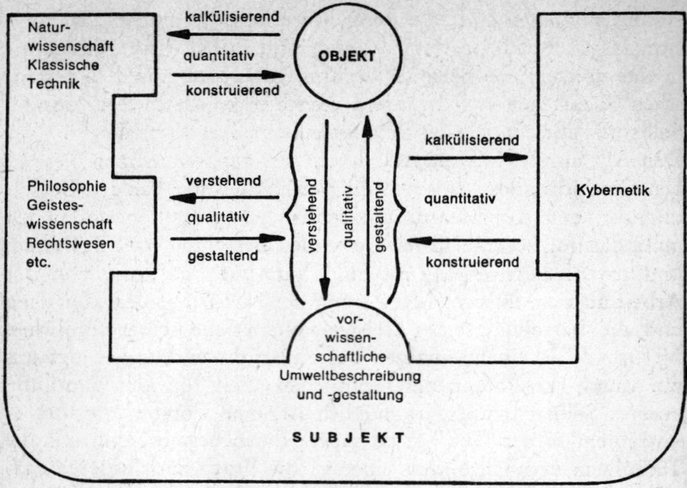


Bild 55

Die in unserem Schema dargestellten Beziehungen dürften indessen an Klarheit gewinnen, wenn man die Kybernetik nicht als Synthese sieht, sondern auf Grund ihrer Kennzeichenbarkeit durch eine spezifische Kombination der dort eingetragenen binären Merkmale den Naturwissenschaften und den Geisteswissenschaften gegenüberstellt. Diese binären Merkmale sind:

1. hinsichtlich des Gegenstands (thematisch):

| | | | |
|---|---|---|---|
| $G^-$ | Bezogenheit ausschließlich auf ein (nichtinformationelles) Objekt | $G^+$ | Bezogenheit auf ein Subjekt (also auf einen informationellen Gegenstand) |

2. hinsichtlich der Erkenntnis:

| | | | |
|---|---|---|---|
| $Q^-$ | qualitative Aussagen anstrebend | $Q^+$ | quantitative Aussagen anstrebend |
| $E^-$ | Erklärungen (bzw. Voraussagen) durch allgemeine Relationen innerhalb eines Kalküls (Axiome der Mechanik!) anstrebend | $E^+$ | Einsichten (bzw. Voraussichten) durch unmittelbares Verstehen, ausgehend von den eigenen Erlebnis- und Verhaltensmustern suchend |

3. hinsichtlich der Vorgehensweise der zugehörigen Techniken:

$T^-$ erforderliche Teiloperationen (›Lotsenentscheidungen‹) kalkülmäßig aus gesetzten Zwecken (›Kapitänsentscheidungen‹) deduzierend und somit das technische Produkt ohne ständige Sicht seiner Ganzheit konstruierend

$T^+$ erforderliche Teiloperationen als voneinander nicht zu isolierende Maßnahmen von unmittelbar evidenter Zweckdienlichkeit zur Angleichung des Vorfindlichen (IST) an das überschaubare Wunschbild (SOLL) durchführend und damit das Erzeugnis in ständiger Sicht seiner Ganzheit gestaltend

(Die Festlegung dieser Merkmale erfolgt hier qualitativ, kennzeichnet diese Untersuchung also eher als philosophisch denn als kybernetisch. Daß dies nur für eine erste Orientierung zulässig ist, erhellt (1) aus der – allerdings erzwungenen – Mitberücksichtigung auch des Beobachters in der modernen Physik und (2) aus der Unmöglichkeit einer logisch scharfen Unterscheidung zwischen qualitativen und quantitativen Merkmalen, zumindest wenn letztere jeweils nur – im Extremfall zwei! – diskrete Werte annehmen können.)
Praktisch kommen nur die beiden Kombinationen $Q^+ E^- T^-$ und $Q^- E^+ T^+$ der methodischen Merkmale vor (bzw. es würden die entsprechend zu quantisierenden Merkmale hohe Korrelationsbeträge aufweisen). Denn das kalkülmäßige Vorgehen beim Konstruieren ($T^-$) setzt einen Kalkül ($E^-$) voraus, der seinerseits auf Grund der unsere Bewußtseinskapazität übersteigenden Informationsmenge quantitativer Aussagen ($Q^+$) angestrebt werden muß. Ist umgekehrt nur eine überschaubare Menge qualitativer Aussagen ($Q^-$) zu berücksichtigen, dann wäre das Symbolisieren der an sich unmittelbar einleuchtenden bzw. anschaulichen Erkenntnisprozesse bzw. -objekte durch die Zeichen eines rudimentären Kalküls nur eine pseudowissenschaftliche Verfremdung. Die thematischen Merkmale $G^-$ und $G^+$ ergeben nun mit den verbleibenden Kombinationen $Q^+ E^- T^-$ und $Q^- E^+ T^+$ der methodischen Merkmale vier Kombinationen, welche die vier Subjekt-Objekt-Beziehungen von Bild 55 kennzeichnen:

$G^- Q^- E^+ T^+$: vorwissenschaftliche Umweltbeschreibung und Umweltgestaltung (Symbol: V)

$G^+ Q^- E^+ T^+$: Philosophie, Geisteswissenschaften und zugehörige Formen der Umweltgestaltung (Symbol: P)

$G^- Q^+ E^- T^-$: Naturwissenschaft und klassische Technik (Symbol: N)

$G^+ Q^+ E^- T^-$: (wissenschaftliche und technische) Kybernetik (Symbol: K).

Die Subjekt-Objekt-Beziehung, welche ebenso Gegenstand der Philosophie wie der Kybernetik werden kann, ist nur in dem in Bild 55 dargestellten initialen Falle die vorwissenschaftliche Subjekt-Objekt-Beziehung $G^- Q^- E^+ T^+$. Wir symbolisieren diese Relationen durch P(V) bzw. K(V). In der Philosophie der Naturwissenschaften wird die Beziehung $G^- Q^+ E^- T^-$ zum philosophischen Gegenstand, symbolisch P(N). Die iterative Anwendung der durch $G^+$ gekennzeichneten Betrachtungsweisen liefert mögliche Stufenfolgen von Philosophien und Kybernetiken: P(P(V)), K(P(N)), P(K(P(N))) usf. Man kann also insbesondere ebensowohl die Kybernetik zum Gegenstand der Philosophie wie umgekehrt die Philosophie zum Gegenstand der Kybernetik machen.

Betrachten eine kybernetische und eine geisteswissenschaftlich-philosophische Disziplin denselben Gegenstand, dann werden dabei jeweils andere Merkmale berücksichtigt. Ganz entsprechend bezieht sich – um es an einem Beispiel zu veranschaulichen – die vorwissenschaftliche und die naturwissenschaftliche Betrachtung des deutschen Waldes strenggenommen nicht auf denselben Gegenstand. Der Inhalt des Begriffes ›deutscher Wald‹ für die vorwissenschaftliche Betrachtung wird ungefähr von einem Spaziergänger erlebt. Der Naturwissenschaftler beobachtet dort einen fallenden Tannenzapfen, abstrahiert von dessen Farbe, verallgemeinert auf beliebige Fallhöhen, entfernt (›vorläufig‹) die Luft aus dem umgebenden Raum, bemerkt, daß dann die Fallzeit t nur noch von der Fallhöhe s, nicht mehr von der Form des Tannenzapfens abhängt und der Beziehung

$$t/\text{sec} = \sqrt{\frac{s/\text{m}}{4{,}9051}}$$

genügt, wobei im speziell gefundenen Wert der halben Erdbeschleunigung einige Information über das betrachtete Stück

deutschen Waldes steckt. Alsdann wird nach Korrekturformeln für den Fall im lufterfüllten Raum in Abhängigkeit von Luftdruck, Temperatur, Zapfenform und -masse usf. gesucht.
Diese kalkülisierende Naturbetrachtung folgt also der cartesischen Maxime, »jede der Schwierigkeiten ... in so viele Teile zu teilen als möglich und zur besseren Lösung wünschenswert wäre« (Descartes, 1637, 2. Kapitel). Der deutsche Wald als Denkobjekt wird hierbei freilich einem unmittelbaren (anthropomorphen) Verstandenwerden entfremdet. Überspitzt formuliert: Die moderne Naturwissenschaft ist gerade dadurch als Naturwissenschaft gekennzeichnet, daß sie darauf verzichtet, von der Natur zu sprechen, daß sie vielmehr die Natur in Komponenten zerlegt und damit denaturiert. Man kann vermuten, daß am Ende unseres Jahrhunderts entsprechend die (dann ›moderne‹) Geisteswissenschaft dadurch gekennzeichnet sein wird, daß sie nicht mehr vom ›Geist‹ und seinen Derivaten spricht, ihn vielmehr in Komponenten zerlegt und damit zu einer Systematik von Informationen und informationellen Prozessen ›entspiritualisiert‹ haben wird. Diese Geisteswissenschaft wird damit nicht mehr die philosophische, sondern die kybernetische Geisteswissenschaft sein, also in unserer Terminologie: die Informationswissenschaft.

### 3.73 *W. Heistermann: Philosophische Probleme der Kybernetik*

»... Für die Kybernetik mit ihren system-, informations- und spieltheoretischen Aspekten besteht die große Gefahr, zur Ideologie zu entarten. Die Verführung ist darum so groß, weil die Kybernetik als Theorie aus Notlagen starke Impulse erhielt und zur Behebung von Notständen fungiert. Als die Geschwindigkeit der Flugzeuge so groß wurde, daß die alten technischen Mittel der Flugabwehr nicht mehr genügten und die Reaktionsgeschwindigkeit auch des perfektioniertesten Richtschützen nicht zureichend war, entstand die automatische Flugabwehrartillerie. Die antizipierende Rückkoppelung des Menschen wurde durch die des Computers ersetzt. Die fluktuierende Unfaßbarkeit subatomarer Prozesse verlangte ebenfalls schnellere Reaktionsgeschwindigkeiten, als sie der Mensch aufweist. Unsere heutige Gesellschaft befindet sich im Zustand des Zerfalls. Die alten Normen als Gruppenstabilisatoren haben ihre Geltung weitgehend eingebüßt. Besteht vielleicht die Möglichkeit, mit kybernetischen Mitteln das Chaos zu bändigen? Die gesellschaftliche ›Entropie‹ zum Stillstand zu bringen? Der historische Materialismus sieht in kybernetischen Einsichten und Methoden schon heute eine Bestätigung seiner Grundauffassung und ein Mittel, seiner Auffassung zum Siege zu verhelfen. Die utopische Vorstellung eines sozialen Zustandes, der gleichsam durch vermaschte Regelkreise seine Ultrastabilität gegen alle Störfaktoren behauptet, ist hintergründig wirksam. Das Verhältnis von Kybernetik und Gesellschaft rückt in den Vordergrund. Schon Wiener sah kulturpolitisch in diesem Verhältnis das eigentliche Problem, dessen Lösungsmöglichkeit mit kybernetischen Mitteln er allerdings mit skeptischer Distanz gegenüberstand. Menschheitsprobleme also sollen durch technische Mittel in Form der Automatisation eine Lösung finden. Die Kybernetik gewinnt im öffentlichen Bewußtsein die Gestalt einer Notstandsideologie und Heilslehre. Der Glaube an die Technik erscheint als Ideologie in Form der Kybernetik. Dieser Weg sollte einer Disziplin erspart bleiben, die großartige Leistungen aufzuweisen hat. Aber gerade daher ist die Gefahr so groß, denn jede Leistung, die als Spezialfall möglicherweise unerreichbar ist, steht auf dem Sprunge, den Spezialfall zum Allgemeinfall zu erweitern und damit zur unkritischen Metaphysik zu entarten. Physikalismus, Biologismus, Psychologismus und Soziologismus sind Formen dieses Vorganges. Man sollte die Kybernetik nicht auch zum Kybernetismus werden lassen ...«

Zu diesen interessanten Ausführungen Heistermanns möchte ich eine kurze Bemerkung hinzufügen:
Die Kybernetik als Wissenschaft kann keinesfalls zur Ideologie entarten. Ideologische Aussagen entziehen sich prinzipiell einer Nachprüfbarkeit, d. h., sie enthalten transzendente (oder metaphysische) Bestandteile; die Kybernetik als mathematische und empirische Wissenschaft bleibt hingegen im Bereich eines logisch und empirisch nachprüfbaren Aussagensystems. Ja, noch mehr: Nach Auffassung verschiedener Autoren verlangt die Kybernetik auch noch die technische Realisierbarkeit dieses Systems.

Die Kybernetik (als Wissenschaft und Technik) kann also nicht zur Ideologie entarten – im Gegenteil: sie wirkt m. E. im Sinne einer Entideologisierung der Gesellschaft (vgl. 1.35).

Heistermann meint jedoch in diesem Zusammenhang Kybernetik auch nicht als Wissenschaft, sondern als etwas ›im öffentlichen Bewußtsein‹ Entstandenes. Hier muß ich hinzufügen: In einem öffentlichen Bewußtsein, das den Sachverhalt Kybernetik mit allen Bedingungen und Grenzen nicht kennt.

Daß in einem derartigen ›öffentlichen Bewußtsein‹ Tendenzen auftreten, aus der Kybernetik eine irgendwie geartete Weltanschauung zu machen, ist leider nicht zu bestreiten. Da tritt dann die Kybernetik als Grundlage des dialektischen Materialismus ebenso auf wie Gott als Kapitän im Regelkreis.

Es war mit der Zweck dieses Buches, die Kybernetik nicht zum ›Kybernetismus‹ werden zu lassen.

# LITERATURVERZEICHNIS


Anschütz, H.: Kybernetik – kurz und bündig. Vogel, Würzburg 1967.

Barion, J.: Was ist Ideologie? Bouvier, Bonn 1964.

Beer, S.: Kybernetik und Management. Fischer, Frankfurt a. M., 3. erw. Aufl. 1967.

Bense, M.: Vorwort in Couffignal: Denkmaschinen. Kilpper, Stuttgart 1955.

Bense, M.: Theorie der Texte. Kiepenheuer & Witsch, Köln 1962.

Bense, M.: Der Mensch im technischen Zeitalter. Gehlen, Bad Homburg v. d. Höhe 1961.

Bense, M.: aesthetica. Agis, Baden-Baden, Neuaufl. 1965.

Bense, M.: Projekte generativer Ästhetik. VDI-Nachrichten, Nr. 16, 1965.

Bense, M.: Semiotik. Allgemeine Theorie der Zeichen. Agis, Baden-Baden 1967.

Borgmann, W., Hanselmann, J. (Hrsg.): Herausforderung durch die Kybernetik. Rombach, Freiburg 1969.

Buckingham, W.: Automation und Gesellschaft. Fischer, Frankfurt a. M. 1961.

Cherry, C.: On Human Communication. A Review, a Survey and a Criticism. New York 1957.

Correll, W.: Programmiertes Lernen und Lehrmaschinen. Westermann, Braunschweig 1965.

Couffignal, L.: Kybernetische Grundbegriffe. Agis, Baden-Baden 1962.

Cube, F. v.: Experimente zur Gruppenentropie. In: Grundlagenstudien aus Kybernetik und Geisteswissenschaft, Heft 3/4, 1964. Schnelle, Quickborn.

Cube, F. v., Gunzenhäuser, R.: Über die Entropie von Gruppen. Schnelle, Quickborn, 2. Aufl. 1967.

Cube, F. v.: Kybernetische Grundlagen des Lernens und Lehrens. Klett, Stuttgart, 2. erw. Aufl. 1968.

Cube, F. v.: Technik des Lebendigen. Sinn und Zukunft der Kybernetik. Deutsche Verlags-Anstalt, Stuttgart 1970.

Czemper, K.-A., Boswau, H.: Unterricht und Computer. Oldenbourg, München 1965.

Deutsch, K. W.: Politische Kybernetik. Rombach, Freiburg 1969.

Ducrocq, A.: Die Entdeckung der Kybernetik. Europäische Verlagsanstalt, Frankfurt a. M. 1959.

Eier, R., Zemanek, H.: Automatische Orientierung im Labyrinth. In: Elektronische Rechenanlagen 2, Heft 1, 1960.
Einsele, T.: Speicherung digitaler Signale. In: Frank, H. (Hrsg.): Kybernetische Maschinen. Fischer, Frankfurt a. M. 1964.
Exakte Ästhetik 5: Kunst aus dem Computer. Hrsg. W. E. Simmat. Nadolski, Stuttgart 1967.
Flechtner, H. J.: Grundbegriffe der Kybernetik. Wissenschaftliche Verlagsanstalt, Stuttgart, 2. Aufl. 1967.
Fortschritte der Kybernetik. Bericht über die Tagung Kiel 1965 der deutschen Arbeitsgemeinschaft Kybernetik. Hrsg. von W. Kroebel. 1967.
Frank, H.: Grundlagenprobleme der Informationsästhetik und erste Anwendung auf die mime pure. Dissertation TH Stuttgart, 1959.
Frank, H.: Kybernetische Grundlagen der Pädagogik. 2 Bde. Agis, Baden-Baden, 2. Aufl. 1969.
Frank, H.: Was ist Kybernetik? In: Kybernetik. Hrsg. von H. Frank. Umschau, Frankfurt a. M. 1964.
Frank, H.: Informationspsychologie. In: Kybernetik. Hrsg. von H. Frank. Umschau, Frankfurt a. M. 1964 a.
Frank, H. (Hrsg.): Kybernetische Maschinen. Fischer, Frankfurt a. M. 1964 b.
Frank, H.: Über das Verhältnis zwischen kybernetischen und philosophisch-geisteswissenschaftlichen Disziplinen. In: Grundlagenstudien aus Kybernetik und Geisteswissenschaft, Heft 2, 1965. Schnelle, Quickborn.
Frank, H.: Kybernetik und Philosophie. Duncker und Humblot, Berlin 1966.
Franke, H. W.: Phänomen Kunst. Moos, München 1966.
Geiger, Th.: Ideologie und Wahrheit. Humboldt, Stuttgart-Wien 1953.
Gerwin, R.: So rechnen Elektronen. Reich, München 1962.
Gerwin, R.: Intelligente Automaten. Belser, Stuttgart 1964.
Günther, G.: Das Bewußtsein der Maschinen. Agis, Baden-Baden 1957.
Gunzenhäuser, R.: Zur Synthese von Texten mit Hilfe programmgesteuerter Ziffernrechenanlagen. In: Mathematik – Technik – Wissenschaft (mtw), 1963/1.
Gunzenhäuser, R. (Hrsg.): Nichtnumerische Informationsverarbeitung. Springer, Wien-New York 1968.
Guyer, W.: Wie wir lernen. Zürich 1960.
Haseloff, W.: Kybernetik als soziale Tatsache. In: Bergedorfer Gesprächskreis, Protokoll Nr. 10, 1963.
Hassenstein, B.: Biologische Kybernetik. Quelle & Meyer, Heidelberg, 2. Aufl. 1967.

Heinrichs, H. (Hrsg.): Lexikon der audiovisuellen Bildungsmittel. Kösel, München 1971.
Heistermann, W.: Modell und Urbild. Philosophische Probleme der Kybernetik. In: Philosophia Naturalis, Heft 1–2, 1965.
Hentig, H. v.: Die Schule im Regelkreis. Klett, Stuttgart 1965.
Hildebrand, R.: Vom deutschen Sprachunterricht. In: Pädagogische Psychologie, 1959.
Itelson, L.: Mathematische und kybernetische Methoden in der Pädagogik. Volk und Wissen, Berlin 1967.
Klaus, G.: Kybernetik in philosophischer Sicht. Berlin 1961.
Klaus, G.: Kybernetik und Gesellschaft. Deutscher Verlag der Wissenschaften, Berlin 1964.
Klaus, G.: Kybernetik und Erkenntnistheorie. Volk und Wissen, Berlin, 2. Aufl. 1967.
Knöchel, W.: Grundlagenprobleme der Pädagogik in kybernetischer Sicht. Volk und Wissen, Berlin 1966.
Kussl, V.: Lenkung von Fertigungsprozessen. In: Kybernetische Maschinen. Hrsg. von H. Frank. Fischer, Frankfurt a. M. 1964.
Lang, E.: Staat und Kybernetik. Pustet, Salzburg-München 1967.
Lehnert, U. (Hrsg.): Elektronische Datenverarbeitung in Schule und Ausbildung. Oldenbourg, München-Wien 1970.
Lexikon der Kybernetik. Von K. Alsleben, A. M. Andrew, Y. Bar-Hillel u. a. Hrsg. von A. Müller. Schnelle, Quickborn 1964.
Lindemann, P., Nagel, K.: Revision und Kontrolle bei automatisierter Datenverarbeitung. Luchterhand, Neuwied 1968.
Lohberg, R., Lutz, Th.: Was denkt sich ein Elektronengehirn? Heyne, München 1963.
Maser, S.: Wissenschaftstheoretische Grundlagen der Kybernetik. In: IBM-Nachrichten 188, April 1968.
Mayntz, R.: Anwendung der Kybernetik in der Soziologie. In: Kybernetische Maschinen. Hrsg. von H. Frank. Fischer, Frankfurt a. M. 1964.
Meyer, G.: Kybernetik und Unterrichtsprozeß. Volk und Wissen, Berlin 1966.
Meyer-Eppler, W.: Grundlagen und Anwendungen der Informationstheorie. Springer, Berlin-Göttingen-Heidelberg 1959.
Mialki, W.: Die programmierte Welt. Ullstein, Berlin, 2. Aufl. 1969.
Mitscherlich, A.: Auf dem Weg zur vaterlosen Gesellschaft. Piper, München 1963.
Moissejew, W. D.: Fragen der Kybernetik in Biologie und Medizin. Akademie, Berlin 1963.
Moreno, J. L.: Die Grundlagen der Soziometrie. Westdeutscher Verlag, Köln-Opladen 1954.
Müller, D. D.: Kybernetische Pädagogik – Programmierter Unter-

richt – Grenzgebiete (Katalog). Elwert und Meurer, Berlin, 2. Aufl. 1968.
Nees, G.: Computer-Grafik. In: rot 19. Dr. Walther, Stuttgart.
Nicklis, W. S.: Kybernetik und Erziehungswissenschaft. Klinkhardt, Bad Heilbrunn 1967.
Nicklis, W. S. (Hrsg.): Programmiertes Lernen. Klinkhardt, Bad Heilbrunn 1969.
Ortega y Gasset, J.: Der Mensch und die Leute. dtv 17, München, 3. Aufl. 1965.
Ortega y Gasset, J.: Betrachtungen über die Technik. Deutsche Verlags-Anstalt, Stuttgart 1939.
Pädagogik. Das Fischer-Lexikon 36. Hrsg. von H. H. Groothoff. Frankfurt a. M. 1964.
Piaget, J.: Psychologie der Intelligenz. Rascher, Zürich, 2. Aufl. 1966.
Pierce, J. R.: Phänomene der Kommunikation. Econ, Düsseldorf 1965.
Poletajew, I. A.: Kybernetik. Deutscher Verlag der Wissenschaften, Berlin 1962.
Pollock, Fr.: Automation. Europäische Verlagsanstalt, Frankfurt a. M. 1964.
Psychologie. Das Fischer-Lexikon 6. Verfaßt und hrsg. von P. R. Hofstätter. Frankfurt a. M. 1957.
Rapp, H. R.: Mensch, Gott und Zahl. Furche, Hamburg 1967.
Rohracher, H.: Regelprozesse im psychischen Geschehen. Böhlau, Graz-Wien-Köln 1961.
Rollett, B. (Hrsg.): Theorie und Praxis des programmierten Unterrichts. Klett, Stuttgart 1970.
Ronge, H.: Kunst und Kybernetik. Bericht über drei Kunsterziehertagungen Recklinghausen 1965, 1966, 1967. DuMont Aktuell, Köln 1968.
Roth, H.: Pädagogische Psychologie des Lehrens und Lernens. Schroedel, Hannover 1963.
Sacher, H.: Begegnung als Regelkreisphänomen. In: Zeitschrift für experimentelle und angewandte Psychologie, Heft 3, 1964.
Schachtschabel, H. G.: Automation in Wirtschaft und Gesellschaft. rowohlts deutsche enzyklopädie, Hamburg 1961.
Schachtschabel, H. G.: Sozioökonomische Konsequenzen der Automation. In: Kybernetische Maschinen. Hrsg. von H. Frank. Fischer, Frankfurt a. M. 1964.
Schaefer, H.: Was kennzeichnet biologische im Gegensatz zu technischen Regelvorgängen? In: Kybernetik. Hrsg. von H. Frank. Umschau, Frankfurt a. M. 1964.
Schiro, H., Herzog, R.: Wie sag ich's dem Computer? dtv 667. München, 2. Aufl. 1971.

Schmidt, H.: Die anthropologische Bedeutung der Kybernetik. Schnelle, Quickborn 1965.
Schreiber, R.: Hilfe Computer. Deutsche Industrie-Verlags GmbH, Köln 1969.
Schulz, W.: Unterricht – Analyse und Planung. Schroedel, Hannover 1965.
Shannon, C. E.: Weaver, W.: The Mathematical Theorie of Communication. Bell System Tech. J. 27, 1948. University of Illinois Press, Urbana 1949.
Simitis, S.: Rechtliche Anwendungsmöglichkeiten kybernetischer Systeme. In: Kybernetische Maschinen. Hrsg. von H. Frank. Fischer, Frankfurt a. M. 1964.
Steinbuch, K.: Kybernetik. Weg zu einer neuen Einheit der Wissenschaften. In: VDI-Zeitschrift, Bd. 104 (1962).
Steinbuch, K.: Die informierte Gesellschaft. Deutsche Verlags-Anstalt, Stuttgart 1966.
Steinbuch, K.: Falsch programmiert. Deutsche Verlags-Anstalt, Stuttgart 1968; dtv 598.
Vöge, A., Walther, K.: Kybernetik in der Medizin. In: Kybernetische Maschinen. Hrsg. von H. Frank, Fischer, Frankfurt a. M. 1964.
Wagner, R.: Probleme und Beispiele biologischer Regelung. Stuttgart 1954.
Walker, B. S.: Einführung in die Computer-Technik. Safari, Berlin 1969.
Weltner, K.: Informationstheorie und Erziehungswissenschaft. Schnelle, Quickborn 1970.
Wertheimer, M.: Produktives Denken. Kramer, Frankfurt a. M., 2. Aufl. 1964.
Wiener, N.: Kybernetik. Econ, Düsseldorf 1963; rowohlts deutsche enzyklopädie 294–95.
Wiener, N.: Beginn und Aufstieg der Kybernetik. Unkorrigiertes Manuskript des RIAS Berlin. 1963.
Wiener, N.: Mensch und Menschmaschine. Kybernetik und Gesellschaft. Athenäum, Frankfurt a. M., 3. Aufl. 1966.
Wieser, W.: Organismen – Strukturen – Maschinen. Fischer Bücherei 230, Frankfurt a. M., 2. Aufl. 1964.
Wörterbuch der Kybernetik. Hrsg. von G. Klaus. Volk und Wissen, Berlin, 2. Aufl. 1968; Fischer-Bücherei 1073–74.
Zemanek, H.: Kybernetik. In: Elektronische Rechenanlagen 6, Heft 4, 1964.
Zuse, K.: Beginn und Aufstieg der Kybernetik. Unkorrigiertes Manuskript des RIAS Berlin. 1963.

# SACHWORTVERZEICHNIS

# dtv-Lexikon der Physik

»Das Werk ist sehr umfassend und modern. Es berücksichtigt neben der eigentlichen Physik auch ihre Nachbargebiete, wie physikalische Chemie, Geophysik, Astrophysik, Biophysik und wendet sich demnach an einen weiten Leserkreis.«
Angewandte Chemie

**dtv-Lexikon der Physik**
**Herausgegeben**
**von Hermann Franke**
**In zehn Bänden**

Ein Standard-Nachschlagewerk mit über 12 000 Stichwörtern der theoretischen und angewandten Physik: Definitionen und Erläuterungen von Begriffen, ein Überblick über den gegenwärtigen Stand der Forschung und Entwicklung. Die Stichwörter, die in ihrer Klarheit und Ausführlichkeit den Charakter von Kurzmonographien haben, werden ergänzt durch 1700 technische Zeichnungen, Skizzen und 200 Fotos sowie durch rund 7000 Literaturverweisungen auf die Fachliteratur. Verweisungen innerhalb der Stichwörter zeigen Zusammenhänge, auch zu Neben- und Randgebieten. Alle Zahlenangaben nach dem internationalen Einheitssystem.

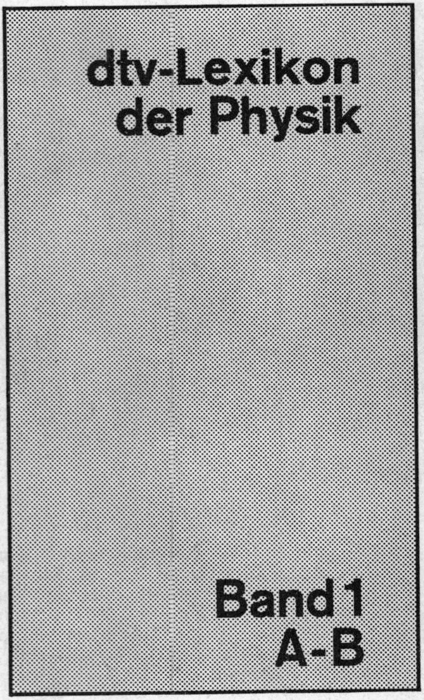


**dtv-Nachschlagewerke**

dtv